Stocker

Mathematik und Fachrechnen

für landwirtschaftliche Berufs- und Fachschulen

Ing. Karl Bauer, unterrichtete an der Weinbauschule Krems/D. Weinbau, Obstbau, Mathematik
Prof. Mag. Sieglinde Fürst, Professorin für Mathematik und Physik am BG/BRG Piaristengasse, Krems; Lehrbeauftragte für Mathematik an der kirchlichen Pädagogische Hochschule, Wien/Krems i. R.; Mitarbeit im Bereich Bildungsstandards für Mathematik 8. und 12. Schulstufe
Dipl.-HLFL-Ing. Walter Haselberger M.Ed., Lehrer an der Landwirtschaftlichen Fachschule Pyhra (NÖ) und an der Hochschule für Agrar- und Umweltpädagogik (Wien)
Dipl. Päd. Ing. Monika Rößler, unterrichtet Mathematik und Betriebswirtschaft an der Landwirtschaftlichen Fachschule für ökologische Land- und Hauswirtschaft in Unterleiten, Hollenstein an der Ybbs
Dipl. Päd. Ing. Josef Wagner, Lehrer an der Landwirtschaftlichen Fachschule Hohenlehen, Hollenstein an der Ybbs

Dank
Für die Durchsicht von Fachrechenbeispielen bedanken wir uns bei:
Johannes Bauer, Krems; Univ. Doz. Dr. Karl Buchgraber, LFZ Raumberg-Gumpenstein; Ing. Leonhard Czipin, Weinbauschule Krems; Dipl.-HLFL-Ing. Alfred Deim, Weinbauschule Krems; Dipl. Päd. Ing. Martina Eschauer, Fachschule Unterleiten; Dipl.Päd. Martina Fichtenbauer, Fachschule Unterleiten, DI Ewald Gill, LFS Hohenlehen; Ing. Hubert Kostersitz, LFS Hohenlehen; Dipl.Päd. Ing. Waltraud Lengauer, Fachschule Unterleiten; Ing. Paul Lebmann, Fachschule Eisenstadt; Prof. Mag. Christine Loos, Salzburg; Ing. Gerhard Mauß, Weinbauschule Krems; DI Walter Starz, LFZ Raumberg-Gumpenstein; Ing. Erich Stierschneider, BKI, Wien;
Dir. Ing. Fritz Weigl, Langenlois.

Grundsätzlich wurde Gendering (geschlechtsneutrale Formulierung) berücksichtigt. Bei einigen Beispielen wurde ausnahmsweise, wegen der besseren Lesbarkeit, darauf verzichtet.

Preisangaben beziehen sich auf die Zeit der Drucklegung dieses Buches.
Für Berechnungen sollen aktuelle Preise verwendet werden.

Impressum:

avBUCH im CADMOS Verlag

13. Auflage 2019, unveränderter Nachdruck 2023

Projektleitung: Brigitte Millan-Ruiz
Lektorat: Ing. Barbara P. Meister MA (www.fachlektor.at)
Satz: Hantsch & Jesch PrePress Services OG, Wien
Druck: www.graspo.com
Printed in EU

Schulbuch-Nr. 155395 / ISBN 978-3-7040-2418-3
Digi4school-Schulbuch-Nr.: 176.712 / Digi4school-ISBN: 978-3-8404-6596-3

Mathematik und Fachrechnen

für landwirtschaftliche Berufs- und Fachschulen

Lehr- und Arbeitsbuch für land- und forstwirtschaftliche Schulen und für die Berufsausbildung

Karl Bauer
Sieglinde Fürst
Walter Haselberger
Monika Rößler
Josef Wagner

11. Auflage

avBUCH

Die Webportale von avBUCH.net ergänzen dieses Buch mit interaktiven Übungen, aktuellen Lehr- und Lernbehelfen, zusätzlichen Unterrichtsmaterialien, neuen Informationen und Hinweisen auf Innovationen aus Wirtschaft und Wissenschaft.

Lehrende erhalten auf diesen Sites weiterführende Literatur sowie interaktive Aufgaben, Arbeitsblätter, Podcasts, und Downloads – wie Resultate und Übungsergebnisse. Letztere als gesicherte .pdf-Dateien.

Schüler und Schülerinnen finden auf der Website avBUCH.net interaktive Beispiele und Übungen.

VORWORT

Durch die Einführung von nationalen Bildungsstandards (Änderung des Schulunterrichtgesetzes vom 8.8.2008), der Definition eines mathematischen Kompetenzmodells und der Testung von Bildungsstandards in den Fächern Deutsch, Englisch und Mathematik am Ende der 8. Schulstufe (Verordnung vom 2.1.2009), trat eine einschneidende Änderung im österreichischen Bildungswesen ein. Erstmals wird ein Blick von außen auf die Leistungen der Schülerinnen und Schüler geworfen und eine Vergleichbarkeit von Bildungsabschlüssen ermöglicht.

Damit wird es den nachfolgenden Bildungseinrichtungen, zu denen auch die land- und forstwirtschaftlichen Schulen zu zählen sind, möglich, auf genau definierten Kompetenzen aufzubauen.

Im Fachbereich Mathematik bedeutet dies Fortführung eines nachhaltigen Kompetenzaufbaues, wobei unter Kompetenz immer ein mathematisches Handeln (Darstellen, Modellbilden, Operieren, Interpretieren, Argumentieren) an einem konkreten Inhalt (Zahlen und Maße, funktionale Abhängigkeiten, Figuren und Körper, statistische Größen) verstanden wird.

Nachhaltiger Aufbau von Kompetenzen wird dann möglich, wenn Mathematikunterricht nicht als eine Verabreichung von „Kochrezepten", sondern als ein auf Verstehen beruhender Lernprozess gesehen wird. Entdeckendes Lernen, eigenständiges Entwickeln von Lösungsstrategien und individuelle Auseinandersetzung mit den gegebenen Problemstellungen ermöglichen viel stärker nachhaltige Lernprozesse als stets abrufbares Formelwissen und Einengen des Unterrichts auf bloßes „Rechnen", das heute viel effektiver eine Maschine leistet.

Unterricht, in dem alle Handlungsdimensionen zum Tragen kommen, wird aber nicht auf sicheres Kopfrechnen und Festigen von gewissen Grundkenntnissen und Fertigkeiten verzichten können.

Gerade im Bereich einer stark praxisorientierten Aufgabenstellung wird der Mathematikunterricht in manchen Bereichen auf lange Begründungen und exakte mathematische Herleitungen verzichten müssen. Das „Wie löse ich diese Problem?" wird vor der Frage „Warum löse ich es so?" stehen.

Die Motivation und das emotionale Engagement der Schülerinnen und Schüler muss aber in jedem Unterricht erklärtes Ziel sein.

Das Autorinnen/Autorenteam des vorliegenden Lehrbuches hat versucht, eine Vertiefung der Lernaktivität durch eine geänderte Aufgabenkultur, durch Variation von Methoden und Sozialformen zu ermöglichen.

An dieser Stelle sei allen, die bei der Zusammenstellung und Überprüfung der Beispiele mitgewirkt haben, herzlichst gedankt.

Die Verfasser und Verfasserinnen

Zeichenerklärung

 Lösen von Aufgaben ohne Taschenrechner

 Lösen von Aufgaben mit dem Taschenrechner

 Computer-Einsatz notwendig

 Partner- oder Gruppenarbeit

 Offene Aufgabenstellung

 Informationen aus dem Internet werden benötigt.

Inhaltsverzeichnis

Kapitel A: Zahlen und Grundrechnungsarten

Zahlen und ihre Darstellung

Mit den natürlichen Zahlen N = {0, 1, 2, 3, 4 ...} kommt man im Alltag nicht aus.
Mit den **ganzen Zahlen Z** = {... −3, −2, −1, 0, 1, 2, 3 ...} lassen sich z. B. Guthaben (+) und Schulden (−) darstellen.
Werden keine ganzen Eurobeträge verwendet, braucht man Brüche oder Dezimalzahlen, die als Vorzeichen plus und minus haben können. Diese Zahlenmenge nennt man **rationale Zahlen Q.** Man kann sie nicht einfach aufzählen und geordnet anschreiben, weil man zwischen zwei rationalen Zahlen immer noch welche einschieben kann.
In der Schule hört man auch von der Zahl π, mit deren Hilfe man Kreise berechnen kann. Sie gehört, wie auch die Zahlen $\sqrt{2}$, $\sqrt{3}$ oder $\sqrt{7}$, zu den **reellen Zahlen R.**

Dezimalzahlen werden aus den Ziffern (0, 1, 2, 3, 4, 5, 6, 7, 8, 9) und einer dekadischen Einheit aufgebaut.

Zehneraufbau (dekadische Einheiten) bis 1 Million

1 E =	1 =	1 =	10^0	
1 Z =	10 =	10 =	10^1	(Lies: 10 ... ist „10 hoch 1“)
1 H =	100 =	10 · 10 =	10^2	(Lies: 10 · 10 ... ist „10 hoch 2“)
1 T =	1 000 =	10 · 10 · 10 =	10^3	(Lies: ... ist „10 hoch 3“)
1 ZT =	10 000 =	10 · 10 · 10 · 10 =	10^4	(Lies: ... ist „10 hoch 4“)
1 HT =	100 000 =	10 · 10 · 10 · 10 · 10 =	10^5	....
1 M =	1 000 000 =	10 · 10 · 10 · 10 · 10 · 10 =	10^6	....

In der Mathematik wird zur vereinfachten Darstellung einer Multiplikation mit gleichen Faktoren wie 10 · 10 · 10 die Potenzschreibweise eingeführt. Weil der Faktor 10 dreimal vorkommt, schreibt man kürzer
$10 \cdot 10 \cdot 10 = 10^3$.

Potenz → 10^3 → **Exponent** (Hochzahl)
→ **Basis** (Grundzahl)

Für die Angabe von Teilen eines Ganzen verwendet man auch die sogenannten Dezimalbrüche $\frac{1}{10}$, $\frac{1}{100}$, $\frac{1}{1\,000}$, $\frac{1}{10\,000}$

Dezimalbrüche kann man auch als Dezimalzahlen anschreiben. Man nennt Zehntel (z), Hundertstel (h), Tausendstel (t) ... Dezimalen. Um diese kleinen Zahlen praktisch darzustellen, werden negative Hochzahlen verwendet.

$1\ z = \frac{1}{10} = \frac{1}{10} = \frac{1}{10^1}$	$1\ z = 0{,}1 = 10^{-1}$
$1\ h = \frac{1}{100} = \frac{1}{10} \cdot \frac{1}{10} = \frac{1}{10^2}$	$1\ h = 0{,}01 = 10^{-2}$
$1\ t = \frac{1}{1\,000} = \frac{1}{10} \cdot \frac{1}{10} \cdot \frac{1}{10} = \frac{1}{10^3}$	$1\ t = 0{,}001 = 10^{-3}$
$1\ zt = \frac{1}{10\,000} = \frac{1}{10} \cdot \frac{1}{10} \cdot \frac{1}{10} \cdot \frac{1}{10} = \frac{1}{10^4}$	$1\ zt = 0{,}0001 = 10^{-4}$

Stellenwerttafel bis zur Billion:

	Milliarden			Millionen			Tausender											
B	HMd	ZMd	Md	HM	ZM	M	HT	ZT	T	H	Z	E	z	h	t	zt	ht	m
10^{12}	10^{11}	10^{10}	10^9	10^8	10^7	10^6	10^5	10^4	10^3	10^2	10^1	10^0	10^{-1}	10^{-2}	10^{-3}	10^{-4}	10^{-5}	10^{-6}

Der Umgang mit großen Zahlen ist manchmal schwierig. Beachte: 1 000 Tausender sind eine Million, 1 000 Millionen sind eine Milliarde, 1 000 Milliarden sind eine Billion usw. Zur leichteren Lesbarkeit teilt man größere Zahlen von rechts nach links in Gruppen zu je drei Ziffern, z. B. 1 Milliarde = 1 000 000 000 = 10^9, weil nach der Ziffer 1 neun Nullen angeschrieben sind.

Schreibe als Potenzen von 10: **A1**

a) 100 = 1 000 = 100 000 = 1 000 000 =
b) 1 = 10 000 000 = 10 000 = 1 000 000 000 =

Schreibe die Brüche als Dezimalzahlen und als Potenzen von 10 an: **A2**

$\frac{1}{10\,000}, \frac{1}{100}, \frac{1}{1\,000}, \frac{1}{10}$

Schreibe die Zahl 2 457,38 mit dekadischen Einheiten an.

Lösung:

$2 \cdot 10^3 = 2\,000$
$4 \cdot 10^2 = 400$
$5 \cdot 10 = 50$
$7 \cdot 10^0 = 7$
$3 \cdot 10^{-1} = 0{,}3$
$8 \cdot 10^{-2} = 0{,}08$

$2 \cdot 10^3 + 4 \cdot 10^2 + 5 \cdot 10 + 7 \cdot 10^0 + 3 \cdot 10^{-1} + 8 \cdot 10^{-2} = 2\,457{,}38$

Schreibe die Zahlen mithilfe der dekadischen Einheiten an: **A3**

a) 12 450 = b) 1 230 000 = c) 0,71 =

A4 Aus einer Zeitung:

Wieder Bankverluste!

Die Jupiter-Bank hat im Jahr 2008 insgesamt einen Verlust von 548 Millionen Euro gemacht. Der Eigentümer muss deshalb 205 Millionen Euro zuschießen. An Spareinlagen konnte die Bank aber ein Plus von 1,1 Milliarden Euro erwirtschaften und kann damit über 6,2 Milliarden Euro veranlagen.

Schreibe die im Text angeführten Zahlen mit allen Nullen an.

A5 Schreibe als Dezimalzahl und als Bruch:

a) 3 Tausendstel = b) 7 Zehntel = c) 14 Hundertstel =

In den Naturwissenschaften werden sehr große oder sehr kleine Zahlen mithilfe von Zehnerpotenzen dargestellt. Man spricht von **Potenzschreibweise**. Auch dein Taschenrechner bzw. Computer benutzt diese Schreibweise.

Das Jahr 2008 brachte der Weltwirtschaft eine Krise.
Ein Staat gibt 15 Milliarden € als Hilfe für seine Autoindustrie.
Gib diese Zahl in deinen Taschenrechner ein.

Taschenrechner können am Display nur eine bestimmte Anzahl von Stellen anzeigen. Du kannst zwar 15 000 000 000 eintippen, am Display erscheint aber diese Zahl nicht.

Je nach Taschenrechner ist die Anzeige unterschiedlich.
Sie könnte z. B. $1{,}5 \cdot 10^{10}$ heißen.
Die Hochzahl 10 sagt dir, dass du das Komma um 10 Stellen nach rechts verschieben musst. Die Zahl hat damit 11 Stellen.
$1{,}5 \cdot 10^{10} = 15\,000\,000\,000$

A6 Wie lauten die Zahlen und wie viele Stellen haben sie?

a) $2{,}3 \cdot 10^6 =$ b) $1{,}09 \cdot 10^8 =$ c $4{,}25 \cdot 10^7 =$

d) $6{,}025 \cdot 10^5 =$ e) $4 \cdot 10^{12} =$ f) $3 \cdot 10^9 =$

A7 Schreibe als Zahl ohne Verwendung von Potenzen:

a) $5 \cdot 10^3 =$ b) $1{,}2 \cdot 10^2 =$ c) $23 \cdot 10^6 =$

d) $3{,}457 \cdot 10^5 =$ e) $\frac{1}{10^2} = 1 \cdot 10^{-2}$ f) $3 \cdot 10^{-3} =$

Hinweis: Zeigt der Taschenrechner eine negative Hochzahl z. B. $1{,}5 \times 10^{-3}$, musst du das Komma um 3 Stellen nach links schieben: $1{,}5 \times 10^{-3} = 0{,}0015$

Häufig gebrauchte Zehnerpotenzen haben eigene Bezeichnungen, die aus dem Griechischen bzw. Lateinischen hergeleitet sind. Sie werden im Zusammenhang mit allen physikalischen Maßeinheiten verwendet.

Zehnerpotenz	Vorsilbe	Abkürzung	Beispiele
10^{12}	Tera	T	TJ (Terajoule), Arbeitsmaß
10^{9}	Giga	G	GW (Gigawatt), Leistungsmaß
10^{6}	Mega	M	Mt (Megatonnen), Massenmaß
10^{3}	Kilo	k	kg (Kilogramm), Massenmaß; km (Kilometer), Längenmaß; kW (Kilowatt), Leistungsmaß; kN (Kilonewton), Kraftmaß
10^{2}	Hekto	h	hl (Hektoliter), Raummaß; ha (Hekt(o)ar), Flächenmaß; hPa (Hektopascal), Druckmaß
10	Deka	da	dag (Dekagramm), Massenmaß
10^{-1}	Dezi	d	dm (Dezimeter), Längenmaß; dt (Dezitonnen), Massenmaß
10^{-2}	Centi	c	cm (Centimeter), Längenmaß
10^{-3}	Milli	m	mm (Millimeter), Längenmaß; mg (Milligramm), Massenmaß
10^{-6}	Mikro	µ	µm (Mikrometer), Längenmaß
10^{-9}	Nano	n	nm (Nanometer), Längenmaß
10^{-12}	Pico	p	pF (Picofarad), Maß für das Fassungsvermögen von Ladung eines Kondensators

Messergebnisse: z. B. 5,12 m werden mit einer Maßzahl (5,12) und einer Maßeinheit (m) angegeben.

A8 Ändere die Maßzahlen so, dass die Maßeinheiten ohne Vorsilbe sind.

Beispiele: 1 km = 1 000 m, weil Kilo = 1 000
5 cm = 0,05 m, weil Centi = $\frac{1}{100}$ = 0,01

a) 34 km = ________ m b) 12 hl = ________ l c) 45 dag = ________ g
d) 7 mm = ________ m e) 34 ml = ________ l f) 7,1 kg = ________ g
g) 3 cm = ________ m h) 15 dm = ________ m i) 8 kW = ________ W

A9 Verwandle in die angegebene Einheit:

a) 7 400 m = ______ km b) 200 l = ______ hl c) 520 g = ____ dag
d) 5 m = ______ mm e) 2 l = ______ ml f) 4 230 g = ____ kg
g) 3,6 m = ______ cm h) 41 m = ______ dm i) 4 000 W = ____ kW

Zusammenfassung:

- Wir benützen das **dekadische Zahlensystem**. Aus 10 Einheiten wird eine höhere Einheit gebildet. Jede Einheit im Zehnersystem ist das Zehnfache der unmittelbar rechts stehenden Einheit und ein Zehntel der unmittelbar links stehenden Einheit.
- Man nennt Zehntel (z), Hundertstel (h), Tausendstel (t) … Dezimalen. Eine Zahl mit Dezimalen heißt **Dezimalzahl**.
- Sehr große und sehr kleine Zahlen werden z. B. von Rechnern mithilfe von Zehnerpotenzen dargestellt **(Potenzschreibweise)**. Die Hochzahl gibt an, um wie viele Stellen das Komma nach rechts (positive Hochzahl) bzw. nach links (negative Hochzahl) verschoben werden muss.

Die vier Grundrechnungsarten – Überschlagsrechnung – Runden

Addition, Subtraktion, Multiplikation und Division heißen **Grundrechnungsarten**. Im Alltag kommt man mit diesen Operationen fast immer aus.
Die Mathematik hat für Rechenvorgänge Regeln festgelegt.
Man nennt sie **Rechengesetze**.
Heute nehmen uns Maschinen viel Rechenarbeit ab. Ein Rechner liefert aber nur dann ein richtiges Ergebnis, wenn man bei der Eingabe Rechengesetze beachtet.
Zur Kontrolle der Ergebnisse sind **Überschlagsrechnungen** unverzichtbar. Überschlagsrechnungen beinhalten einfache Zahlen und müssen leicht **im Kopf** ausführbar sein.

Für einfache Rechnungen sollst du keinen Taschenrechner benutzen!
Wenn du den **Taschenrechner** benutzt, rechne bei längeren Rechnungen immer **mit allen Stellen**. Erst das **Endergebnis** wird **gerundet**.
Oft erleichtert das Einspeichern von Werten den Rechenablauf. Auf die Speicherkapazität des Rechnermodells muss ebenso geachtet werden wie auf das Löschen von Variablen vor Rechenbeginn.
Weil viele unterschiedliche Rechnermodelle am Markt sind, wird hier nicht näher auf den genauen Umgang mit Taschenrechnern eingegangen.

Addition

Ein Weinbauer verkauft 47 l Weißwein und 24 l Rotwein in Literflaschen.
Wie viele Literflaschen hat er verbraucht?

$47 + 24 = 71$ oder $24 + 47 = 71$

Er benötigt 71 Literflaschen.

Bei mehreren Summanden erleichtert man sich die Rechnung durch Untereinanderschreiben.

47	Summand (Posten)
+ 24	Summand (Posten)
71	Summe

Die Zahlen sind genau untereinanderzuschreiben, also Zehner unter Zehner, Einer unter Einer, Komma unter Komma, Zehntel unter Zehntel, Hundertstel unter Hundertstel usw. Man beginnt das Zusammenzählen (von unten nach oben) bei ganzen Zahlen mit dem Einer und bei Dezimalzahlen mit der letzten Dezimalstelle (evtl. Nullen ergänzen).

Rechenprobe

Addiere in entgegengesetzter Reihenfolge (von oben nach unten):

Rechnung:		Probe:	
	25,6 ↑		25,6 ↓
	+38,3		+38,3
	63,9		63,9

A10 Führe die Additionen aus und mache eine Rechenprobe.

a)	b)	c)
6,60	34,62	3,602
12,50	32,88	76,03
18,30	83,54	8,1

A11 Führe die Additionen aus und mache eine Rechenprobe.

a)	b)	c)
1 212	7,45	456,70
2 031	28,40	653,80
208	465,65	41,48
50	583,45	5,67

A12 Ein bäuerlicher Betrieb hat folgende Einzelflächen: Ackerland 14,20 ha; Wiesen 3,10 ha; Wald 11,60 ha; Gebäude, Hof und Wege 0,523 ha. Wie groß ist die Gesamtfläche in ha und in a?

A13 Ein Milchbauer liefert pro Tag 320 kg Milch an die Molkerei. 52,6 kg Milch verfüttert er an die Kälber, und an seine 3 Nachbarn verkauft er 3,5 kg, 2,5 kg und 3,0 kg. Wie hoch ist die Gesamtmilchmenge pro Tag?

Rechenregel 1 (Vertauschungsgesetz):

Man darf bei einer Addition die Summanden vertauschen.

$a + b = b + a$

Beispiel: $5 + 3 = 3 + 5$

Rechenregel 2 (Verbindungsgesetz):

Man darf bei einer Addition Summanden zu Teilsummen verbinden.
(Man darf Klammern setzen.)

$a + (b + c) = (a + b) + c$

Beispiel:
$$5 + (3 + 2) = (5 + 3) + 2$$
$$5 + \quad 5 \quad = \quad 8 \quad + 2$$
$$10 = 10$$

Die Anwendung der Rechenregeln, z. B. bei Überschlagsrechnungen, ermöglicht es, manchmal schneller und einfacher zu rechnen.

Marion hilft beim Heurigen aus. Ein Gast konsumiert einen Fleischteller (€ 3,20), ein Stück Brot (60 ct) und 1 Glas Wein (€ 1,80).
Wie soll Marion die Konsumation schnell ausrechnen?

Die Rechnung heißt 3,20 + 0,60 + 1,80.
Weil man Summanden vertauschen und Teilsummen bilden darf, rechnet man praktisch
(3,20 + 1,80) + 0,60 = 5 + 0,60 = 5,60

Der Gast muss € 5,60 bezahlen.

3,20 + 1,80 ergibt eine ganze Zahl, was die Rechnung erleichtert.

A14 In einem Gasthof werden für eine Woche die Anzahl der verkauften Menüs berechnet:

Montag	35
Dienstag	42
Mittwoch	38
Donnerstag	45
Freitag	37
Samstag	41
Sonntag	73
Wochensumme	

Rechne erst herkömmlich in der Tabelle, dann unter Verwendung der Rechenregeln in einer Zeile möglichst im Kopf.

A15 Frau Berger hat € 10,–. Sie kauft 1 l Milch, 1 kg Brot, 1 kg Erdäpfel, 1 kg Schweinefleisch für Schnitzel und 10 dag Schinken.
Hat sie genug Geld eingesteckt?
Hinweis: Schätzt die aktuellen Preise. Informiert euch dann über die genauen Preise in einem Kaufhaus.

A16 In einem Haus werden folgende Flächengrößen bestimmt:

Wohnzimmer	35,6 m^2
Küche	12,8 m^2
3 Schlafzimmer	48,4 m^2
Bad und WC	15,3 m^2
Vorzimmer	8,9 m^2

Küche, Vorzimmer, Bad und WC erhalten Fliesen, die Zimmer Parkettböden.
Wie viel m^2 Fliesen und wie viel m^2 Parkett muss man bestellen?

Überschlagsrechnung – Runden

Beim „Ab-Hof-Verkauf" nimmt eine Familie im Schnitt in einer Woche für Fleischprodukte € 238,–, für Schnaps € 125,– , für Most € 42,– und für Mehlspeisen € 45,– ein.
Wie hoch ist der wöchentliche Zusatzverdienst? Führe eine Überschlagsrechnung durch.

Die angegebenen Eurobeträge müssen addiert werden.
Um eine Überschlagsrechnung durchzuführen, muss man die Zahlen so runden, dass die Rechnung leicht im Kopf durchführbar ist.
Du musst selbst entscheiden, welche Rundung sinnvoll ist.
Schreibe die Überschlagsrechnung immer an.

238 ≈ 200		Ü: 200 + 100 + 40 + 50 = 390
125 ≈ 100		
42 ≈ 40		
45 ≈ 50		

Die Zusatzeinnahmen betragen ca. € 390,–. Berechne den genauen Betrag.

Runden

Merkregel: Die Ziffern 0, 1, 2, 3, 4 werden abgerundet.
Die Ziffern 5, 6, 7, 8, 9 werden aufgerundet.

Man muss vor dem Runden festlegen, auf welchen Stellenwert (z. B. Tausender) man runden will. Dann wird zum Runden nur auf die Ziffer des unmittelbar rechts stehenden Stellenwerts geachtet.

Beispiele: Runde 2 539 auf Zehner — 2 539 ≈ 2 540, weil die Ziffer 9 aufgerundet wird.
Runde 2 539 auf Hunderter — 2 539 ≈ 2 500, weil die Ziffer 3 abgerundet wird.
Runde 2 539 auf Tausender — 2 539 ≈ 3 000, weil die Ziffer 5 aufgerundet wird.

Achte stets auf ein sinnvoll gerundetes Rechenergebnis!

(Z. B.: Einen Waldbesitz wird man nicht in dm^2, die Milchleistung einer Kuh nicht in g angeben.)

Manchmal wird man nicht mathematisch, sondern praktisch sinnvoll runden.
Beispiel: Eine Terrasse hat 14,3 m^2. Man wird (mindestens) 15 m^2 Fliesen bestellen, also aufrunden und nicht abrunden.

A17 Runde auf die angegebenen Stellenwerte:

a) 3 589 (H) b) 209 (Z) c) 15 555 (T) d) 953 (H)
e) 5 058 (T) f) 159 (Z) g) 7 450 (H) h) 995 (Z)

A18 Runde auf die angegebenen Stellenwerte:

a) 2,46 (z) b) 30,9 (E) c) 1,565 (h) d) 9,5 (E)
e) 45,8 (Z) f) 7,56 (z) g) 9,50 (E) h) 8,237 (h)

A19 Ein Imker erhält von 5 Bienenvölkern folgende Erträge an Honig: 6,25 kg, 3,56 kg, 9,10 kg, 3,61 kg und 5,15 kg. Wie hoch ist der Gesamtertrag an Honig? Führe zu dieser Rechnung eine Überschlagsrechnung durch.

A20 Führt zu jeder der angegebenen Rechnungen im Heft eine Überschlagsrechnung durch. Dann beginnt ihr gleichzeitig (Stoppuhr!). Eine/r rechnet die Rechnung herkömmlich (im Buch), der Partner/die Partnerin mithilfe des Taschenrechners.

Stoppt eure Zeiten. Die Zeit wird bis zum Erhalt des richtigen Ergebnisses gemessen (Lehrkraft fragen). Bei der nächsten Rechnung wird die Aufgabenstellung getauscht, d. h., wer bisher händisch gerechnet hat, darf jetzt den Taschenrechner benutzen.

a)	b)	c)	d)
5 912 kg	2,539 m	458,23 €	208,39 l
1 048 kg	1,850 m	2 352,60 €	3,23 l
3 900 kg	5,418 m	39,28 €	820,52 l
7 451 kg	1,065 m	805,54 €	0,09 l
23 539 kg	9,354 m	56,90 €	24,75 l
96 kg	1,046 m	4 589,31 €	529,60 l
2 410 kg	2,893 m	10,05 €	32,46 l

Subtraktion

In einem Betrieb erhielt man im Lauf des Jahres 25 864 l Milch, hiervon wurden 24 722 l an die Molkerei abgeliefert. Welche Menge wurde im Betrieb verbraucht?

Ü: 26 000 l – 25 000 l = 1 000 l

$$\begin{array}{r} 25\,864\text{ l} \\ -24\,722\text{ l} \\ \hline 1\,142\text{ l} \end{array}$$

Der Eigenverbrauch betrug 1 142 Liter Milch.

25 864	Minuend
–24 722	Subtrahend
1 142	Differenz

Beim Wegzählen wird von der unteren Zahl zur oberen hinaufgezählt. Beim Subtrahieren von Dezimalzahlen setzt man Komma unter Komma und zieht sie wie ganze Zahlen voneinander ab.

Addition und Subtraktion sind gegenteilige Rechenvorgänge.

$3 \underset{-5}{\overset{+5}{\rightleftarrows}} 8$, $3 + 5 = 8$ und $8 - 5 = 3$

Mithilfe der gegenteiligen Rechenoperation kann man deshalb eine Probe machen.

Rechenproben

Durch Addition:

Subtrahend	24 722
+ Differenz	+ 1 142
= Minuend	25 864

Durch Subtraktion:

Minuend	25 864
– Differenz	– 1 142
= Subtrahend	24 722

Führe die folgenden Rechnungen aus.
Vergiss nicht auf eine Überschlagsrechnung und eine Rechenprobe: **A21**

a) 493 −216
b) 212,8 −106,3
c) 1 208,15 −806,12
d) 82 566,05 −12 316,60
e) 112 618,20 −80 209,15
f) 816 753 −423 812
g) 11,02 −9,84
h) 5 407,3 −4 009,8
i) 891,40 −795,25

Ein Acker hat eine Größe von 10,17 ha. Davon werden 3,76 ha mit Weizen bebaut, der Rest mit Hafer. Wie groß ist die Fläche, die mit Hafer bebaut werden kann? **A22**

Bei einer Ablesung zeigte ein Stromzähler 3 587 kWh; bei der nächstfolgenden 4 123 kWh. Wie groß war der Stromverbrauch? **A23**

Subtrahieren mehrerer Subtrahenden

Maria hat € 220,– und kauft um € 46,– eine Jeans, um € 18,– ein T-Shirt und um € 23,– einen Pullover. Wie viel Geld hat sie noch?

Es gibt zwei Möglichkeiten der Rechnung.

1. Art: Rechnen von links nach rechts der Reihe nach:
$220 - 46 - 18 - 23 = 174 - 18 - 23 = 156 - 23 = 133$

2. Art: Alle Subtrahenden (Ausgaben) werden addiert und diese Summe vom Minuend (Guthaben) subtrahiert:
$220 - (46 + 18 + 23) = 220 - (87) = 133$

Sie hat noch € 133,–.

Klammerrechnen

Merkregel 1: Treten in einer Rechnung Klammern auf, so sind zuerst die Rechnungen in den Klammern auszuführen.

z. B.
$15 - (6 + 7) =$
$15 - (13) = 2$

$(15 - 6) + 7 =$
$(9) + 7 = 16$

Merkregel 2: Man darf nicht einfach Klammern setzen. Für die Subtraktion gilt kein Verbindungs- und kein Vertauschungsgesetz.

z. B.
$15 - (6 + 7) \neq (15 - 6) + 7$ (Verbindungsgesetz)
$8 - 5 \neq 5 - 8$ (Vertauschungsgesetz) vergleiche oben

Marion soll die folgenden Aufgaben rechnen. Sie sagt: Das ist fein, ich muss immer nur eine Rechnung bei a) und eine bei b) durchführen, denn da kommt dreimal das gleiche Ergebnis raus. Rechne nach! Begründe, warum Marion nicht recht hat. **A24**

a) $(14 - 4) + 3 + 2 =$ $\quad 14 - (4 + 3) + 2 =$ $\quad 14 - 4 + (3 + 2) =$
b) $(28 + 11) - 4 + 2 =$ $\quad 28 + (11 - 4) + 2 =$ $\quad 28 + 11 - (4 + 2) =$

Zusammenfassung:

- Das Ergebnis einer Addition heißt **Summe**.
- Man darf bei der Addition die **Summanden** vertauschen und Teilsummen bilden.
- Das Ergebnis einer Subtraktion heißt **Differenz**. Vom **Minuend** wird der **Subtrahend** abgezogen.
- Man darf bei der Subtraktion nicht Minuend und Subtrahend vertauschen und Teilsummen bilden. Man kann mehrere Subtrahenden zuerst addieren und dann vom Minuend abziehen.
- Führe eine **Überschlagsrechnung** mit möglichst einfachen Zahlen durch. Beachte dabei die **Rundungsregeln**.

Multiplikation

Weingarten

In einer Weingartenzeile werden 8 Unterstützungspfähle zum Spannen der Drähte benötigt. Der Weingarten hat 7 gleich lange Zeilen. Wie viele Pfähle muss man kaufen?

Für die 7 Zeilen braucht man $8 + 8 + 8 + 8 + 8 + 8 + 8 = 8 \cdot 7 = 56$ Pfähle.
Man muss 56 Pfähle kaufen.

Eine Multiplikation ($8 \cdot 7$) stellt eine verkürzte Addition dar.
8 und 7 heißen **Faktoren**, das Ergebnis nennt man **Produkt**.

Für die Multiplikation gelten wie bei der Addition bestimmte Rechenregeln.

Rechenregel 1 (Vertauschungsgesetz):

Man darf bei einer Multiplikation die Faktoren vertauschen.

$a \cdot b = b \cdot a$

Beispiel: $5 \cdot 3 = 3 \cdot 5$

Rechenregel 2 (Verbindungsgesetz):

Man darf bei einer Multiplikation die Faktoren zu Teilprodukten verbinden.
(Man darf Klammern setzen.)

$a \cdot (b \cdot c) = (a \cdot b) \cdot c$

Beispiel:
$$5 \cdot (3 \cdot 2) = (5 \cdot 3) \cdot 2$$
$$5 \cdot 6 = 15 \cdot 2$$
$$30 = 30$$

Rechenregel 3 (Verteilungsgesetz):

Eine Summe wird mit einem Faktor multipliziert, indem man jeden Summanden multipliziert.

$a \cdot (b + c) = a \cdot b + a \cdot c$

Beispiel: $2 \cdot (3 + 4) = 2 \cdot 3 + 2 \cdot 4$
$2 \cdot (7) = 6 + 8$
$14 = 14$

Hinweis: Die Rechenregeln sind zum Lösen von Gleichungen wichtig.

Schriftliches Multiplizieren

$2{,}46 \cdot 3{,}2$
738
 492 ... Teilprodukt
7,872 ... Produkt

Die Summe der Dezimalstellen der beiden Faktoren ergibt die Anzahl der Dezimalstellen des Produkts. (Hier: $2 + 1 = 3$)

Beim Multiplizieren beginnt man mit der höchsten Stelle des Multiplikators.
Das Teilprodukt der nächstfolgenden Zahl wird um einen Stellenwert nach rechts gerückt; dann werden die Teilprodukte zusammengezählt.

1 l Spezialöl kostet € 19,50. Wie groß ist der Erlös beim Verkauf von 85 l Öl?

Lösung:

$19{,}50 \cdot 85$ Ü: $19{,}50 \approx 20$ $85 \approx 90$ $20 \cdot 90 = 1\,800$
15 600
 9 750
 1 657,50

Der Verkaufserlös beträgt € 1 657,50 .

A25

1. Welche dieser Rechnungen liefert ein Ergebnis, das am nächsten bei 2 000 liegt? Erkläre deine Überlegungen.
2. Führe bei folgenden Aufgaben immer eine Überschlagsrechnung aus und rechne dann schriftlich.

a) $426 \cdot 43$ c) $24{,}26 \cdot 28$ e) $37{,}13 \cdot 56$
b) $621 \cdot 318$ d) $24{,}3 \cdot 16{,}8$ f) $169 \cdot 14{,}8$

A26

Mache eine Überschlagsrechnung, bestimme die Anzahl der Kommastellen, die beim Ergebnis maximal zu erwarten sind, und führe die genauen Rechnungen am Taschenrechner aus.

a) $1\,802{,}75 \cdot 826{,}16$ c) $86 \cdot 312{,}7 \cdot 28{,}16$ e) $29 \cdot 815{,}89 \cdot 75{,}7$
b) $2\,312{,}17 \cdot 87{,}816$ d) $211{,}7 \cdot 26{,}18 \cdot 78{,}312$ f) $386{,}98 \cdot 36{,}54 \cdot 96{,}49$

A27

Der Durchschnittsertrag bei Weizen betrug pro ha 4 311 kg. Wie hoch war der Gesamtertrag bei 11,9 ha? (Vergiss nicht auf eine Überschlagsrechnung.)

Division

Herr Berger erntet 600 kg Marillen, die er in Steigen zu 12 kg füllt.

a) Wie viele Steigen kann er füllen?
b) Als Erlös für die verkauften Steigen erhält Herr Berger € 1 500,–, die er auf seine 4 Kinder zu gleichen Teilen aufteilt. Wie viel Geld erhält jedes Kind?

a) Man könnte so rechnen: 600 – 12 = 588; 588 – 12 = 576; 576 – 12 = 564 usw., bis keine Steige mehr (voll) gefüllt werden kann. Statt schrittweise zu subtrahieren, dividiert man.
600 : 12 = 50 Er kann 50 Steigen füllen.

b) 1 500 : 4 = 375 Jedes Kind erhält € 375,–.

Eine **Division** kann für zwei Problemstellungen die richtige Lösung sein: für **Messen** und **Teilen**.

1. Messen
Bei obiger Fragestellung a) misst man, wie oft die 12 kg in 600 kg enthalten sind. Mit Benennungen müsste die Rechnung heißen:
600 kg: 12 kg = 50-mal
50-mal haben 12 kg in 600 kg „Platz“.

2. Teilen
Bei obiger Fragestellung b) werden € 1 500 auf 4 Kinder aufgeteilt. Das Ergebnis liefert die Anzahl der Euro für ein Kind. Mit Benennung müsste die Rechnung heißen:
€ 1 500 : 4 Kinder = € 375

Rechnungen werden ohne Benennungen angeschrieben. Für die Antwort braucht das Rechenergebnis aber die richtige Benennung.

Wie Addition und Subtraktion sind auch **Multiplikation und Division entgegengesetzte Rechenvorgänge.**

$3 \underset{:5}{\overset{\cdot 5}{\rightleftarrows}} 15$, $3 \cdot 5 = 15$ und $15 : 5 = 3$

A28 Schreib die zugehörige Rechnung an, führe sie (im Kopf) durch und gib an, ob bei den folgenden Angaben ein Teilen oder Messen vorliegt:

Text	Rechnung	Teilen/Messen
Die Trockenmasseaufnahme einer Kuh beträgt 18 kg. Wie viele Kühe kann man mit 900 kg Trockenmasse füttern?		
180 kg Saatgut werden auf drei gleich große Felder ausgebracht. Wie viel kg werden für ein Feld benötigt?		
Ein Heuvorrat von 300 m^3 reicht im Winter für 30 Kühe. Wie viel m^3 Heu muss man für eine Kuh rechnen?		
Bei 15 Kühen fallen in einem Zeitraum 1 500 m^3 Gülle an. Wie viel Gülle fällt im gleichen Zeitraum für eine Kuh an?		
Auf eine Weingartenfläche von 270 m^2 werden Weinstöcke mit einem Platzbedarf von je 3 m^2 gepflanzt. Wie viele Weinstöcke kann man pflanzen?		

Schriftliches Dividieren

Dividend : Divisor = Quotient

```
750 : 6    = 125
 15
  30
   0 Rest
```

Beim Honigschleudern gewann man von 25 Bienenvölkern 322,5 kg Honig. Welche Honigmenge erhielt man durchschnittlich von einem Volk?

Ü: 322,5 ≈ 300   25 ≈ 30

Honig auf Bienenvölker (auf)**teilen**   300 : 30 = 10

Ca. 10 kg Honig liefert ein Volk.

Beachte: Bei der Division ist das Abschätzen der zu erwartenden Stellen (Größenordnung) durch eine Überschlagsrechnung besonders wichtig.

Bevor man rechnet, bestimmt man die Anzahl der zu erwartenden Stellen.

```
25
322,5 : 25 = 12,9
 . .          . .
 72
 225
   0 Rest
```

Im Schnitt liefert ein Bienenvolk 12,9 kg Honig.

Rechenvorgang beim Dividieren:

- Stellenwertbestimmung: 25 ist in 32 enthalten (1. Stelle). Die Ziffer 2 liefert die 2. Stelle (Kennzeichnung durch Punkte).
- 32 : 25 = 1, Rest 7
- herunter 2 (nächste Stelle)
- daher 72 : 25 = 2, Rest 22
- Komma (,) beim Quotienten
  Bevor die Ziffer an der Zehntelstelle heruntergeschrieben wird, muss beim Ergebnis das Komma gesetzt sein.
- herunter 5
- daher 225 : 25 = 9, Rest 0

Man könnte auch anders (vielleicht sogar geschickter) dividieren, indem man die Multiplikationen ausführt, das Ergebnis anschreibt und dann subtrahiert.
Diese Art zu dividieren ist in vielen europäischen Ländern üblich.

```
 322,5 : 25 = 12,9
-25
 72
-50
 225
-225
 000
```

Dividieren durch eine Dezimalzahl

Die Kosten für eine Schulveranstaltung betrugen insgesamt € 6 716,32. Jeder Schüler/jede Schülerin bezahlte € 258,32. Ermittle die Anzahl der Teilnehmerinnen und Teilnehmer an dieser Schulveranstaltung.

Ü: $6\,716{,}32 \approx 7\,000$ $258{,}32 \approx 300$ $7\,000 : 300 = 70 : 3 = 23{,}\ldots$
$6\,716{,}32 : 258{,}32 =$

Komma um 2 Stellen nach rechts bedeutet Multiplikation mit 100.

```
6 716,32 : 258,32 = 671 632 : 25 832 = 26
                   -516 640
                    154 992
                   -154 992
                    000 000
```

Die Schulveranstaltung hatte 26 Teilnehmerinnen und Teilnehmer.

Merke: Wer durch eine Dezimalzahl dividiert, ist selbst schuld, denn:

Der Quotient bleibt unverändert, wenn man Dividend **und** Divisor mit derselben Zahl multipliziert (z. B. hier mit 100), oder anders formuliert:

Der Quotient bleibt unverändert, wenn man bei Dividend **und** Divisor das Komma um gleich viele Stellen und in die gleiche Richtung verschiebt.

A29 1. Welche dieser Rechnungen hat den kleinsten Quotienten? Begründe deine Meinung. 2. Ermittle schriftlich den Quotienten der Divisionen und vergiss nicht auf eine Überschlagsrechnung:

a) 10 608 : 816 =
b) 10 755 : 717 =
c) 237,6 : 8,8 =
d) 14,025 : 4,25 =

A30 Führe folgende Divisionen mit dem Taschenrechner aus und überprüfe die Ergebnisse mit der Multiplikationsprobe: Überschläge nicht vergessen!

a) 162 288 : 46 =
b) 368 981 : 197 =
c) 12,4488 : 546 =
d) 496,4751 : 873 =
e) 137,0076 : 9,3 =
f) 2091,825 : 67,5 =

Führe folgende Divisionen mit dem Taschenrechner aus und runde das Ergebnis auf Tausendstel: **A31**
Vergiss nicht auf den Überschlag!

a) 37 873,565 : 97,65 =
b) 4 584,4374 : 467,9 =
c) 2 411,003 : 200,0324 =

Ein Weinbauer füllt von einem Fass 160 l Wein in Flaschen zu 0,75 l ab.
Wie viele Flaschen kann er füllen?

Ü: 160 ≈ 200 0,75 ≈ 1 200 : 1 = 200
Rund 200 Flaschen kann er füllen.

Genaue Rechnung
160 : 0,75 = 16 000 : 75 = 213
100
250
25 Rest

Er kann 213 Flaschen füllen.

Die obige Rechnung zeigt, dass das Ergebnis einer Division größer sein kann als die zu teilende Zahl.
Begründung: 1 ist in 160 genau 160-mal enthalten. 0,75 ist weniger als 1, daher muss 0,75 in 160 öfter – nämlich 213-mal – enthalten sein.

Merke: Ist der Divisor kleiner als 1, wird der Quotient größer als der Dividend.

A32

http://aufgabenpool.bifie.at/m7/

Die Klasse 2C hat folgende Aufgabe zu lösen: 986 – 58 · 14 – 264 : 21 =
Florentina, Marianne, Fatima und Anita wählen unterschiedliche Wege zur Berechnung des Ergebnisses. Entscheide für jeden der vier beschriebenen Lösungswege, ob er zum richtigen Ergebnis führt oder nicht!

		Richtig	Nicht richtig
A	Florentina: Ich rechne zuerst 58 · 14 und dann 264 : 21. Dann zähle ich diese beiden Ergebnisse zusammen. Diese Summe ziehe ich von 986 ab.		
B	Marianne: Ich ziehe von 986 zuerst 58 ab und multipliziere dieses Ergebnis mit 14. Davon ziehe ich dann 264 ab. Dieses Ergebnis dividiere ich durch 21.		
C	Fatima: Ich multipliziere zuerst 58 mit 14. Von diesem Ergebnis ziehe ich den Quotienten von 264 und 21 ab. Dieses Ergebnis ziehe ich von 986 ab.		
D	Anita: Ich rechne zuerst 58 · 14 und ziehe das Ergebnis dieser Multiplikation von 986 ab. Von diesem Ergebnis ziehe ich das Ergebnis der Division von 264 und 21 ab.		

Zusammenfassung:

- Das Ergebnis einer Multiplikation heißt **Produkt**.
- Man darf bei der Multiplikation die **beiden Faktoren** vertauschen und Teilprodukte bilden.
- Multipliziert man Dezimalzahlen, so ist die Anzahl der Dezimalstellen des Produkts gleich der Summe der Anzahl der Dezimalstellen der beiden Faktoren.
- Das Ergebnis einer Division heißt **Quotient**. Vor Durchführung der Division muss der Stellenwert des Quotienten bestimmt werden.
- Dividiert man durch eine Dezimalzahl, so werden **Dividend und Divisor** mit derselben Zehnerpotenz so erweitert, dass der Divisor ganzzahlig wird (Komma verschieben).
- Eine Division kann ein **Messen** oder **Teilen** bedeuten. Auf die Wahl der Benennungen ist dabei zu achten.
- Führe eine **Überschlagsrechnung** mit möglichst einfachen Zahlen durch. Beachte dabei die **Rundungsregeln**.

Kopfrechnungen

Heute sind Taschenrechner, aber auch der Einsatz von Computern im Mathematikunterricht selbstverständlich. Trotzdem sollte man einfache Rechnungen schnell und sicher im Kopf beherrschen.
Wiederhole das Einmaleins, wenn du Probleme beim Kopfrechnen hast!
Erinnere dich an einige „Tricks", um schneller zu rechnen.

Multiplikation mit 5 → mit 10 multiplizieren, dann die Hälfte
Multiplikation mit 4 → das Doppelte vom Doppelten
Multiplikation mit 9 → mit 10 multiplizieren, dann die Zahl abziehen

A33 Rechne im Kopf:

a) $24 \cdot 9 =$	b) $67 \cdot 7 =$	c) $34 \cdot 8 =$	d) $125 \cdot 3 =$	e) $98 \cdot 6 =$	f) $39 \cdot 4 =$
g) $87 \cdot 3 =$	h) $167 \cdot 5 =$	i) $26 \cdot 15 =$	j) $124 \cdot 11 =$	k) $37 \cdot 7 =$	l) $94 \cdot 8 =$

A34 Rechne im Kopf:

a) 92 : 4 =	b) 375 : 5 =	c) 108 : 12 =	d) 738 : 2 =
e) 749 : 7 =	f) 0,36 : 6 =	g) 87 : 3 =	h) 164 : 4 =
i) 1 240 : 4 =	j) 822 : 6 =	k) 936 : 9 =	l) 104 : 8 =

A35 Ein Gast konsumiert beim Heurigen: 1 Gespritzter zu € 1,20, 1/8 Riesling zu € 1,80, 1 Aufstrichteller zu € 2,80 und 2 Gebäck zu je € 0,60. Was macht die Rechnung aus?

A36 Rechnen mit Dezimalzahlen:

a) $0{,}04 \cdot 9 =$	b) $0{,}2 \cdot 9 =$	c) 4,8 : 8 =	d) 0,486 : 6 =
e) $0{,}9 \cdot 0{,}6 =$	f) 6,5 : 5 =	g) 8,7 : 3 =	h) 1,64 : 4 =
i) 12,40 : 4 =	j) 82,2 : 6 =	k) 9,36 : 9 =	l) 10,4 : 8 =

Subtrahieren im Kopf: **A37**

a) 46 – 38 =	b) 125 – 85 =	c) 57 – 39 =	d) 721 – 300 =
e) 257 – 69 =	f) 249 – 139 =	g) 284 – 98 =	h) 164 – 76 =
i) 4,50 – 3,20 =	j) 7,80 – 0,90 =	k) 5,80 – 4,90 =	l) 3,70 – 0,69 =

Addieren im Kopf: **A38**

a) 46 + 38 =	b) 125 + 85 =	c) 57 + 39 =	d) 721 + 346 =
e) 257 + 69 =	f) 249 + 130 =	g) 284 + 98 =	h) 164 + 76 =
i) 4,50 + 3,20 =	j) 7,80 + 0,90 =	k) 5,80 + 4,90 =	l) 3,70 + 0,69 =

Verknüpfung von Grundrechnungsarten im Kopf: **A39**

a) 3 · 12 + 18 =	b) 7 · 15 + 21	c) 4 · 32 + 25 =	d) 0,7 · 6 +2,5 =
e) 2,3 · 2 + 4,6 =	f) 0,7 · 9 + 2,5=	g) 4 · 13 – 11 =	h) 9 ·16 –20 =
i) 5 · 28 – 30 =	j) 128 : 2 – 30 =	k) 125 : 5 – 10 =	l) 366 : 3 – 50 =

Überprüft eure Kopfrechenfertigkeiten! **A40**

Jede Schülerin/jeder Schüler erhält von ihrem/seinem Sitznachbarn 10 Aufgaben gestellt. Für jede richtige Antwort gibt es einen Punkt. Wer schafft mehr?
Aufpassen: Die Fragenstellerin/der Fragensteller muss mitrechnen!

Partner A		**Partner B**	
1) 69 · 5 =	6) 0,34 + 2,5 =	1) 96 · 5 =	6) 0,43 + 2,5 =
2) 45 + 63 =	7) 8,7 – 3,2 =	2) 43 + 65 =	7) 6,7 – 3,2 =
3) 48 – 29 =	8) 95 · 3 + 40 =	3) 58 – 39 =	8) 85 · 3 + 30 =
4) 69 : 3 =	9) 34 · 4 – 32 =	4) 96 : 3 =	9) 64 · 4 – 32 =
5) 36 · 9 =	10) 19 · 5 – 23 =	5) 48 · 9 =	10) 18 · 5 – 23 =

Es soll 15 · 23 gerechnet werden. **A41**

a) Kreuze an, welche Rechenwege richtig sind.
b) Wie sind diese Rechnungen zustande gekommen?
Was wurde bei den nicht zutreffenden Rechenwegen falsch gemacht?

A	15 · 20 + 15 · 3	Richtig ☐	Falsch ☐
B	10 · 20 + 10 · 3 + 5 · 3	Richtig ☐	Falsch ☐
C	10 · 20 + 5 · 3	Richtig ☐	Falsch ☐
D	10 · 23 + 5 · 23	Richtig ☐	Falsch ☐
E	10 · 20 + 10 · 3 + 5 · 20 + 5 · 3	Richtig ☐	Falsch ☐

Kartenspiel: **A42**

Pro Gruppe (3 Personen oder mehr) werden mindestens 30 Kärtchen hergestellt. Jedes Kärtchen enthält eine Kopfrechnung und die dazugehörige Lösung.
Spielregel: Die Kärtchen werden umgedreht und auf einen Stoß gelegt. Gespielt wird im Uhrzeigersinn. Die erste Person nimmt ein Kärtchen vom Stoß und stellt die Rechnung der rechts von ihm sitzenden Person. Bei richtiger Beantwortung darf diese die Karte behalten, sonst geht die Frage an die nächste Person usw. Weiß niemand die richtige Antwort, wird die Karte weggelegt. Nach Beantwortung oder Weglegen der Karte kommt die nächste Person an die Reihe. Sind alle Karten aufgebraucht, ist der/die Sieger(in), wer die meisten Karten hat.
Bemerkung: Das Spiel kann immer wieder während des Schuljahrs gespielt werden, damit Kopfrechnen geübt wird. Die Gruppen tauschen dazu ihre Kartenstöße.

Bruchzahlen – Dezimalzahlen

Teilt man ein Ganzes (z. B. eine Torte, ein Grundstück, einen Geldbetrag usw.) in gleich viele Teile, so erhält man einen Bruchteil des Ganzen.
Das **Ganze** bezeichnet man mit **1**.

Bruchteil (Bruch):

Bruchstrich ← $\frac{3}{10}$ ↗ **Zähler** (zählt die Anzahl der Teile: 3)
↘ **Nenner** (nennt, in wie viele Teile das Ganze geteilt wird: 10)

Im Alltag verwendet man häufig:
$\frac{1}{10}, \frac{1}{100}, \frac{1}{1\,000}, \ldots; \frac{1}{2}, \frac{1}{4}, \frac{1}{8}, \ldots; \frac{1}{3};$

Merke: In jedem Bruchstrich steckt ein Divisionszeichen, denn es wird das Ganze geteilt (Division!).
Jeder Bruch ist als Dezimalzahl darstellbar. Man muss dazu die Division durchführen. Da man nicht durch 0 dividieren kann, muss der Nenner $\neq 0$ sein.

Vervollständige die Tabelle durch Rechnen mit dem Taschenrechner.

$\frac{1}{2}$	$\frac{1}{4}$	$\frac{1}{8}$	$\frac{1}{10}$	$\frac{1}{100}$	$\frac{1}{1\,000}$	$\frac{1}{3}$	$\frac{2}{3}$	$\frac{3}{4}$
0,5	0,25	0,125	0,1	0,01	0,001	$0,\dot{3}$	0,6	0,75

Diese Zusammenhänge sollte man auswendig wissen.

1 : 3 = 0,333333… Diese Division liefert immer 1 als Rest. Die Dezimalzahl hat unendlich viele, sich stets wiederholende Ziffern.
Man spricht von einer **periodischen Dezimalzahl** und schreibt $0,\dot{3}$.

1 : 4 = 0, 25 Die Division endet mit 0 Rest.
Man erhält eine **endliche Dezimalzahl**.

A43 Schreibe als Bruch:

a) 0,5 = b) 0,01 = c) 0,3 = d) $0,\dot{3}$ = e) 0,7 =
f) 0,125 = g) 0,75 = h) 0,25 = i) 0,06 = j) 0,004 =

A44 Schreibe als Dezimalzahl:

a) $\frac{1}{4}$ = b) $\frac{1}{10}$ = c) $\frac{7}{100}$ = d) $\frac{1}{2}$ = e) $\frac{1}{3}$ =

f) $\frac{1}{8}$ = g) $\frac{1}{1\,000}$ = h) $\frac{3}{10}$ = i) $\frac{3}{4}$ = j) $\frac{63}{1\,000}$ =

Alle Brüche, deren Wert kleiner als 1 ist, heißen **echte Brüche**.

Die Schreibweise $1\frac{1}{2}$ heißt **gemischte Zahl**.

In ihr steckt immer ein unsichtbares +.

$1\frac{1}{2} = 1 + \frac{1}{2}$

Ein Ganzes wird immer in gleich viele Teile geteilt, daher gilt:

$1 = \frac{2}{2} = \frac{1\,000}{1\,000} = \frac{3}{3} = \frac{4}{4}$ usw.

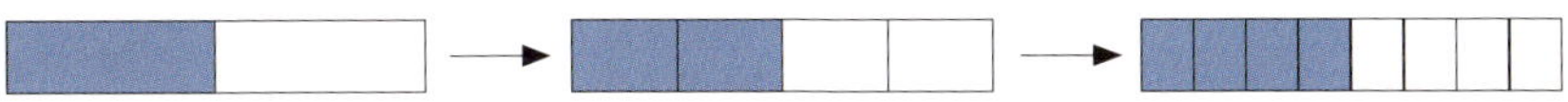

$\frac{1}{2} = \frac{2}{4} = \frac{4}{8}$

Der Wert eines Bruches ändert sich nicht, wenn man Zähler **und** Nenner mit derselben Zahl multipliziert **(erweitern)** oder durch dieselbe Zahl dividiert **(kürzen)**.

$\frac{1}{2}$ ERWEITERN → $\frac{1 \cdot 4}{2 \cdot 4} = \frac{4}{8}$

$\frac{1}{2}$ ← KÜRZEN $\frac{4 : 4}{8 : 4} = \frac{4}{8}$

Schreibe als natürliche oder gemischte Zahl: **A45**

a) $\frac{5}{3}, \frac{9}{8}, \frac{13}{10}, \frac{17}{3}$ b) $\frac{8}{8}, \frac{9}{3}, \frac{126}{3}, \frac{64}{8}$

Verwandle in Halbe: **A46**

a) 2, 6, 8, 12   b) $4\frac{1}{2}, 1\frac{1}{2}, 16\frac{1}{2}, 27\frac{1}{2}$

Verwandle in Viertel: **A47**

a) 3, 6, 7, 8   b) $7\frac{2}{4}, 16\frac{1}{2}, 10\frac{3}{4}, 6\frac{3}{4}$

Verwandle in Achtel: **A48**

a) 2, 6, 12, 16   b) $1\frac{5}{8}, 7\frac{1}{8}, 10\frac{3}{8}, 11\frac{7}{8}$

Verwandle in Viertel: **A49**

$\frac{1}{2}, \frac{5}{2}, 2\frac{1}{2}, 1\frac{1}{2}$

Verwandle in Achtel: **A50**

a) $\frac{1}{2}, \frac{5}{2}, 2\frac{1}{2}, 1\frac{1}{2}$ b) $1\frac{3}{4}, 7\frac{1}{4}, 3\frac{1}{2}, \frac{7}{2}$

A51 Verwandle in Zehntel:

$\frac{1}{2}, \frac{5}{2}, 2\frac{1}{2}, 1\frac{1}{2}$

A52 Verwandle in Hundertstel:

a) $\frac{1}{2}, \frac{5}{2}, 2\frac{1}{2}, 1\frac{1}{2}$ b) $1\frac{3}{4}, 7\frac{1}{4}, 3\frac{1}{2}, \frac{7}{2}$

A53 Kürze die Brüche:

a) $\frac{6}{10}, \frac{4}{8}, \frac{6}{4}, \frac{9}{3}$ b) $\frac{25}{100}, \frac{50}{100}, \frac{15}{10}, \frac{64}{100}$

A54 Schreibe die Dezimalzahlen als Dezimalbrüche an und kürze dann.

Beispiel: $0{,}04 = \frac{4}{100} = \frac{4:4}{100:4} = \frac{1}{25}$

a) 0,5; 0,25; 0,2; 0,75 b) 0,125; 0,375; 0,625; 0,875

Die Grundrechnungsarten mit Brüchen

Zwei Äcker mit $\frac{3}{4}$ ha und $\frac{1}{2}$ ha werden zusammengelegt. Wie groß ist der Inhalt der neuen Fläche?

$\frac{3}{4} + \frac{1}{2} = \frac{3}{4} + \frac{2}{4} = \frac{5}{4} = 1\frac{1}{4} = 1{,}25$ oder

mit Dezimalzahlen $\frac{3}{4} = 0{,}75$ $\frac{1}{2} = 0{,}5$ $0{,}75 + 0{,}5 = 1{,}25$

Der neue Flächeninhalt beträgt $1\frac{1}{4}$ ha = 1,25 ha.

Aus einem Fass mit $7\frac{1}{2}$ hl Wein werden $\frac{7}{10}$ hl in Flaschen abgefüllt.
Wie viel hl Wein sind noch im Fass?

$7\frac{1}{2} - \frac{7}{10} = 7\frac{5}{10} - \frac{7}{10} = 6\frac{15}{10} - \frac{7}{10} = 6\frac{8}{10} = 6{,}8$

Merke: Es können nur gleichnamige Brüche addiert bzw. subtrahiert werden. Kann man – so wie hier – von $\frac{5}{10}$ nicht $\frac{7}{10}$ subtrahieren, muss man sich „1 Ganzes ausborgen".

Oder mit Dezimalzahlen $7\frac{1}{2} = 7{,}5$ $\frac{7}{10} = 0{,}7$

$7{,}5 - 0{,}7 = 6{,}8$

Im Fass sind noch $6\frac{8}{10}$ hl = 6,8 hl Wein.

Rechenregel 1:

Gleichnamige Brüche werden **addiert bzw. subtrahiert,** indem man die **Zähler addiert** und den gleichen **Nenner beibehält**.
Ungleichnamige Brüche werden vor dem Addieren bzw. Subtrahieren gleichnamig gemacht.

Beim Rechnen mit gemischten Zahlen rechnet man praktisch, wenn man jeweils die ganzen Zahlen und die Brüche zusammenfasst.

$4\frac{1}{2} + 2\frac{3}{4} + 1\frac{3}{8} = (4 + 2 + 1) + \left(\frac{1}{2} + \frac{3}{4} + \frac{3}{8}\right) = 7 + \left(\frac{4}{8} + \frac{6}{8} + \frac{3}{8}\right) = 7\frac{13}{8} = 8\frac{5}{8}$

A55

a) $8\frac{1}{4} + 11\ \frac{1}{2} + 7\frac{1}{2} + 11\ \frac{1}{4} =$

b) $3\frac{1}{2} + 2\frac{2}{3} + 9 + 2\frac{1}{2} =$

c) $2\frac{3}{4} + 7\frac{7}{8} + \frac{1}{4} =$

d) $1\frac{3}{8} + 7\frac{1}{4} + 2\frac{5}{8} =$

A56

a) $32\frac{1}{4} - 2\frac{3}{4} =$

b) $26\frac{1}{2} - 4\frac{3}{4} =$

c) $7\frac{1}{8} - 1\frac{3}{16} - 2\frac{3}{8} =$

d) $12 - 6\frac{1}{2} - 1\frac{1}{4} =$

A57

Ein Landwirt hat 50 kg Obst und verkauft davon: $3\frac{1}{4}$ kg, $10\frac{1}{4}$ kg, $7\frac{3}{4}$ kg, $5\frac{1}{4}$ kg
Wie viel Obst bleibt ihm noch?

A58

Von einer Wiese wurden am Vormittag die Hälfte und am Nachmittag ein Drittel der Gesamtfläche gemäht. Welcher Bruchteil der Wiese muss noch am nächsten Tag gemäht werden?

A59

Ein Grundbesitz hat 48 ha Flächeninhalt; davon sind $22\frac{1}{2}$ ha Äcker, $9\frac{2}{5}$ ha Wiese, $5\frac{3}{10}$ ha Weide und der Rest ist Wald. Berechne die Waldfläche in ha.

In einer Stunde pflügt ein Traktor $\frac{1}{2}$ ha Acker.

a) Wie viel ha werden in 4 Stunden gepflügt?

$\frac{1}{2} \cdot 4 = \frac{1}{2} \cdot \frac{4}{1} = \frac{1 \cdot 4}{2 \cdot 1} = \frac{4}{2}$ oder $0{,}5 \cdot 4 = 2$

In 4 Stunden werden 2 ha gepflügt.

b) Wie viel ha werden in $4\frac{1}{4}$ Stunden gepflügt?

$\frac{1}{2} \cdot 4\frac{1}{4} = \frac{1}{2} \cdot \frac{17}{4} = \frac{1 \cdot 17}{2 \cdot 4} = \frac{17}{8} = 2\frac{1}{8} = 2{,}125$

oder mit Dezimalzahlen: $0{,}5 \cdot 4{,}25 = 4{,}25 \cdot 0{,}5 = 2{,}125$

In $4\frac{1}{4}$ Stunden werden $2\frac{1}{8} = 2{,}125$ ha gepflügt.

Hinweis: Es gibt Taschenrechner, die mit Bruchzahlen rechnen können.
Oft empfiehlt es sich statt mit Brüchen mit Dezimalzahlen zu rechnen.

Vor Durchführung der Multiplikation empfiehlt es sich zu kürzen, d. h., man dividiert jeweils eine Zahl im Nenner und eine Zahl im Zähler durch jenen Faktor, der in beiden Zahlen enthalten ist.

Beispiel: $\frac{3 \cdot 5}{10 \cdot 2} = \frac{3 \cdot 1}{2 \cdot 2} = \frac{3}{4}$

Rechenregel 2:

- **Brüche** werden **multipliziert,** indem man **Zähler mit Zähler** und **Nenner mit Nenner** multipliziert.
- Wird ein **Bruch** mit einer **gemischten Zahl multipliziert,** so ist vorher die gemischte **Zahl** in einen **Bruch** zu verwandeln.
- Kürze vor Durchführung der Multiplikation.

Hinweis: Die Sprechweise „$\frac{3}{5}$ meines Besitzes von 25 ha sind Wald“ beinhaltet eine Multiplikation, nämlich: $\frac{3}{5}$ von 25 ha = $25 \cdot \frac{3}{5}$

A60 Berechne 1) ohne Taschenrechner unter Verwendung von Brüchen und schreibe 2) die Rechnung unter Verwendung von Dezimalzahlen an (Hinweis: Periodische Dezimalzahlen müssen gerundet werden):

a) $\frac{3}{5}$ von 25 b) $\frac{2}{3}$ von 27 c) $\frac{7}{100}$ von 600 d) $\frac{3}{5}$ von 2 480 e) $\frac{3}{100}$ von 900

A61 a) $\frac{3}{4} \cdot 8$ b) $\frac{1}{2} \cdot \frac{7}{10}$ c) $2\frac{2}{3} \cdot 4\frac{1}{2}$ d) $6\frac{3}{4} \cdot 1\frac{1}{3}$

A62 Auf einer Ackerfläche erntet man $4\frac{3}{4}$ t Weizen pro ha.
Wie viel t Weizen kann man voraussichtlich auf $2\frac{1}{2}$ ha ernten?

In einem Behälter befinden sich $16\frac{1}{2}$ l Schnaps.

a) Der Schnaps soll auf zwei große Flaschen gleichmäßig aufgeteilt werden.
Wie viel Liter Schnaps ist jeweils in einer Flasche?

$16\frac{1}{2} : 2 = \frac{33}{2} : 2 = \frac{66}{4} : 2 = \frac{33}{4} = 8\frac{1}{4}$

33 (Halbe) kann man nicht durch 2 teilen.

33 Halbe sind genau 66 Viertel. 66 Viertel kann man auf 2 Flaschen zu je 33 Viertel aufteilen.

In jeder Flasche sind $\frac{33}{4}$ l = $8\frac{1}{4}$ l = 8,25 l

b) Der Schnaps wird in Flaschen zu $\frac{3}{4}$ l gefüllt. Wie viele Flaschen kann man füllen?

Überlegung: $\frac{3}{4} = \frac{1}{4} \cdot 3$. Wenn man weiß, wie oft $\frac{1}{4}$ in $16\frac{1}{2}$ enthalten ist, so sind $\frac{3}{4}$ nur ein Drittel mal so oft enthalten.

$16\frac{1}{2} : \frac{3}{4} = \frac{33}{2} : \frac{3}{4} = \left(\frac{66}{4} : \frac{1}{4}\right) : 3 = 66 : 3 = 22$

Probe $\frac{3}{4} \cdot 22 = \frac{66}{4} = \frac{33}{2} = 16\frac{1}{2}$

Man kann 22 Flaschen zu $\frac{3}{4}$ l füllen.

Die vereinfachten Rechnungen zeigen eine einfache Merkregel für die Division von Brüchen.

a) $\frac{33}{2} : 2 = \frac{33}{4}$ oder als Multiplikation angeschrieben $\frac{33}{2} : 2 = \frac{33}{2} \cdot \frac{1}{2} = \frac{33}{4}$

b) $\frac{33}{2} : \frac{3}{4} = \frac{33}{2} \cdot \frac{4}{3} = \frac{33 \cdot 4}{2 \cdot 3} = \frac{11 \cdot 2}{1 \cdot 1} = 22$

Rechenregel 3:

Ein **Bruch** wird durch einen **Bruch dividiert,** indem man den **ersten Bruch** mit dem **Kehrwert** des **zweiten Bruchs multipliziert**.
Zur Erinnerung: Den Kehrwert eines Bruchs erhält man durch Vertauschen von Zähler und Nenner.

Auf $\frac{3}{4}$ ha Ackerfläche wurden 3 600 kg Weizen geerntet. Wie groß war der Ertrag auf 1 ha Ackerfläche? **A63**

Für 6 GVE (Großvieheinheiten) stehen $10\frac{1}{2}$ ha Weideland zur Verfügung. Welche Weidefläche entfällt auf 1 GVE? **A64**

Auf $\frac{1}{4}$ ha Ackerfläche werden $17\frac{1}{2}$ dt Körnermais geerntet. Wie viel dt Körnermais erntet man auf 1 ha? **A65**

In einer Kanne sind 20 l Milch. Wie viele Gläser zu $\frac{2}{10}$ l kann man damit füllen? **A66**

Ein Tank wird mit 2 000 l Dieselöl befüllt. Wie viele Kanister zu $4\frac{1}{2}$ l können daraus abgefüllt werden? **A67**

Berechne und vereinfache das Ergebnis: **A68**

a) $4\frac{7}{12} : \frac{5}{6} + 3\frac{4}{5} \cdot 10 =$

b) $\left(4\frac{3}{8} - 2\frac{3}{4}\right) : \frac{1}{7} =$

c) $\frac{5}{12}$ von $\frac{3}{10}$ kg =

d) $\frac{14}{15} : 28 =$

Zusammenfassung:

- Jede Bruchzahl ist als Dezimalzahl darstellbar.
- Der Wert eines Bruchs ändert sich nicht, wenn man Zähler und Nenner mit der gleichen Zahl multipliziert (erweitern) oder durch die gleiche Zahl dividiert (kürzen).
- Man addiert bzw. subtrahiert Brüche mit gleichem Nenner nach der Regel:
  $\frac{a}{c} \pm \frac{b}{c} = \frac{a+b}{c}$
- Man addiert bzw. subtrahiert Brüche mit ungleichem Nenner nach der Regel:
  $\frac{a}{c} + \frac{b}{d} = \frac{a \cdot d + b \cdot c}{c \cdot d}$
- Man multipliziert Brüche nach der Regel:
  $\frac{a}{c} \cdot \frac{b}{d} = \frac{a \cdot b}{c \cdot d}$
- Man dividiert Brüche nach der Regel:
  $\frac{a}{c} : \frac{b}{d} = \frac{a}{c} \cdot \frac{d}{b} = \frac{a \cdot d}{b \cdot c}$

Näherungen – Rechnen mit Schranken

Beim Rechnen treten **genaue Zahlen** und **Näherungszahlen** auf.
Genaue Zahlen sind z. B.

- Anzahl von Zählungen in kleinen Mengen (Stück Vieh eines Bauernhofs)
- Maßumwandlungszahlen (1 km = 1 000 m)
- Hochzahlen (m^2, m^3)
- Maßstab (1 : 20 000)
- Physikalische Konstanten (Erdbeschleunigung am Normort $g = 9{,}81$ m/s²)

Näherungszahlen sind z. B.

- Messergebnisse (Längen- oder Flächenmessungen)
- Ergebnisse von Zählungen in großen Mengen (Erdbevölkerung)
- Ergebnisse von manchen Rechnungen (z. B. 7 : 3 = 2,3)
- Irrationale Zahlen wie die Kreiszahl π
- Gerundete Zahlen

Misst man die Länge a einer Strecke mit dem Geodreieck, so kann man nur auf mm genau messen.
Länge $a = 26$ mm bedeutet, dass die Zahlen 25,5; 25,6; 25,7; 25,8; 25,9; 26,0; 26,1; 26,2; 26,3; 26,4 durch Auf- bzw. Abrunden 26 mm ergeben.
Das Messergebnis 25,4 hätte man zu 25 mm abgerundet, das Messergebnis 26,5 zu 27 mm aufgerundet.

$a = 26$ mm bedeutet, dass gilt:

$$25{,}5 \text{ mm} \leq a \leq 26{,}4 \text{ mm}$$

untere Schranke (25,5 mm) — **obere Schranke** (26,4 mm)

Die Strecke *a* ist **mindestens** 25,5 mm lang.
Die Strecke *a* ist **höchstens** 26,4 mm lang.
Die Länge der Strecke *a* **liegt zwischen** 25,5 und 26,4 mm.

Im Bauplan eines Hauses ist eine Mauer mit der Stärke von 15 cm **(Nennmaß)** eingezeichnet. Durch den Verputz, der nicht gleichmäßig dick aufgetragen werden kann, liegt die tatsächliche Mauerstärke **(Istmaß)** zwischen 14,5 und 15,5 cm.

Man schreibt Istmaß Mauerstärke: $(15 \pm 0{,}5)$ cm,
d. h. $14{,}5 \text{ cm} \leq \text{Mauerstärke} \leq 15{,}5 \text{ cm}$.

$\pm 0{,}5$ cm heißt **Abweichung** oder **Toleranz**.

Unter dem **Mittelwert** (arithmetischen Mittel) zweier Zahlen *a* und *b* versteht man den Wert $\frac{a+b}{2}$.

Zwei verschiedene Angaben für eine Größe *a* sind möglich:

1. Mit Schranken, z. B. $37{,}5 \leq a \leq 38{,}5$
2. Mit Abweichung, z. B. $a = 38 \pm 0{,}5$

Von der Darstellung 1 zur Darstellung 2 kommt man durch folgende Rechnungen:

Das Nennmaß ist das arithmetische Mittel aus oberer und unterer Schranke.

$$\text{Nennmaß} = \frac{\text{untere Schranke} + \text{obere Schranke}}{2}$$

Toleranz = obere Schranke – Nennmaß

z. B. $A = \frac{37{,}5 + 38{,}5}{2} = 38$ Toleranz $= 38{,}5 - 38 = 0{,}5$

Untere Schranke = Nennmaß – Toleranz

Obere Schranke = Nennmaß + Toleranz

Von der Darstellung 2 zur Darstellung 1 kommt man durch folgende Rechnungen:
Z. B.: Untere Schranke = 38 – 0,5 = 37,5
Obere Schranke = 38 + 0,5 = 38,5

A69 Gib jeweils die untere und obere Schranke für die Maße der Werkstücke an:

a) $(62 \pm 0{,}5)$ cm b) $(20 \pm 0{,}5)$ mm c) $(15{,}4 \pm 0{,}02)$ cm
d) $(0{,}3 \pm 0{,}01)$ mm e) $(23{,}3 \pm 0{,}1)$ cm f) (102 ± 5) mm

A70 Wie groß ist die Abweichung (Toleranz) einer Größe *a*, wenn gilt:

a) $99{,}5\text{ cm} \leq a \leq 100{,}5\text{ cm}$ b) $24{,}4\text{ mm} \leq a \leq 24{,}6\text{ mm}$
c) $37{,}3\text{ m} \leq a \leq 37{,}5$ d) $12{,}4\text{ mm} \leq a \leq 12{,}5\text{ mm}$

Ein rechteckiges Feld hat eine Länge $l = 64$ m und eine Breite $b = 28$ m.
Gib Schranken für den Flächeninhalt an.

$l = 64$ m	bedeutet	63,5 m	$\leq l$	$\leq 64{,}4$ m
$b = 28$ m	bedeutet	27,5 m	$\leq b$	$\leq 28{,}4$ m
$A = l \cdot b$		$63{,}5 \cdot 27{,}5$	$\leq l \cdot b$	$\leq 64{,}4 \cdot 28{,}4$
	TR	$1\,746{,}25\text{ m}^2$	$\leq l \cdot b$	$\leq 1\,828{,}96\text{ m}^2$

Überlegung der Genauigkeit:

Die Angabe der Längen war auf ganze Meter gerundet.
Der Taschenrechner gibt jeweils zwei Kommastellen an.
$0{,}25\text{ m}^2 = 25\text{ dm}^2$ und $0{,}96\text{ m}^2 = 96\text{ dm}^2$

Es ist sicher nicht sinnvoll, wenn man die Längen nicht genauer messen konnte, den Flächeninhalt eines Feldes auf dm^2 anzugeben. Deshalb rundet man das Ergebnis auf m^2.

Der Flächeninhalt des Feldes liegt zwischen $1\,746\text{ m}^2$ und $1\,829\text{ m}^2$.

Merke: Überprüfe deine Antworten immer auf **sinnvolle Genauigkeit.**
Es macht z. B. keinen Sinn, Geldbeträge auf mehr als 2 Kommastellen anzugeben (auch wenn der Taschenrechner viele Stellen errechnet!), da unsere kleinste Münze 1 ct = 0,01 € ist.

A71 Gib Schranken für den Flächeninhalt eines rechteckigen Feldes an:

a) $l = 94$ m; $b = 36$ m b) $l = (56 \pm 0{,}3)$ m; $b = (34 \pm 0{,}5)$ m

A72 Der Preis für 1 kg Äpfel liegt zwischen € 1,2 und € 1,3. Herr Mangold rechnet mit einer Ernte zwischen 3 450 kg und 3 550 kg.
Gib Schranken für sein zu erwartendes Einkommen an.

A73 Ein Holzstoß umfasst zwischen 8 und 9 Festmeter Holz. Frau Berger verkauft ihn um € 480. In der Zeitung wird ein Festmeter Holz um € 60 angeboten.
Hat sie zu billig verkauft?

Für eine Messzahl z wird angegeben: $z = 10{,}5 \pm 0{,}3$. **A74**
Welche der folgenden Zahlen könnte z sein?

1) 10,5	2) 10,9	3) 10
4) 10,43	5) 10,21	6) 10,2

A75

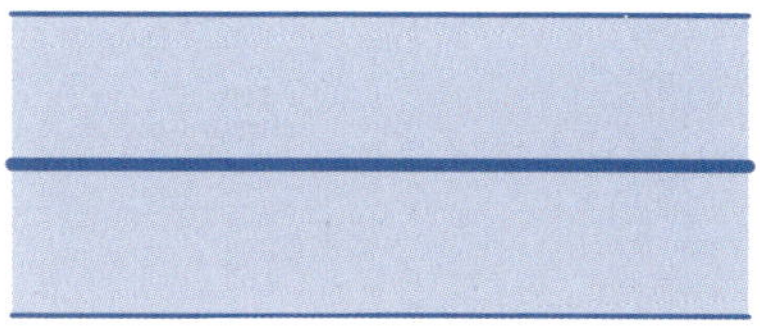

tatsächliches Maß: Istmaß

Kartoffeln werden in Säcke gefüllt, wobei ihre Masse mit (10 ± 0,2) kg angegeben wird.
Ein kritischer Kunde wiegt 5 Säcke nach und erhält die Istmaße:
9,78 kg, 10,14 kg, 9,83 kg, 10,25 kg und 9,98 kg.

a) Welche Säcke erfüllen nicht das angegebene Maß?
b) Gib für die Masse der 5 Säcke Schranken an. Runde dabei auf eine Dezimalstelle.
Kannst du eine Regel für das sinnvolle Runden von Schranken angeben?
c) Gib für die Masse der 5 Säcke das Nennmaß und die Toleranz an.
Runde dabei auf eine Dezimalstelle.

Hinweis: Es lassen sich unendlich viele Schranken angeben z. B. 1 kg und 100 kg sind untere bzw. obere Schranken. Gemeint sind aber immer die größte mögliche untere und kleinste mögliche obere Schranke.

Zusammenfassung:

- Für Näherungswerte werden oft eine untere und obere Schranke angegeben.
- Die **untere Schranke** gibt an, welchen Wert die Größe **mindestens** haben kann.
- Die **obere Schranke** gibt an, welchen Wert die Größe **höchstens** haben kann.
- Statt der Angabe durch Schranken, wie z. B.
  25,5 mm $\leq a \leq$ 26,5 mm, kann man auch $a = 26 \pm 0{,}5$ mm schreiben.
- Bei $a = (26 \pm 0{,}5)$ mm nennt man ± 0,5 mm die **Abweichung** oder **Toleranz**.

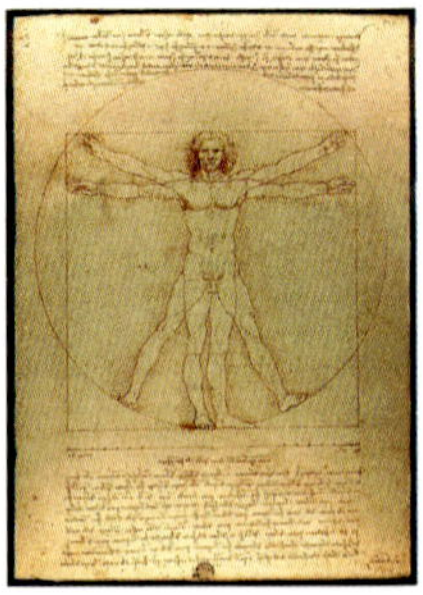

Kapitel B: Direktes und indirektes Verhältnis

Verhältnisrechnungen

Ein Maler mischt 1 Teil Blau mit 3 Teilen Weiß. Man sagt, der Anteil Blau verhält sich zum Anteil Weiß wie eins zu drei, und schreibt 1 : 3.
Für das Streichen des Hauses werden 60 kg Farbe benötigt.
Wie viel kg Blau und Weiß müssen besorgt werden?

1 Teil Blau $= 1t$
3 Teile Weiß $= 3t$
4 Teile Farbe $= 4t = 60$ kg $1t = 60 : 4 = 15$ kg $3t = 45$ kg

Es werden 15 kg Blau und 45 kg Weiß benötigt.
Die Mengen stehen im Verhältnis 15 : 45.

Die Schreibweise 1 : 3 wird als Verhältnis bezeichnet. Jedes Verhältnis kann wie ein Bruch gekürzt und erweitert werden, indem man beide Zahlen durch dieselbe Zahl dividiert oder mit derselben Zahl multipliziert.

$15 : 45 \xrightarrow{\text{gekürzt durch 15}} 1 : 3$ $15 : 45 \xleftarrow{\text{erweitert mit 15}} 1 : 3$

Verhältnisse werden z. B. zur Berechnung von Mischungsverhältnissen, aber auch beim Maßstabrechnen verwendet.

B1 Ein Grundstück von 39 ha wird zwischen Geschwistern im Verhältnis 6 : 7 aufgeteilt.
Wie groß sind die Teilstücke?

B2 Geröstete Kürbis- und Sonnenblumenkerne werden zum Verkauf im Verhältnis 2 : 3 gemischt. In einem Säckchen befinden sich 8 dag Kürbiskerne.
Wie viel dag sind insgesamt in einem Säckchen?

B3 Zur Kälberaufzucht werden zwei Vitaminpräparate gemischt verabreicht.
Man braucht von „Strongy" 21 g und von „Superstark" 7 g.
In welchem Verhältnis mischt man die beiden Vitaminpräparate?

B4 Biskuitrouladenrezept:
4 Eier, 8 dag Mehl, 12 dag Zucker, 1 Messerspitze Backpulver.
Frau Walder verwendet 6 Eier.
In welchem Verhältnis müssen die Mengen vergrößert werden?
Gib das neue Rezept an.

Drei Landwirtschaftsflächen A, B, C haben jeweils eine Grundstücksgröße von 10 ha, 25 ha und 60 ha.

B ist 2,5-mal so groß wie A, und C ist 6-mal so groß wie A.

Die Grundstücksgrößen stehen daher im Verhältnis von 1 : 2,5 : 6.

Beachte: Statt 1 : 2,5 : 6 kann man auch 10 : 25 : 60 (erweitert mit 10) oder 2 : 5 : 12 (gekürzt durch 5) schreiben. Alle drei Verhältnisse sagen das Gleiche aus. In der Praxis benutzt man bei einem Verhältnis möglichst kleine Zahlen, also hier eher 1 : 2,5 : 6 oder ganzzahlig 2 : 5 : 12.

Für Hühner sollen 40 kg einer Futtermischung hergestellt werden.
Das Verhältnis von Gerste : Weizen : Körnermais soll 2 : 2 : 1 betragen.
Wie viel kg der einzelnen Futtermittel sind zu mischen?

2 Teile Gerste	=	$2t$	$= 2 \cdot 8 = 16$ kg	
+ 2 Teile Weizen	=	$2t$	$= 2 \cdot 8 = 16$ kg	$1t = 40 : 5 = 8$ kg
+ 1 Teil Mais	=	$1t$	$= 1 \cdot 8 = 8$ kg	
Teile Mischung	=	$5t$	$= 5 \cdot 8 = 40$ kg	

Es sind 16 kg Gerste, 16 kg Weizen und 8 kg Mais zu mischen.

240 kg Futtergerste soll in drei verschiedenen Mischungen im Verhältnis 1 : 2 : 3 zugeteilt werden. **B5**
Wie viele kg Futtergerste entfallen jeweils auf die drei Mischungen?

Eine Pachtfläche von 4,20 ha soll auf die Pächter A, B und C im Verhältnis 3 : 4 : 5 aufgeteilt werden. **B6**
Wie groß sind die Pachtflächen für A, B und C?

Eine Betriebsgesellschaft erzielt einen Gewinn von € 29 250,–, der auf drei Gesellschafter im Verhältnis 4 : 3 : 2 aufzuteilen ist. **B7**
Wie groß sind die drei Gewinnanteile?

Drei Gemeinden (N_1, N_2, N_3) beteiligen sich am Bau eines Kindergartens mit einer Gesamtbaukostensumme von € 1 450 000,–. Die Kosten sollen aufgrund der Einwohnerzahl der Gemeinden im Verhältnis 2 : 3 : 5 aufgeteilt werden. **B8**
Wie hoch sind die Kosten für die Gemeinden N_1, N_2 und N_3?

Mehrnährstoffdünger

Handelsdünger enthalten mehrere Nährstoffe in einem festen Nährstoffverhältnis. Nur wenn das Nährstoffverhältnis im Boden ausgeglichen ist, können diese Handelsdünger eingesetzt werden, ansonsten kommt es nach längerer Zeit zu einer Über- oder Unterversorgung bestimmter Nährstoffe.

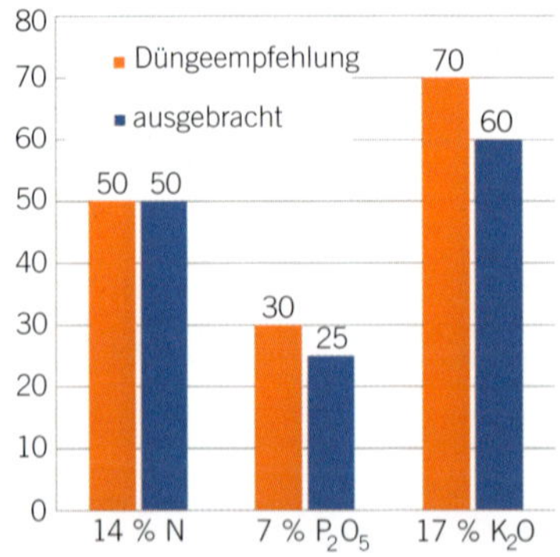

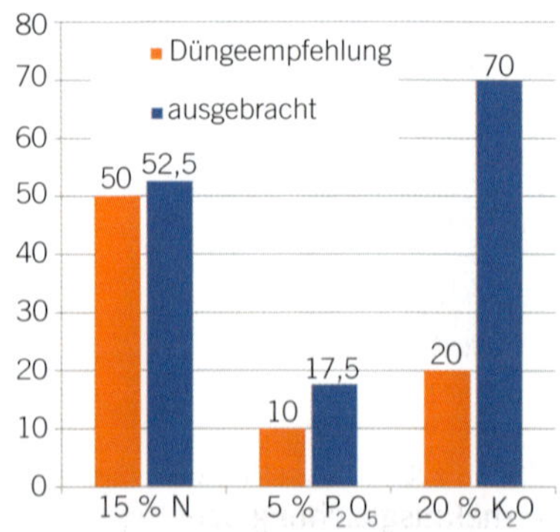

Ausbringung eines Volldüngers (14 : 7 : 17)	Ausbringung eines Volldüngers (3 : 1 : 4)
Die Verwendung dieses Düngers ergibt pro ha 50 kg N, 25 kg P_2O_5 und 60 kg K_2O. Düngeempfehlung: 50 kg/ha N, 30 kg/ha P_2O_5 und 70 kg/ha K_2O. Hier entspricht das Nährstoffverhältnis fast der Düngeempfehlung. Die Differenzen bei Phosphor und Kalium können bei der nächsten Mineraldüngung ausgeglichen werden.	Die Verwendung dieses Düngers ergibt pro ha 52,5 kg N, 17,5 kg P_2O_5 und 70 kg K_2O. Düngeempfehlung: 50 kg/ha N, 10 kg/ha P_2O_5 und 20 kg/ha K_2O. Bei diesem Beispiel würde zu viel an P_2O_5 und sehr viel K_2O, besonders wenn dies über mehrere Jahre erfolgt, ausgebracht werden.

Bemerkung: Es wird die im Handel und in der Praxis übliche Schreibweise für die Angabe der Nährstoffe Stickstoff, Kalium und Phosphor verwendet. Auf die tatsächlichen chemisch wirksamen Verbindungen bzw. Ionenkomplexe wird der Einfachheit halber verzichtet.

B9 Bestimme aus beiden Grafiken die empfohlenen Düngemengenverhältnisse von N, P_2O_5 und K_2O.

B10 Für optimale Nährstoffbedingungen im Boden ist das Verhältnis von Kalium zu Magnesium sehr wichtig. Von 3 Böden wurden jeweils 1 000 g untersucht:

1) 480 mg K in 1 000 g; K : Mg = 8 : 1 → Magnesiummangelsymptome sind möglich.
2) 160 mg K in 1 000 g; K : Mg = 2 : 1 → optimales Verhältnis
3) 300 mg K in 1 000 g; K : Mg = 3 : 4 → Kaliummangelsymptome sind möglich.
   a) Berechne für alle drei Böden die gemessene Magnesiummenge.

b) Stelle für alle drei Böden die K- bzw. Mg-Menge durch eine Grafik (z. B. ein Balkendiagramm) dar.
c) Die Angabe bei 3) K : Mg = 3 : 4 ist in der Praxis nicht üblich, denn die Mg-Menge wird üblicherweise mit 1 angesetzt. Wie müsste dann das Verhältnis lauten?

Verhältnisgleichungen (Proportionen)

Statt 15 : 45 kann man 1 : 3 schreiben, also gilt:

Außenglied ← 15 : 45 = 1 : 3 → Außenglied

↓ ↓

Innenglieder

Die Zahlen 15 und 3 stehen außen, man nennt sie Außenglieder; die Zahlen 45 und 1 stehen innen, man nennt sie Innenglieder.

Verbindet ein Gleichheitszeichen zwei Verhältnisse, spricht man von einer **Verhältnisgleichung** oder **Proportion**.

Hinweis: Ein Verhältnis ist ein Bruch, statt 1 : 3 kann man auch $\frac{1}{3}$ schreiben. Verhältnisse können wie Brüche gekürzt und erweitert werden. Statt der Verhältnisgleichung 15 : 45 = 1 : 3 kann man auch $\frac{15}{45} = \frac{1}{3}$ schreiben.

Term: Jeder mathematisch sinnvolle Ausdruck heißt Term, z. B. $4x + 1$ oder 5 : 2.

Gleichungen umformen:
- Man darf zu beiden Seiten einer Gleichung denselben Term addieren bzw. subtrahieren.
- Man darf beide Seiten der Gleichung mit demselben Term ≠ 0 multiplizieren.
- Man darf beide Seiten der Gleichung durch denselben Term ≠ 0 dividieren.

Hinweis: Term ≠ 0 muss vorausgesetzt werden, weil sonst z. B. aus der falschen Aussage 5 = 3 durch Multiplikation mit null $5 \cdot 0 = 3 \cdot 0$ die richtige Aussage 0 = 0 werden kann.

Eine Verhältnisgleichung lautet allgemein $a : b = c : d$ oder $\frac{a}{b} = \frac{c}{d}$
Diese Verhältnisgleichung soll umgeformt werden:

$a : b = c : d$	**Verhältnisgleichung (Proportion)**
$\frac{a}{b} = \frac{c}{d} \quad \vert \cdot b$	Multiplizieren mit b ≠ 0
$\frac{a \cdot b}{b} = \frac{c \cdot b}{d}$	Kürzen der linken Seite durch b
$a = \frac{c \cdot b}{d} \quad \vert \cdot d$	Multiplizieren mit d ≠ 0
$a \cdot d = \frac{c \cdot b \cdot d}{d}$	Kürzen der rechten Seite durch d
$a \cdot d = c \cdot b$	**Produktgleichung**

Aus einer Verhältnisgleichung $a : b = c : d$ kann man eine Produktgleichung $a \cdot d = c \cdot b$ machen.

Für eine Proportion gilt:
Das **Produkt der Außenglieder** ist **gleich** dem **Produkt der Innenglieder**. Sind drei Zahlen *b, c, d* einer Proportion bekannt, kann man mittels der zugehörigen Produktgleichung die vierte Zahl a leicht bestimmen.

$$a = \frac{c \cdot b}{d}$$

Dass die Verhältnisgleichung 1 : 3 = 15 : 45 richtig und z. B. 1 : 5 = 15 : 45 falsch ist, zeigen die zugehörigen Produktgleichungen.

1 : 3 = 15 : 45		**1 : 5 = 15 : 45**	
1 · 45 = 3 · 15		**1 · 45 = 5 · 15**	
45 = 45	richtig	45 = 75	falsch

Da für Produkte die Vertauschungsregel gilt, z. B. 3 · 4 = 2 · 6 ist gleich mit 4 · 3 = 6 · 2, lassen sich viele richtige Verhältnisgleichungen finden, wie 2 : 4 = 3 : 6 oder 2 : 3 = 4 : 6 oder 6 : 4 = 3 : 2 usw.

Eine Proportion bleibt richtig, wenn man
- die Innenglieder vertauscht,
- die Außenglieder vertauscht,
- die Innen- und die Außenglieder vertauscht und
- die Seiten der Gleichung vertauscht.

B11 Schreibe die Verhältnisgleichungen als Produktgleichungen an:

a) 4 : 3 = 12 : 9 b) 1 : 7 = 2 : 14 c) 3 : *x* = 6 : 8 d) *a* : 2 = 3: 6

B12 Stelle mit den Zahlen 2, 5, 4, 10 möglichst viele richtige Proportionen auf. Wie viele lassen sich finden?

B13 Stelle auch eine Verhältnisgleichung mit den Zahlen von Beispiel B12. auf, die sicher falsch ist.

B14 Überprüfe, welche Verhältnisgleichungen richtig sind, und stelle sie gegebenenfalls richtig:

a) 2 : 5 = 10 : 4 b) 4 : 5 = 12 : 15 c) 1 : 7 = 7 : 1 d) 6 : 7 = 18 : 21

B15 Welche Zahl muss eingesetzt werden, dass die Proportion richtig ist?

a) __ : 4 = 6 : 8 b) 20 : __ = 4 : 1 c) 1 : 2 = __ : 6 d) 4 : 5 = 16 : __

B16 Welchen Wert muss die Variable *x* annehmen, dass die Proportion richtig ist?

a) 15 : 7 = *x* : 28 b) 9 : 8 = 45 : *x* c) 15 : 12 = *x* : 8 d) *x* : 80 = 45 : 60

Direktes Verhältnis (Direkte Proportionalität)

In vielen Beispielen treten direkte Verhältnisse auf, und es ist wichtig, sie als solche zu erkennen. Fährt man mit gleichbleibender Geschwindigkeit, so sind zurückgelegter Weg und die dafür benötigte Zeit direkt proportional. Die Anzahl von Arbeitskräften und der Lohn, der ihnen bezahlt wird, stehen ebenso in einem direkten Verhältnis wie viele physikalische Größen. Die Spannung ist zur Stromstärke bei gleichbleibendem Widerstand direkt proportional (Ohmsches Gesetz) und der Druck der ihn erzeugenden Druckkraft.

Ein Bauer verkauft 1 kg Äpfel um 1,2 Euro. Wie viel kosten 2 kg, 3 kg, 5 kg, 6 kg, 8 kg, 10 kg, x kg?

$\cdot 2$ (1 kg → 2 kg) $\qquad \cdot 3$ (2 kg → 6 kg)

Menge x	1 kg	2 kg	3 kg	5 kg	6 kg	8 kg	10 kg	x kg
Preis y	1,2	$1{,}2 \cdot 2 =$ 2,4	$1{,}2 \cdot 3 =$ 3,6	$1{,}2 \cdot 5 =$ 6	$1{,}2 \cdot 6 =$ 7,2	$1{,}2 \cdot 8 =$ 9,6	$1{,}2 \cdot 10 =$ 12	$1{,}2 \cdot x$

$\cdot 2$ (1,2 → 2,4) $\qquad \cdot 3$ (2,4 → 7,2)

Wenn die Menge verdoppelt, verdreifacht, verfünffacht wird, dann muss man auch den doppelten, dreifachen, fünffachen Preis bezahlen. Kauft man x kg, dann beträgt der Preis

$$y = 1{,}2 \cdot x$$

Ein direktes Verhältnis liegt dann vor, wenn gilt: Wird die eine Größe verdoppelt, verdreifacht, vervierfacht …, so verdoppelt, verdreifacht, vervierfacht … sich auch die davon abhängige Größe.

Der Preis für 1 kg könnte auch 2, 7,3, 0,4 … oder allgemein k Euro betragen. Der Preis y für x kg errechnet sich dann mit $y = k \cdot x$. (k gibt dabei den Preis von **einem** kg an.) Formeln können das Rechnen sehr erleichtern.

Eine Größe y heißt direkt proportional zu einer Größe x, wenn gilt: $y = k \cdot x$. Lässt sich eine Formel der Form $y = k \cdot x$ finden, so liegt ein direktes Verhältnis vor.

k heißt Proportionalitätskonstante. Sie gibt den Wert von y an, wenn $x = 1$ ist, denn $y = k \cdot 1$.

Der Preis hängt von der gekauften Menge ab. Zu jeder Menge gehört ein bestimmter Preis. Eine solche (eindeutige) Zuordnung nennen Mathematiker eine **Funktion**.
Um die Abhängigkeit einer Größe y (z. B. Preis) von einer anderen Größe x (z. B. Kilogramm) sichtbar zu machen, schreibt man oft $y(x) = k \cdot x$ und spricht „y von x ist k mal x".

Hinweis: Die Verwendung der Buchstaben x und y ist in der Mathematik üblich. Viele physikalische Formeln,
z. B. $U = R \cdot I$ (Ohmsches Gesetz) beschreiben ebenfalls ein direktes Verhältnis. Bei gleichem Widerstand R bewirkt ein Verdoppeln, Verdreifachen … der Spannung U ein Anwachsen der Stromstärke I auf das Doppelte, Dreifache usw.

B17 Ein Kilogramm Honig kostet € 8,45. Stelle eine Formel zur Berechnung des Preises von x kg Honig auf.

In vielen Formeln treten direkte Proportionalitäten auf. Einige Beispiele:

Größe y ist zur Größe x direkt proportional		Proportionalitäts-konstante k	Formel
Masse m	Volumen V	Dichte ρ	$m = \rho \cdot V$
Weg s	Zeit t	Geschwindigkeit v	$s = v \cdot t$
Kreisumfang u	Kreisdurch-messer d	π	$u = \pi \cdot d$
Quadervolumen V	Grundfläche G	Höhe h	$V = h \cdot G$ *)
Quadervolumen V	Höhe h	Grundfläche G	$V = G \cdot h$ **)

*) Das Volumen verdoppelt, verdreifacht, vervierfacht … sich, wenn sich bei gleichbleibender Höhe die Grundfläche verdoppelt, verdreifacht, vervierfacht …
**) Das Volumen verdoppelt, verdreifacht, vervierfacht … sich, wenn sich bei gleichbleibender Grundfläche die Höhe verdoppelt, verdreifacht, vervierfacht …

B18 In einer Stunde legt ein Auto 40 km zurück.
Stelle eine Formel zur Berechnung des zurückgelegten Weges s in t Stunden auf. (Hinweis: Die durchschnittliche Geschwindigkeit der Autos darf sich dabei nicht ändern! Warum?)

B19 Ein Liter Milch hat eine Masse von 1,03 kg.
Stelle eine Formel zur Berechnung der Masse m von x Litern auf.

B20 Eine Jauchengrube hat die Form eines Quaders.
Wie ändert sich ihr Fassungsvermögen (= Volumen), wenn man bei gleichbleibender Grundfläche die Tiefe verdoppelt? Begründe!

Woher kommt der Name „direktes Verhältnis"?
Ausgehend von einem bestimmten Preis k für 1 kg eines Produkts (z. B. € 1,20 für 1 kg Äpfel) kann man folgende Tabelle aufstellen:

Menge x	1 kg	2 kg	3 kg	5 kg	6 kg	…….	x_1	……	x_2
Preis y	k	$k \cdot 2$	$k \cdot 3$	$k \cdot 5$	$k \cdot 6$		$y_1 = k \cdot x_1$		$y_2 = k \cdot x_2$

Zu jeder Menge x_1 und x_2 gehört ein ganz bestimmter Preis y_1 und y_2.
$y_1 = k \cdot x_1$ und $y_2 = k \cdot x_2$ (k ist dabei irgendeine fixe Zahl.)

Rechnet man aus beiden Gleichungen die Konstante k aus, so erhält man:

$k = \frac{y_1}{x_1}$ und $k = \frac{y_2}{x_2}$

Da die linken Seiten jeweils k ergeben, muss $\frac{y_1}{x_1} = \frac{y_2}{x_2}$ sein.

Statt $\frac{y_1}{x_1} = \frac{y_2}{x_2}$ kann man auch $y_1 : x_1 = y_2 : x_2$ schreiben. Eine Gleichung dieser Form heißt **Verhältnisgleichung** oder **Proportion**. Weil man die Innenglieder vertauschen kann, gilt auch: $y_1 : y_2 = x_1 : x_2 \rightarrow$ Die y-Werte verhalten sich wie die zugehörigen x-Werte.

Sind zwei Größen x und y zueinander **direkt proportional,** so gilt:
$y_1 : x_1 = y_2 : x_2$ oder $y_1 : y_2 = x_1 : x_2$
Die x-Werte verhalten sich so wie die zugehörigen y-Werte.

Mit Verhältnisgleichungen lassen sich Textaufgaben zu direkten Verhältnissen leicht lösen.

Stallmist ist ein ausgezeichneter Dünger für den Garten und soll möglichst alle zwei Jahre beim Umstechen im Herbst in den Boden gebracht werden. Die Düngermenge beträgt etwa 400 kg auf 100 m^2. Ein Garten von 450 m^2 Größe soll damit gedüngt werden.

1. **Überprüfen, ob ein direktes Verhältnis vorliegt:**
   Überlegung: Doppelte, dreifache Fläche braucht doppelten, dreifachen Dünger $\rightarrow$ direktes Verhältnis.

2. **Tabelle aufstellen:**

Fläche in m^2	Dünger in kg
100	400
450	x

3. **Aufstellen der Verhältnisgleichung**
   $100 : 450 = 400 : x$
   1. Spalte 2. Spalte

4. **Produktgleichung aufstellen**
   $100 \cdot x = 400 \cdot 450 \quad |: 100$
   $x = 4 \cdot 450$
   $x = 1\,800$

5. **Antwort schreiben (gegebenenfalls sinnvoll runden)**
   Für die jährliche Düngung von 450 m^2 Garten werden 1 800 kg Stallmist benötigt.

Die Aufgabenstellung lässt sich auch ohne Verhältnisgleichung lösen:

1. **Überprüfen, ob ein direktes Verhältnis vorliegt:**
   Überlegung: Doppelte, dreifache Fläche braucht doppelten, dreifachen Dünger → direktes Verhältnis.

2. **Tabelle aufstellen und auf 1 (Einheit) schließen (Schlussrechnung):**
   Merkhilfe: Linke Spalte – bekannte Größen; rechte Spalte – gesuchte Größe(n)

	Fläche in m^2		Dünger in kg
$:100 \downarrow$	100	400	$\downarrow :100$
$\cdot 450 \downarrow$	1	$400 : 100 = 4$	$\downarrow \cdot 450$
	450	$x = 4 \cdot 450 = 1\,800$	

3. **Antwort schreiben (gegebenenfalls sinnvoll runden)**
   Für die jährliche Düngung von 450 m^2 Garten werden 1 800 kg Stallmist benötigt.

Weil ein direktes Verhältnis vorliegt, gilt:
1 Hundertstel der Fläche braucht nur ein Hundertstel an Dünger,
wird die Fläche 450-mal so groß, braucht man 450-mal so viel Dünger.

Merkhilfe: Beim direkten Verhältnis in der Tabelle links und rechts dieselben Rechenvorgänge durchführen.

Frau Bauer möchte ihren (quadratischen) Gemüsegarten vergrößern.
Sie sagt: Ich mache einfach jede Seite doppelt so lang, dann habe ich die doppelte Anbaufläche. Stimmt ihre Überlegung?
Zur Lösung genügt eine einfache Zeichnung:

Man erkennt, dass eine Verdopplung der Seitenlängen eine Vervierfachung der Fläche bewirkt. Es besteht kein direktes Verhältnis zwischen Seitenlänge und Flächeninhalt, obwohl auch hier der Satz „Je mehr, desto mehr“ gilt.

Man kann nur dann Schlussrechnungen oder Verhältnisrechnungen verwenden, wenn gilt: das Doppelte … das Doppelte … Die Feststellung „Je mehr, desto mehr“ ist zu wenig!

Zeitmaße

1 Stunde (h) = 60 Minuten (min) = 60 · 60 Sekunden (s) = 3 600 s
1 Minute = 60 Sekunden

24 h = 1 Tag (d)

365 Tage = 1 Jahr (alle 4 Jahre muss ein Tag eingefügt werden: Schaltjahr)

Merke: 60 min = 1 h → 1 min = $\frac{1}{60}$ h = 0,01666... h

Umrechnungen, die man oft braucht: 0,1 h = 6 min; 0,2 h = 12 min; 0,5 h = 30 min = $\frac{1}{2}$ h

Beim Zuckerrübenernten soll mit einer Geschwindigkeit von 4 km/h gefahren werden (d. h. in einer Stunde werden 4 km zurückgelegt). **B21**
Wie viele Minuten braucht man für eine Feldlänge von 535 m?

Die Geschwindigkeit kann in km/h oder in m/s angegeben werden. **B22**

a) Eine Geschwindigkeit wird mit 1 m/s angegeben.
Wie groß ist diese Geschwindigkeit in km/h?
Gib eine Bewegung an, die mit einer Geschwindigkeit von 1 m/s ablaufen könnte.
b) Eine Geschwindigkeit wird mit 1 km/h angegeben.
Wie groß ist diese Geschwindigkeit in m/s?
c) Eine Rakete muss mit mindestens 7,9 km/s in den Weltraum geschossen werden, damit ein Raumschiff auf eine Umlaufbahn um die Erde gelangt.
Wie groß ist diese Geschwindigkeit in km/h?

In einem Betrieb fallen im Jahr 122 t Stallmist an. **B23**
Wie groß ist die Fläche, die mit dieser Menge gedüngt werden kann, wenn 25 t je ha jährlich benötigt werden?

Der Roggenertrag pro ha beträgt 3,85 t (Stroh und Korn). **B24**

a) Wie viele t Ertrag liefert ein Feld mit 0,7 ha?
b) Wie hoch ist der Strohertrag dieses Feldes bei einem Korn-Stroh-Verhältnis von 1 : 1,6?

Ein Landwirt errechnet pro Rind eine Güllemenge von durchschnittlich 21 m^3 pro Jahr, wobei 10 m^3 im Durchschnitt 20 kg Stickstoff enthalten. **B25**
Wie hoch ist der Anfall von Stickstoff bei einem Viehstand von 14 Rindern?

Zum Einpökeln von Fleisch nimmt man auf 100 kg Fleisch 5 kg Salz und 20 dag Pfeffer. **B26**
Wie viel Salz und Pfeffer braucht man für 40 kg Fleisch?

Für die Herstellung von 1 m^2 Fleckerlteppich braucht die Teppichweberei 1,80 kg Material. Es soll ein Teppich mit der Größe 2,80 m × 1,40 m hergestellt werden. **B27**

Wie viel kg Zucker braucht man zur Herstellung von Marillenmarmelade, wenn man 17 kg Früchte geerntet hat und für 5 kg Früchte 4,50 kg Zucker rechnet? **B28**

Koordinatensystem

Zur grafischen Darstellung von Daten kann man ein Koordinatensystem benutzen.

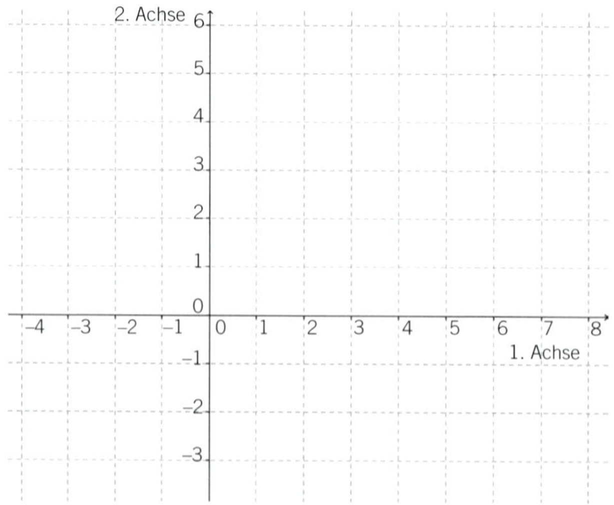

Wird auf der 1. Achse eine Größe, z. B. „Menge in kg“ aufgetragen und auf der 2. Achse der „Preis in €“, so entspricht jeder Punkt im Koordinatensystem einer bestimmten Menge mit ihrem Preis.
Negative Zahlen werden manchmal gebraucht, z. B. 1. Achse: Jahre, und 2. Achse: Gewinn (könnte auch im Minus liegen), dann schreibt man Verlust.

B29 Der durchschnittliche Wasserverbrauch pro Tag für eine Person beträgt 50 l. Stelle den Wasserverbrauch für 1, 2, 3 … 10 Personen als Punkte in einem Koordinatensystem dar. Trage auf der 1. Achse die Personen und auf der 2. Achse die Liter auf. Was fällt dir an der Lage der Punkte auf?

B30 Die Grafik zeigt den Preis von Schweinefleisch in €. Es ist zu entnehmen, dass 8 kg einen Preis von € 40,– haben.

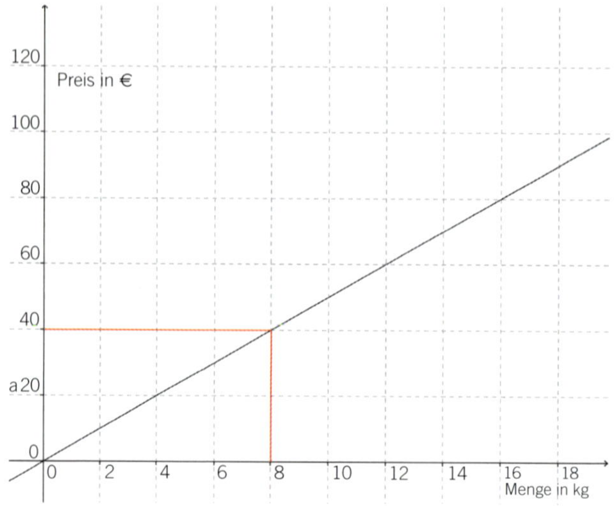

a) Lies aus der Grafik ab, wie viel 12 kg kosten.
b) Welche Menge erhält man um € 80,–?
c) Was kostet 1 kg?

B31 Frau Berger erhält folgendes Jobangebot: Monatseinkommen (brutto) € 1 800,–. Jährlich steigt das Gehalt um € 150,–.

a) Wie viel Geld würde sie nach 5 Jahren im Monat erhalten?
b) Stelle eine Tabelle auf, in der das jeweilige Monatsgehalt bei Berufsantritt und nach 1, 2, 3 … 10, *x* Jahren ablesbar ist.
c) Liegt ein direktes Verhältnis zwischen Gehalt und Zeit (in Jahren) vor? Begründe deine Entscheidung.

B32 Ein Pkw und ein Lkw fahren auf der Strecke Graz–Salzburg.

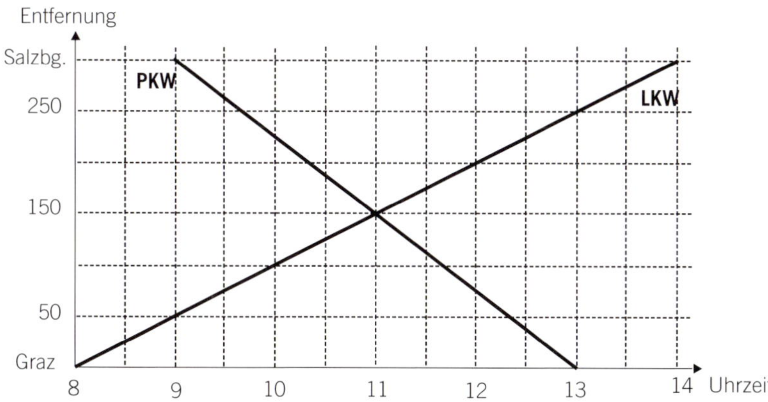

Quelle: http://www.bifie.at/bildungsstandards-mathematik-12-schulstufe

a) Wann und wo fährt der Lkw ab?
b) Wann und wo fährt der Pkw ab?
c) In welcher Entfernung (von Graz aus) treffen einander Pkw und Lkw?
d) Wann trifft der Pkw in Graz ein?
e) Wie lange braucht der Lkw nach Salzburg?
f) Trage in der Tabelle die passenden Zahlen für die Fahrt des Lkw ein:

Fahrzeit (h)	0	1	2	3	4	5	6
Weg (km)	0						

g) Besteht zwischen Fahrzeit und zurückgelegtem Weg ein direktes oder ein indirektes Verhältnis oder keines von beiden?

Indirektes Verhältnis (Indirekte Proportionalität)

Ebenso wie bei direkten Verhältnissen ist es wichtig, einen mathematischen Zusammenhang zwischen zwei Größen als indirektes Verhältnis zu erkennen. Fährst du eine bestimmte Strecke mit unterschiedlicher Geschwindigkeit, so wirst du umso länger brauchen, je geringer deine Geschwindigkeit ist. Die Geschwindigkeit und die Zeit, die du für deinen Weg brauchst, sind zueinander indirekt proportional. Die Anzahl von Arbeitskräften und die Zeit, die sie für eine bestimmte Arbeit aufwenden, stehen ebenso in einem indirekten Verhältnis wie viele physikalische Größen. Die Stromstärke ist zum Widerstand bei gleichbleibender Spannung indirekt proportional (umgeformtes ohmsches Gesetz), und der Druck ist der Größe einer Fläche, auf die eine konstante Druckkraft wirkt, indirekt proportional.

Eine Kuh kommt mit einem Heuvorrat 12 Wochen aus. Wie lange kommen mit dieser Menge Heu 2, 3, 5, 6, 8, 10, 12 … *x* Kühe aus?

$\cdot 2$ (1 → 2), $\cdot 3$ (2 → 6)

Anzahl *x*	1	2	3	5	6	8	10	*x*
Wochen *y*	12	12 : 2 = 6	12 : 3 = 4	12 : 5 = 2,8	12 : 6 = 2	12 : 8 = 1,5	12 : 10 = 1,2	12 : *x*

$: 2$ (12 → 6), $: 3$ (6 → 2)

Aus der Tabelle sieht man: Wird die Anzahl der Kühe verdoppelt, verdreifacht, vervierfacht, so reicht das Futter nur für die Hälfte, ein Drittel, ein Viertel der Zeit: Die Anzahl der Tiere und die Zeit, für die das Futter reicht, stehen zueinander in einem indirekten Verhältnis. Man spricht auch von indirekt proportionalen Größen.

Hat man *x* Kühe, dann errechnet sich die Anzahl der Wochen mit: $y = 12 : x$ oder $y = \frac{12}{x}$

Ein indirektes Verhältnis liegt dann vor, wenn gilt: Wird eine Größe verdoppelt, verdreifacht, vervierfacht …, so wird die von ihr abhängige Größe die Hälfte, ein Drittel, ein Viertel …

Der Futtervorrat könnte für eine Kuh auch für 20, 72, 2 … oder allgemein *k* Wochen reichen. Die Zeit *y*, mit der *x* Kühe mit dem Futter auskommen, errechnet sich dann mit $y = k : x = \frac{k}{x}$.

k gibt dabei die Anzahl der Wochen an, für die eine Kuh genug Futter hat.

Eine Größe *y* heißt indirekt proportional zu einer Größe *x*, wenn gilt: $y = k : x$. Lässt sich eine Formel der Form $y = \frac{k}{x}$ finden, so liegt ein indirektes Verhältnis vor.

k heißt Proportionalitätskonstante. Sie gibt den Wert von *y* an, wenn $x = 1$ ist, denn $y = k : 1$.

Man sieht, dass die Wochenanzahl (abhängige Größe) von der Anzahl der Kühe abhängt. Es gibt eine (eindeutige) Zuordnung. Ein indirektes Verhältnis ist ebenso eine **Funktion** wie ein direktes Verhältnis.

Viele Formeln geben ein indirektes Verhältnis zwischen zwei Größen an. Das ohmsche Gesetz $U = R \cdot I$ kann man auf $I = U/R$ umformen. Legt man an einen Widerstand R eine konstante Spannung (z. B. 230 V), so wird die Stromstärke umso größer, je kleiner der Widerstand ist. Halbiert sich der Widerstand, verdoppelt sich die Stromstärke. Auch die Formel für eine gleichförmige Bewegung $s = v \cdot t$ kann man zu $v = s/t$ umformen. Fährt man eine bestimmte Strecke der Länge s mit der doppelten Geschwindigkeit, benötigt man nur noch halb so viel Zeit.

Woher kommt der Name indirektes Verhältnis?
Ausgehend von einer bestimmten Anzahl k der Wochen, für die das Futter für 1 Kuh reicht (z. B. 12 Wochen), kann man folgende Tabelle aufstellen:

Anzahl x	1	2	3	4	5	6	x_1	…	x_2
Wochen y	k	$\frac{k}{2}$	$\frac{k}{3}$	$\frac{k}{4}$	$\frac{k}{5}$	$\frac{k}{6}$	$y_1 = \frac{k}{x_1}$		$y_2 = \frac{k}{x_2}$

Rechnet man aus beiden Gleichungen die Konstante k aus, so erhält man:
$k = x_1 \cdot y_1$ und $k = x_2 \cdot y_2$

Da die linken Seiten jeweils k ergeben, muss gelten: $x_1 \cdot y_1 = x_2 \cdot y_2$

Das kann man als Produktgleichung einer Proportion deuten.
$x_1 : x_2 = y_2 : y_1$

→ Die y-Werte verhalten sich umgekehrt wie die zugehörigen x-Werte.

Sind zwei Größen x und y zueinander **indirekt proportional**, so gilt:

$x_1 : x_2 = y_2 : y_1$

Die x-Werte verhalten sich umgekehrt wie die zugehörigen y-Werte.

Mit Verhältnisgleichungen lassen sich Textaufgaben zu indirekten Verhältnissen leicht lösen.

6 Pumpen brauchen zum Trockenlegen eines Kellers 4 Stunden.
Wie lang brauchen 8 Pumpen?

1. **Überprüfen, ob ein indirektes Verhältnis vorliegt:**
   Überlegung: Doppelte, dreifache Pumpenzahl, es braucht die Hälfte bzw. ein Drittel der Zeit → indirektes Verhältnis.

2. **Tabelle aufstellen:**

Pumpen	Zeit in h
6	4
8	x

3. **Aufstellen der Verhältnisgleichung**
   $6 : 8 = x : 4$
   1. Spalte 2. Spalte

4. **Produktgleichung aufstellen**
   $8 \cdot x = 6 \cdot 4$
   $8 \cdot x = 24 \quad |:8$
   $x = 3$

5. **Antwort schreiben**
   8 Pumpen brauchen 3 Stunden zum Trockenlegen.

Die Aufgabenstellung lässt sich auch ohne Verhältnisgleichung lösen:

1. **Überprüfen, ob ein indirektes Verhältnis vorliegt:**
   Überlegung: Doppelte, dreifache Pumpenzahl, es braucht die Hälfte bzw. ein Drittel der Zeit → indirektes Verhältnis.

2. **Tabelle aufstellen und auf 1 (Einheit) schließen (Schlussrechnung):**
   Merkhilfe: Linke Spalte – bekannte Größen; rechte Spalte – gesuchte Größe(n)

	Pumpen	Zeit in h	
:6 ↓	6	4	↓ ·6
·8 ↓	1	$4 \cdot 6 = 24$	↓ :8
	8	$x = 24 : 8 = 3$	

3. **Antwort schreiben**
   8 Pumpen brauchen 3 Stunden zum Trockenlegen.

Merkhilfe: Beim indirekten Verhältnis links und rechts in der Tabelle die entgegengesetzten Rechenvorgänge ausführen.

Zum Anlegen eines Güterweges brauchen 10 Arbeiter 20 Tage. **B33**
Es können 16 Arbeiter mit gleicher Arbeitsleistung eingesetzt werden.
Um wie viel verkürzt sich der Wegebau?

Der Weg von Wien nach Salzburg beträgt ca. 300 km. **B34**
Gib in der folgenden Tabelle die Fahrzeiten für die gegebenen Durchschnittsgeschwindigkeiten an und stelle eine Formel für die Zeit t bei einer Durchschnittsgeschwindigkeit v auf.

Durchschnittsgeschwindigkeit v in km/h	Zeit t in h
50	
80	
100	
115	
....	
v	

Begründe, welches Verhältnis vorliegt.

Widerstand und Stromstärke sind indirekt proportional. Durch einen Leitungsdraht mit einem Widerstand $R = 50\ \Omega$ fließt ein Strom mit der Stärke $I = 2$ A. Der Widerstand wird auf 650 Ω erhöht. **B35**
Wie groß ist dann die Stromstärke?

Einige knifflige Aufgaben (Achte auf direktes oder indirektes Verhältnis)

Für eine Italienreise plant Familie Marold eine Fahrzeit von 8 Stunden, wenn man die Strecke mit einer Durchschnittsgeschwindigkeit von 90 km/h fahren kann. Nach der halben Fahrzeit geraten sie in einen Stau und den Rest der Strecke können sie nur mehr mit einer Durchschnittsgeschwindigkeit von 60 km/h rechnen. Um wie viel hat sich die Fahrzeit verlängert?

Lösung:

4 Stunden geht alles nach Plan, daher muss man diese Zeit für die Rechnung nicht beachten. Die Familie könnte die restliche Strecke bei einer Geschwindigkeit von 90 km/h in 4 Stunden schaffen. Sie fahren aber nur mit 60 km/h.

1. **Überlegung:**
   Zeit verdoppelt, verdreifacht …, wenn Geschwindigkeit die Hälfte, ein Drittel… → indirektes Verhältnis.

2. **Tabelle** (für die restliche Strecke)

Geschwindigkeit	Zeit
90	4
60	x

3. **Proportion aufstellen:** (Zeit verhält sich umgekehrt wie die Geschwindigkeiten)
   $90 : 60 = x : 4$

4. **Produktgleichung lösen** (Produkt der Innenglieder = Produkt der Außenglieder)
   $60 \cdot x = 4 \cdot 90$
   $60 \cdot x = 360 \quad |: 60$
   $x = 6$

5. **Sinnvolle Antwort schreiben** (Text nochmals genau lesen, was gefragt ist!)
   Wegen des Staus brauchen sie statt 4 Stunden 6 Stunden. →
   Die Fahrzeit hat sich um 2 Stunden verlängert.

B36 Um einen Weingarten zu lesen, brauchen 6 Arbeiter 15 Stunden. Nach 8 Stunden Arbeitszeit werden 3 weitere Arbeiter mit gleicher Arbeitsleistung aufgenommen. Um wie viel kann damit die Erntezeit verkürzt werden? Gib die Zeit in Stunden und Minuten an.

B37 Ein Silovorrat reicht zur Fütterung von 36 Kühen für 128 Tage. Nach 50 Tagen werden 3 Kühe verkauft.
Wie lang können die verbliebenen Kühe gefüttert werden?

B38 Eine Gartenfräsmaschine braucht bei normalen Bedingungen für eine Strecke von 14,4 km 4 h.
Wie groß ist ihre Geschwindigkeit in m/s?

B39 25 Ar einer Wiese werden von 2 Arbeitskräften in 5 Stunden gemäht.
Wie lange brauchen 5 Arbeitskräfte für 125 Ar?
Hinweis: Rechne schrittweise. Zuerst: Wie lang brauchen 2 Arbeitskräfte für 125 Ar?

B40 Eine Teststrecke wird von einem Fahrzeug mit verschiedenen Geschwindigkeiten durchfahren und dabei die benötigte Zeit gemessen. Es ergibt sich folgende Grafik.

a) Lies aus der Grafik ab, welche Geschwindigkeiten das Fahrzeug hatte, wenn es für die Strecke 10 s, 20 s, 40 s gebraucht hat.

b) Welche Zeit wird bei einer Geschwindigkeit von 25 m/s gebraucht?

c) Wie lang war die Teststrecke?

d) Welches Verhältnis erkennst du? Begründe.

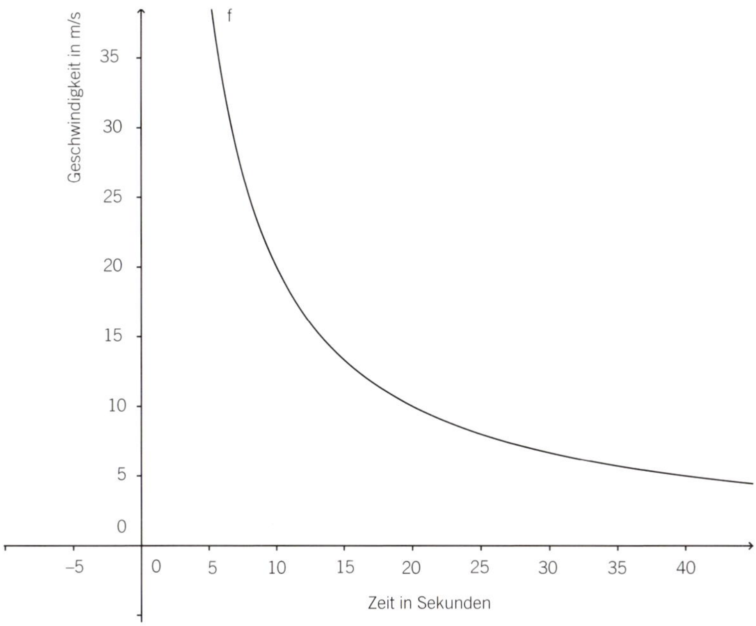

Zusammenfassung:

- Die Schreibweise $a : b$ wird als **Verhältnis** bezeichnet. Jedes Verhältnis kann wie ein Bruch **gekürzt** und **erweitert** werden, indem man beide Zahlen durch dieselbe Zahl dividiert oder mit derselben Zahl multipliziert.
- Eine Gleichung der Form $a : b = c : d$ heißt Verhältnisgleichung oder Proportion; dabei ist das Produkt der Innenglieder gleich dem Produkt der Außenglieder.
- Eine Größe y heißt direkt proportional zu einer Größe x, wenn gilt: Wird die eine Größe verdoppelt, verdreifacht, vervierfacht ..., so verdoppelt, verdreifacht, vervierfacht ... sich auch die davon abhängige Größe.
- Für jedes direkte Verhältnis lässt sich eine Formel der Form $y = k \cdot x$ finden. (k heißt Proportionalitätskonstante. Sie gibt den Wert von y an, wenn $x = 1$ ist, denn $y = k \cdot 1$.)
- Sind zwei Größen x und y direkt proportional, so gilt: $y_1 : y_2 = x_1 : x_2$.
- Eine Größe y heißt indirekt proportional zu einer Größe x, wenn gilt: Wird eine Größe verdoppelt, verdreifacht, vervierfacht ..., so wird die von ihr abhängige Größe die Hälfte, ein Drittel, ein Viertel ...
- Für jedes indirekte Verhältnis lässt sich eine Formel der Form $y = \frac{k}{x}$ finden. (k heißt Proportionalitätskonstante. Sie gibt den Wert von y an, wenn $x = 1$ ist, denn $y = k : 1$.)
- Sind zwei Größen x und y indirekt proportional, so gilt: $x_1 : x_2 = y_2 : y_1$.

Kapitel C: Prozent- und Promillerechnung

Prozent und Promille

Die Dezimalbrüche $\frac{1}{100}$ und $\frac{1}{1\,000}$ können nicht nur als Dezimalzahlen, nämlich $\frac{1}{100} = 0{,}01$ und $\frac{1}{1\,000} = 0{,}001$ dargestellt werden, sondern auch als Prozent- bzw. Promillezahlen.

Im Lateinischen heißt „pro centum" im Verhältnis zu 100. Daraus entstand Prozent mit dem Zeichen %. Im kaufmännischen Rechnen hat sich die „Prozentrechnung" sehr bewährt. Die Prozentrechnung verwendet nur eine andere Schreibweise für das Rechnen mit dem Bruchteil Hundertstel.

$\frac{1}{100} = 0{,}01 = 1\,\% = 1$ Prozent

$\frac{1}{1\,000} = 0{,}001 = 1\,‰ = 1$ Promille

$1 = \frac{100}{100} = 100\,\% = \frac{1\,000}{1\,000} = 1\,000\,‰$

Schreibe als Dezimalzahl und als Bruch: 5 %, $6\frac{1}{2}$ %, 8,75 %, 27 ‰

$5\,\% = \frac{5}{100} = 0{,}05$ $\qquad$ $6\frac{1}{2}\,\% = \frac{6{,}5}{100} = 0{,}065$

$8{,}75\,\% = \frac{8{,}75}{100} = 0{,}0875$ $\qquad$ $27\,‰ = \frac{27}{1\,000} = 0{,}027$

C1 Schreibe als Dezimalzahl:

a) 7 % b) 20 % c) 3 % d) $2\frac{1}{2}$ % e) $3\frac{1}{8}$ %
f) 2 ‰ g) 35 ‰ h) 4,5 % i) 2,25 % j) $3\frac{3}{4}$ %

C2 Schreibe als Bruch und kürze, so weit es geht:

a) 50 % b) 25 % c) 75 % d) 20 % e) 10 %
f) 2 ‰ g) 35 ‰ h) 100 % i) 2 % j) p %

C3 Schreibe in Prozent:

a) 0,03 b) 0,1 c) 1,2 d) 0,045 e) 0,25
f) 1,085 g) 0,005 h) 1,25 i) 2 j) $\frac{p}{100}$

Prozent als relativer Anteil – Berechnung des Prozentsatzes

Eine Landwirtschaft umfasst 50 ha Grund. 13 ha sind Wald, 27 ha Felder, 7 ha Wiesen, 0,5 ha Haus und Nutzgarten, der Rest ist Ödland.
Wie viel Prozent an der Gesamtfläche betragen die einzelnen Posten?

13 ha Wald der 50 ha Landwirtschaft sind $\frac{13}{50}$ des Ganzen usw.

Nutzung	Relativer Anteil (Bruch)	Relativer Anteil (Dezimalzahl)*	Relativer Anteil in %
Wald	$\frac{13}{50}$	0,26	26
Felder	$\frac{27}{50}$	0,54	54
Wiesen	$\frac{7}{50}$	0,14	14
Haus und Garten	$\frac{0{,}5}{50}$	0,01	1
Ödland	$\frac{2{,}5}{50}$	0,05	5
Gesamt**	1	1,00	100

*Division 13 : 50 usw.
** Werte in den einzelnen Spalten addieren

Hinweis: Bei der Division können periodische Zahlen auftreten, dann muss sinnvoll gerundet werden (höchstens 2 Nachkommastellen). Infolge dieser Rundungsfehler kann die Addition der Spalteninhalte eine von 1 bzw. 100 abweichende Zahl ergeben.

Von der Gesamtfläche 50 ha **(Grundwert *G* = 100 %)** macht der Wald 13 ha **(Anteil *A*)** aus. Dieser Anteil entspricht einem **Prozentsatz** von 26 % (allgemein $p\,\% = \frac{p}{100}$).

Daraus lässt sich folgende Formel ableiten: $\frac{p}{100} = \frac{A}{G}$,

in Worten: $\text{Prozentsatz} = \frac{\text{Anteil}}{\text{Grundwert}}$

Ein Weingarten lieferte in einem Jahr 6 230 l Wein. Im darauffolgenden Jahr wurden 6 730 l Wein produziert. Auf wie viel % konnte die Produktion gesteigert werden?

Es gibt mehrere Lösungsmöglichkeiten:

1. Möglichkeit (rel. Anteil)

$G = 6\,230$
$A = 6\,730$ (Achtung! Anteil kann auch über 100 % sein.)

$$\frac{p}{100} = \frac{A}{G}$$

$$\frac{p}{100} = \frac{6\,730}{6\,230}$$

$$\frac{p}{100} = 1{,}0802568\ldots \approx 1{,}08 = \frac{1{,}08}{100} = 108\,\%$$

Hinweis: Um die Prozentzahl zu erhalten, wird das Komma um 2 Stellen nach rechts verschoben.

2. Möglichkeit (direktes Verhältnis)
Doppelt so viel Wein sind doppelt so viel Prozent → direktes Verhältnis

Wein	Prozent
6 230	100
6 730	x

$$6\,230 : 6\,730 = 100 : x$$
$$6\,230 \cdot x = 6\,730 \cdot 100 \quad | : 6\,230$$
$$x = 673\,000 \quad | : 6\,230$$
$$x = 108$$

Antwort: Die Weinproduktion wurde auf 108 % gesteigert, d. h. die produzierte Menge hat um 8 % zugenommen.

Man kennt den Grundwert G (100 %) und einen Anteil A davon

Frage: Wie viel Prozent macht A von G aus?
Rechnung: $\frac{p}{100} = \frac{A}{G}$

C4 Eine Geschäftsfrau setzt den Preis einer Tiefkühltruhe, die bisher € 905,– kostete, um € 58,50 niedriger an. Wie viel Prozent beträgt die Preissenkung?

Berechnung des Anteils

Einige wichtige Fachbegriffe:

Rabatt: Preisnachlass, der einem Kunden vom Händler gewährt wird.

Skonto: Preisnachlass, der bei Barzahlung gewährt wird (meist 2 %).

Umsatzsteuer (USt.): Beträgt je nach Produkt meist 20 % oder 10 %.
Sie wird bei jedem Verkauf einer Ware aufgeschlagen.

Hinweis: Die Umsatzsteuer wird in der Umgangssprache auch als **Mehrwertsteuer (MwSt.) bezeichnet.**

Netto: Preis ohne (exklusive) Umsatzsteuer (= 100 %)

Brutto: Preis mit (inklusive) USt. (z. B. =120 % oder 110 %)

Umrechnung: netto · 1,2 = brutto (bei 20 % USt.)
brutto : 1,2 = netto (bei 20 % USt.)

Hinweis: Siehe auch im Kapitel „Betriebswirtschaft", Seite 276

Eine Maschine kostet € 58 000,–. Der Händler gewährt 15 % Rabatt.
Wie viel ist zu bezahlen?

15 % Rabatt heißt, man bezahlt nur mehr 85 % von € 58 000,–.

1. Möglichkeit (Formel)

$$\frac{p}{100} = \frac{A}{G}$$

$$\frac{85}{100} = \frac{A}{58\,000} \quad \text{bzw. } 85 : 100 = A : 58\,000$$

$$A = \frac{58\,000 \cdot 85}{100}$$

$$A = 49\,300$$

2. Möglichkeit (direktes Verhältnis, Schlussrechnung)
Doppelt so viele % sind doppelt so viel Geld → direktes Verhältnis

Prozent	Geld
100	58 000
85	x

$$100 : 85 = 58\,000 : x$$

$$100 \cdot x = 58\,000 \cdot 85 \qquad | : 100$$

$$x = \frac{58\,000 \cdot 85}{100}$$

$$x = 49\,300$$

Antwort: Man bezahlt € 49 300,–.

Um sich Arbeit zu ersparen, kann man die 1. Rechenmöglichkeit allgemein so durchführen:

$\frac{p}{100} = \frac{A}{G} \quad \rightarrow \quad p : 100 = A : G \quad \rightarrow \quad 100 \cdot A = p \cdot G \quad \rightarrow$

$A = \frac{G}{p \cdot 100}$, in Worten: Anteil A ist p% von G

Sind der Grundwert und der Prozentsatz bekannt, kann man mit dieser Formel den Anteil berechnen.

In der Praxis kommt diese Frage oft vor, z. B.:

Wie viel sind 3 % von 700?

3 % **von** 700 = $700 \cdot \frac{3}{100} = 700 \cdot 0{,}03 = 21$

Hier wäre auch eine Kopfrechnung angebracht: 1 % = 7 und 3 % = 21

Eine Maschine kostet € 58 000,–. Der Händler gewährt 15 % Rabatt. Wie viel ist zu bezahlen?

Lösung:

15 % Rabatt heißt, man bezahlt nur mehr 85 % **von** € 58 000,–.
Rechnung: $58\,000 \cdot 0{,}85 = 49\,300$

Gewöhne dir an, so zu rechnen. Man braucht keine Formel und keine Schlussrechnung!

Man kennt den Grundwert G (100 %) und einen Prozentsatz davon.

Frage: Wie viel macht p% von G aus? (Anteil A gesucht!)

Rechnung: $A = G \cdot \frac{p}{100}$

Hinweis: p% als Dezimalzahl verwenden, also z. B.: 3 % = 0,03!

C5 Rechne im Kopf:

a) 5 % von 100 b) 4 % von 300 c) 50 % von 380
d) 75 % von 400 e) 10 % von 48 000 f) 200 % von 56

C6 Rechne möglichst praktisch:

a) 13 % von 345 b) 14 % von 89 c) 56 % von 430
d) 150 % von 12 450 e) 3,5 % von 897 f) 0,5 % von 38

Hinweis zu a) 13 % von 345 bedeutet $345 \cdot 0{,}13$

C7 Stärkereiche Kartoffeln enthalten rund 20 % Stärke. Wie viel Stärke ist in 400 kg Kartoffeln enthalten?

Eine Bäuerin lagert im Herbst 8 995 kg Kartoffeln ein. Die Lagerverluste betragen 24,5 %. Wie viel kg kann sie im Frühjahr verkaufen? Welche Antwort ist richtig? Hinweis: Schlaumeier müssen nicht rechnen! Wieso? **C8**

A: 2 204 kg	B: 6 790 kg	C: 4 583 kg
D: 7 895 kg	E: 2 167 kg	F: 5 832 kg

C

Ein Landwirt kauft eine Bohrmaschine inklusive 20 % Mehrwertsteuer um € 422,40. Wie groß ist der Nettopreis?

Der Nettopreis N ist 100 %
N + 20 % MwSt. = Bruttopreis (= 120 %)
B = 120 % von $N = N \cdot 1{,}2$

Merke: $N \xrightarrow{\cdot 1{,}2} B$ und $N \xleftarrow[:1{,}2]{} B$

1. Möglichkeit (Formel)

$N \xrightarrow{\cdot 1{,}2} B$ und $N \xleftarrow[:1{,}2]{} B$

$422{,}40 : 1{,}2 = 352$

2. Möglichkeit (direktes Verhältnis, Schlussrechnung)
Doppelt so viele % sind doppelt so viel € → direktes Verhältnis

Prozent	Roggen in kg
120	422,40
100	x

$$120 : 100 = 422{,}40 : x$$
$$120 \cdot x = 422{,}40 \cdot 100 \quad | : 120$$
$$x = \frac{422{,}40 \cdot 100}{120}$$
$$x = 352$$

Antwort: Der Nettopreis beträgt € 352,–.

Der Nettopreis einer Ware beträgt € 23,50, die Umsatzsteuer 10 %. **C9**

a) Berechne die Umsatzsteuer.
b) Berechne den Bruttopreis.

Berechne die Umsatzsteuer für folgende Geldbeträge: **C10**

a) 10 % von € 34,50
b) 20 % von € 268,40

C11 Beim Ankauf einer Maschine um € 5 875,– werden 12 % Rabatt gewährt.

a) Wie hoch ist der Rabatt?
b) Wie viel Euro hat man für die Maschine bezahlt?

C12 Beim Ankauf eines Kultivators gewährt der Lieferant auf den Endbetrag der Rechnung einen Nachlass von 20 %, worauf der Landwirt € 1 216,– überweist. Wie groß war der Nachlass in €?

C13 Auf einen Preis von € 842,26 werden 3 % Rabatt gewährt. Was ist zu bezahlen?

C14 Herr Kemper hat 40 kg Futtermischung vorrätig.
Der Futtermischung fehlt noch ein Zusatz an Sojaschrot, der 18 % betragen soll. Herr Kemper rechnet: $40 \cdot 0{,}18 = 7{,}2$ und fügt seiner Futtermischung 7,2 kg Sojaschrot zu. Er sagt zu seiner Frau: „Jetzt passt alles. Die Futtermischung hat den notwendigen Sojaschrotanteil von 18 %.“ Seine Frau überlegt eine Weile. Was wird sie antworten?

C15 Das Raiffeisen-Lagerhaus gewährt bei Düngemitteln einen Frühbezugsrabatt von 5,5 %. Der Landwirt kauft Handelsdünger um € 5 996,60 ein. Welchen Betrag zahlt er, wenn er den Rabatt abzieht?

C16 Eine Landwirtin kauft Geräte um € 985,–. Bei Barzahlung innerhalb von 14 Tagen werden ihr 2 % Skonto gewährt. Wie hoch ist die Rechnung?

C17 Beim Ankauf eines Mähdreschers um € 100 000,– handeln sich die Betriebsinhaber ein Skonto von € 5 000,– aus. Welche der folgenden Aussagen ist falsch?

a) Das Skonto beträgt $\frac{5}{100}$ des Verkaufspreises.

b) Das Skonto beträgt $\frac{5}{100}$ % des Verkaufspreises.

c) Das Skonto beträgt 5 % des Verkaufspreises.

d) Das Skonto beträgt das 0,05fache des Verkaufspreises.

e) Das Skonto beträgt $\frac{1}{20}$ des Verkaufspreises.

C18 Eine Familie bekommt eine Rechnung in der Höhe von € 8 654,50 über Baumaterialien zugestellt. Sie können sich bei Barzahlung 3 % Skonto abziehen. Welchen Betrag zahlt die Familie?

Eine knifflige Aufgabe

Bei der Aussaat von Mais keimen nur ca. 90 % der Körner an. Während der Vegetation gingen infolge Schlechtwetters (Hagel) 25 % der Pflanzen ein. 90 000 Körner wurden ausgesät.

a) Wie viele Pflanzen stehen zur Ernte bereit?
b) Um wie viel % gibt es weniger Pflanzen als Aussaatkörner?

a) 100 % = 90 000 Körner
Es keimen 90 % von 90 000 → $90\,000 \cdot 0{,}9 = 81\,000$
100 % = 81 000 Keimlinge (neuer Grundwert!)
25 % von 81 000 gehen ein → 75 % bleiben über
→ 75 % von 81 000 = $81\,000 \cdot 0{,}75 = 60\,750$

60 750 Pflanzen können geerntet werden.

b) 90 000 Körner = 100 %

Berechnung der Körner, die nicht zur Reife kommen:

90 000 – 60 750 = 29 250

29 250 Körner = ? %

Rechnung mit relativem Anteil: $\frac{29\,250}{90\,000} = 0{,}325 = 32{,}5\,\%$

Insgesamt wurden 32,5 % der ausgesäten Körner nicht reife Pflanzen.

C

C19 Ein Landmaschinenhändler bietet einem Landwirtehepaar bei einem Traktorkauf 8 % Rabatt und 3,5 % Skonto an. Der Bruttobetrag ist € 69 075,–. Wie viel kostet der Traktor netto?

C20 Familie Biber kauft eine neue Waschmaschine um € 740,–.
Der Händler gibt 5 % Rabatt. Bei Barzahlung darf man mit 2 % Skonto rechnen.
Herr Biber: „Den günstigsten Kaufpreis erhalten wir, wenn wir zuerst 5 % Rabatt und dann 2 % Skonto abziehen.“
Frau Biber: „Nein, es ist genau umgekehrt. Wir müssen zuerst 2 % Skonto und dann 5 % Rabatt abziehen.“
Tochter Klara: „Es ist doch völlig egal, was ihr zuerst rechnet. Der Endpreis ist immer der gleiche.“
Wer hat recht? Begründet eure Meinung.

Zusatzaufgabe (1): Um wie viel Prozent ist der Endpreis der Waschmaschine billiger?
(2): Schreibt mit **einer** Rechnung an: Ein Preis *P* wird zuerst um 5 % und dann um 2 % gesenkt.

C21 Der Gewinn eines Unternehmens betrug im Jahr 2007 € 12 450,–. Der Gewinn sank im Jahr 2008 um 6 % und konnte im Jahr 2009 um 0,5 % gesteigert werden.

a) Berechne den Gewinn von 2008 und 2009.
b) Um wie viel % hat sich der Gewinn von 2007 auf 2009 verändert? Ist er gesunken oder gestiegen?

C22 Aus einer Zeitung:

Die Produktionszahlen konnten gehalten werden!

Die Milchproduktion unserer Region ist im Jahr 2008 um 4 % gesunken.
Im Jahr 2009 gelang es, die Produktion wieder um 4 % zu steigern.

Hat der Zeitungsschreiber richtig informiert? Wird jetzt in 2009 gleich viel, mehr oder weniger Milch als 2007 erzeugt? Begründe deine Meinung.

Berechnung des Grundwertes

In einem Betrieb sind 8 %, das sind 560 kg des geernteten Roggens, unbrauchbar. Wie hoch war die Ernte?

1. Möglichkeit (Formel)

$$\frac{p}{100} = \frac{A}{G}$$

$$\frac{8}{100} = \frac{560}{4} \text{ bzw. } 8 : 100 = 560 : G$$

$$G = \frac{560 \cdot 100}{8}$$

$$G = 7\,000$$

2. Möglichkeit (direktes Verhältnis)
Doppelt so viele % sind doppelt so viel kg → direktes Verhältnis

Prozent	Roggen in kg
8	560
100	x

$$8 : 100 = 560 : x$$

$$8 \cdot x = 560 \cdot 100 \quad |: 8$$

$$x = \frac{560 \cdot 100}{8}$$

$$x = 7\,000$$

Die Ernte betrug 7 000 kg.

Die 1. Rechenmöglichkeit kann man allgemein so durchführen:

$\frac{p}{100} = \frac{A}{G} \rightarrow p : 100 = A : G \rightarrow p \cdot G = 100 \cdot A \rightarrow$ oder in Worten:
Grundwert G ist Anteil A dividiert durch p%.

Man kennt den Anteil A und weiß den Prozentsatz, den der Anteil ausmacht.

Frage: Wie viel sind 100 % (Grundwert G gesucht!)?

Rechnung: $G = \frac{100 \cdot A}{p}$ oder $G = \frac{A}{\frac{p}{100}}$

Hinweis: p% als Dezimalzahl verwenden, also z. B: 3 % = 0,03 und
$G = \frac{A}{0{,}03}$ rechnen!

Ein Mischfutter enthält 20 % Eiweißfutter.
Wie viel Mischfutter kann man mit 40 kg Eiweißfutter herstellen? **C23**

Ein Landwirtehepaar kauft ein Grundstück und zahlt € 3 450,– Grundsteuer, das sind 8 % des Kaufpreises.
Um wie viel Euro haben sie das Grundstück gekauft? **C24**

C

Eine Landwirtin kauft einen Mineraldüngerstreuer abzüglich 15 % Rabatt um € 215,–. Wie hoch war der ursprüngliche Preis? **C25**

Der Erlös aus der Weizenernte beträgt dieses Jahr € 10 243,–. Das sind 8,3 % weniger als im Vorjahr.
Wie hoch war der Erlös im Vorjahr? **C26**

Peter besitzt € 100,–, Josef besitzt € 200,– . **C27**
Josef sagt stolz zu Peter: „Ich besitze um 100 % mehr Geld als du."
Peter entgegnet: „Das macht mir gar nichts aus, ich habe ja nur um 50 % weniger als du."

Zwei der folgenden Behauptungen klären das Ganze auf. Finde aus den Antwortmöglichkeiten A bis E diese beiden Sätze.

A Irgendwo ist hier ein Widerspruch. 50 % können nicht 100 % sein.

B Peter täuscht sich. Er besitzt 100 % weniger als Josef.

C Beide haben recht, weil sie von verschiedenen Grundwerten ausgehen.

D Peter hat recht: 50 % von € 200,– sind € 100,– .

E Josef täuscht sich, weil er um 200 % mehr besitzt als Peter.

Quelle: Freigegebene Testitems der Bildungsstandards M8 von 2006

Beim Kauf eines Autos erhielt die Käuferin einen Nachlass von 6 %, das sind € 1 080,–. Wie hoch war der ursprüngliche Preis des Autos? **C28**

Eine Besitzerin einer Fremdenpension erhöht den Preis für ein Zimmer mit Frühstück um 7,5 %, das sind € 2,75.
Wie hoch war der Preis vor der Erhöhung? **C29**

Ein Geldbetrag hat sich verdoppelt. **C30**

a) Welche Sätze sind richtig? Begründe deine Meinung.
b) Erkläre, warum einige Sätze nicht stimmen können.

A Der Geldbetrag hat um 100 % zugenommen.

B Der Geldbetrag hat um 200 % zugenommen.

C Der Geldbetrag ist um 50 % größer als der ursprüngliche.

D Der ursprüngliche Betrag ist um 50 % kleiner als der doppelte Betrag.

E Das Doppelte sind 200 % vom ursprünglichen Betrag.

Promillerechnung

Aus dem vorigen Abschnitt ist der Begriff Promille bekannt. Alle Rechnungen mit Promille lassen sich auf gleiche Art wie Rechnungen mit Prozenten durchführen.

$\frac{1}{1\,000} = 0{,}001 = 1‰$

- Grundwert G = ein Ganzes = 1 = 1 000‰. Die Promillezahl p gibt an, wie viel Tausendstel von einem Ganzen (= Grundwert G; z. B. Geld, Most, Wein usw.) ein Anteil A (z. B. Geld, Alkohol usw.) ist.
- Sind von den Größen G, A und p zwei bekannt, kann die dritte berechnet werden.

Die Berechnung kann mit der Formel $\frac{p}{1\,000} = \frac{A}{G}$ oder einem direkten Verhältnis erfolgen.

Das Raummaß Liter:

1 Liter = 1 l ist ein Raummaß zur Bestimmung des Volumens bei Flüssigkeiten oder Gasen.

100 l = 1 Hektoliter = 1 hl
1 l = 10 Deziliter = 10 dl = 1 000 Milliliter = 1 000 ml

C31 Rechne in die gewünschte Einheit um:

a) 7 hl = ______ l	b) 12 000 l = ____ hl	c) 450 l = ____ hl
d) 150 hl = ____ l	e) $\frac{1}{4}$ l = ______ ml	f) 0,5 l = ____ ml
g) 3 dl = ____ ml	h) 1 200 ml = ____ l	i) 4 l = ____ ml
j) 0,7 l = ____ ml	k) 2 dl = ______ l	l) 520 ml = ____ l

C32 Am Flughafen in Amsterdam wird Wein in Flaschen mit einem Inhalt von 187,5 ml angeboten.
Welche zwei Aussagen über diesen Mengeninhalt sind richtig:

1. Das ist mehr als 1 Viertel Liter.
2. Das sind genau $\frac{3}{16}$ Liter.
3. Das sind mehr als 20 % eines Liters.
4. Das ist mehr als ein Achtel, aber weniger als ein Viertel Liter.
5. Das ist die Hälfte des Inhalts einer „0,75-Liter-Flasche" (0,75 l Inhalt = Bouteille).

Berechnung des Promillesatzes

50 l Most enthalten 450 ml Säure. Wie viel Promille sind das?

450 ml = 0,45 l   Achtung: Gleiche Maßeinheiten nehmen!

$\frac{p}{1\,000} = \frac{A}{G} = \frac{0{,}45}{50} = 0{,}009 = \frac{9}{1\,000} = 9‰$

Der Most enthält 9 Promille Säure.

Berechnung des Anteils

Von einer Kreditsumme von € 45 500,– sind 2,5‰ als Bearbeitungsgebühr zu entrichten. Wie viel € sind das?

Lösung:
2,5‰ von 45 500 = 45 500 · 0,0025 = 112,5

Es sind € 112,5,– an Kreditgebühr zu entrichten.

Berechnung des Grundwertes

Ein Wein in einem Fass enthält 0,5 l Säure, das sind 7‰.
Wie viel l Wein befinden sich in dem Fass?

Lösung:

Promille	Säure in l
7	0,5
1 000	x

$7 : 1\,000 = 0{,}5 : x$
$7 \cdot x = 0{,}5 \cdot 1\,000$
$7x = 500 \quad |:7$
$x = 500 : 7$
$x = 71{,}428\ldots$

Im Fass befinden sich ca. 71 Liter.

Ein Gebäude wird gegen Brandschaden auf € 30 000,– versichert. Der Prämiensatz beträgt 1,3‰. **C33**

Bier enthält 45‰ Alkohol. Wie viel Alkohol ist in einem Glas Bier $\left(\frac{1}{2}\,l\right)$? **C34**

Ein Erwachsener hat ca. 6 l Blut.
Wie viel ml Alkohol entsprechen 1‰ Alkohol im Blut? **C35**

C36 Rotwein enthält ca. 135‰ Alkohol. Wie viel Alkohol ist in einer Flasche mit 0,75 l Inhalt?

Die Alkoholkonzentration im Blut (BAK) hängt von mehreren Faktoren ab. Der Chemiker E. Widmark hat folgende Formel zur Bestimmung des theoretischen maximalen BAK entwickelt:

$$c = \frac{A}{m \cdot r} \cdot 1\,000$$

c ... Alkoholkonzentration im Blut in Promille
A ... aufgenommene Menge Alkohol in ml mal 0,8
m ... Masse der Person in Gramm (g)
r ... Verteilungsfaktor im Körper:
Männer: 0,68–0,70;
Frauen/Jugendliche: 0,55–0,60
Säuglinge/Kleinkinder: 0,75–0,80

C37 Berechne unter Zuhilfenahme der obigen Informationen, wie viel Promille ein Mann mit 75 kg nach Genuss

a) eines Glas Bieres (500 ml zu 45‰)
b) eines Viertel Weines (12,5 Vol.-% Alkohol) hätte.

C38 Berechne unter Zuhilfenahme der obigen Informationen, wie viel Promille du nach Genuss

a) eines Glas Bieres (500 ml zu 45‰)
b) eines Viertel Weines (12,5 Vol.-% Alkohol) hättest.

Mischungsaufgaben

Mischungsaufgaben sind Rechnungen, die verschiedene mathematische Kenntnisse voraussetzen: Verhältnisrechnungen, Prozentaufgaben, Aufstellen und Lösen von Gleichungen. Wiederhole daher das Kapitel „Direktes Verhältnis“. Bei der Berechnung werden manchmal Vereinfachungen getroffen und z. B. der Einfluss der Temperatur und die Änderung des Volumens beim Verschnitt von alkoholischen Flüssigkeiten mit höherem Alkoholgehalt bleiben beim Mischungsvorgang unberücksichtigt.

Gleichungen lösen

1. Tritt in einem mathematischen Ausdruck ein „=“ auf, spricht man von einer Gleichung.
2. Einfache Gleichungen enthalten eine Variable (z. B. x), Zahlen, Rechen- und Vorzeichen. Auch Klammern können auftreten.
   Beispiel: $3x + 5 \cdot (8 + x) = 2x + 52$
   Beachte: $3x$ bedeutet immer $3 \cdot x$. Das Rechenzeichen wird nicht angeschrieben.

3. Lösen einer Gleichung bedeutet, jene Zahl für x zu finden, für die – statt x in der Gleichung eingesetzt – eine richtige Aussage entsteht (Probe!)
   Obiges Beispiel: Für $x = 2$ eingesetzt ergibt:
   $3 \cdot 2 + 5 \cdot (8 + 2) = 2 \cdot 2 + 52$
   $6 + 5 \cdot (10) = 2 \cdot 2 + 52$
   $56 = 56$ wahre Aussage

4. Wie findet man die Lösung $x = 2$?

a) $3x + 5 \cdot (8 + x) = 2x + 52$

b) $3x + 5 \cdot 8 + 5 \cdot x = 2x + 52$

$8x + 40 = 2x + 52 \quad | -40$

$8x + 40 - 40 = 2x + 52 - 40$

$8x = 2x + 12 \quad | -2x$

c) $8x - 2x = 2x + 12 - 2x$

$6x = 12 \quad | :6$

$x = 2$

Probe siehe vorher.

a) Anwenden des Verteilungsgesetzes (Klammern auflösen)

b) Vereinfachen: Summanden vertauschen, Gleiches zusammenfassen

c) Umformen: Alle Zahlen nach rechts, Variablen nach links, auf beiden Seiten der Gleichung die gleichen Rechenvorgänge durchführen.

Die Rechnung mit den einzelnen Schritten seitlich finden Sie im Internet und im Lösungsteil.

Im Prinzip sind alle Mischungsrechnungen sehr ähnlich: Eine Sorte I wird mit einer Sorte II gemischt. Die beiden Sorten unterscheiden sich z. B. im Preis, im Fettgehalt (Milch), im Säure- oder Alkoholgehalt. Es gibt Aufgaben, bei denen eine Menge gegeben ist, und solche, wo keine Mengenangabe gemacht wird.

Aufgaben ohne angegebene Menge

Aus einem Futtermittel mit einem Gehalt von 60 % Eiweiß und einem Futtermittel mit einem Gehalt von 30 % Eiweiß soll ein neues mit 50 % Eiweiß entstehen. Welches Mischungsverhältnis muss man wählen?

Zu jeweils einem Teil der ersten Sorte werden x Teile der zweiten Sorte gemischt. Die Mischung besteht dann aus $(1 + x)$ Teilen.
In dem einen Teil der Sorte A befinden sich 60 % Eiweiß, das sind 60 % von 1 Teil (= 1).
In den x Teilen der Sorte B sind 30 % Eiweiß, das sind 30 % von x Teilen, und in den $(1 + x)$Teilen der Mischung sind 50 % Eiweiß, das sind 50 % von $(1 + x)$.

	Sorte 1	Sorte 2	Mischung
Eiweißgehalt in %	$60\,\% = \frac{60}{100}$	$30\,\% = \frac{30}{100}$	$50\,\% = \frac{50}{100}$
Eiweißmenge	$1 \cdot \frac{60}{100}$	$x \cdot \frac{30}{100}$	$(1 + x) \cdot \frac{50}{100}$

Eiweißmenge der Sorte 1 + Eiweißmenge der Sorte 2
= Eiweißmenge der Mischung

$$1 \cdot \frac{60}{100} + x \cdot \frac{30}{100} = (1 + x) \cdot \frac{50}{100} \quad | \cdot 100$$

$$60 + 30x = 50 + 50x$$

$$10 = 20x$$

$$x = \frac{1}{2}$$

1 Teil Sorte 1 wird mit $\frac{1}{2}$ Teil der Sorte 2 gemischt.

Mischungsverhältnis $1 : \frac{1}{2} = 2 : 1$.

Das Beispiel grafisch veranschaulicht:

Sorte 1 + Sorte 2 = Mischung

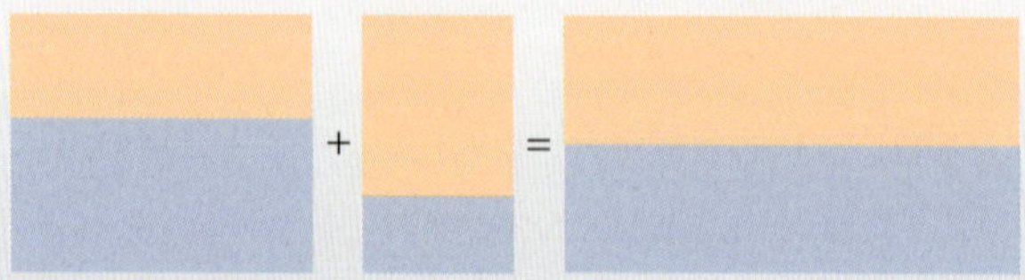

60 % Eiweiß (blau) 30 % Eiweiß 50 % Eiweiß

C39 Aus einer 30 %igen Schwefelsäure soll durch Mischen mit einer 15 %igen Schwefelsäure eine 20 %ige Schwefelsäure entstehen. Welches Mischungsverhältnis muss man wählen?

C40 Eine 20 %ige Säure soll durch Zusatz von Wasser zu einer 5 %igen Säure verdünnt werden. In welchem Verhältnis muss man mischen?

Aufgaben mit bekannter Menge der Mischung

Zwei Sorten einer Ware zu € 4,20 und € 2,60 je kg sollen zu einer neuen Sorte von € 3,60 je kg verschnitten werden. Die Gesamtmenge soll 48 kg ergeben.

a) Wie groß ist das Mischungsverhältnis?
b) Wie viel kg sind von jeder Sorte zu nehmen?
c) Mache die Probe!

a) Bestimmung des Mischungsverhältnisses
Man rechnet wie in der vorigen Aufgabe.

	Sorte 1	Sorte 2	Mischung
Preis	4,20	2,60	3,60
Teile	1	x	$1 + x$

Aufstellen einer Gleichung:

Preis für 1 Teil der Sorte 1 + Preis für x Teile der Sorte 2 = Preis für (1 + x) Teile der Mischung

$4{,}20 + 2{,}60 \cdot x = 3{,}60 \cdot (1 + x)$
$4{,}20 + 2{,}60 \cdot x = 3{,}60 + 3{,}60 \cdot x \quad | -3{,}60$
$0{,}60 + 2{,}60 \cdot x = 3{,}60 \cdot x \quad | -2{,}60 \cdot x$
$0{,}60 = x$

Mischungsverhältnis 1 : 0,60 oder 10 : 6 oder 5 : 3

a) Man mischt 5 Teile der Sorte A mit 3 Teilen der Sorte B.

b) Bestimmung der Mengen

Anzahl der Teile	Menge in kg
8	48
1	6
5	30
3	18

Man mischt 5 Teile mit 3 Teilen, hat also insgesamt 8 Teile, und das sind (Angabe) 48 kg.

c) Probe
$4{,}2 \cdot 30 + 2{,}6 \cdot 18 = 3{,}6 \cdot 48$
$172{,}8 = 172{,}8$

Wahre Aussage, also richtig.

Zwei Sorten eines Futtermittels zu € 5,– und € 2,– je kg sollen zu einer neuen Sorte von € 4,– je kg gemischt werden. Vom Futtermittel zu € 5,– stehen 30 kg zur Verfügung. **C41**

a) Wie groß ist das Mischungsverhältnis?
b) Wie viel kg sind von jeder Sorte zu nehmen?
c) Mache die Probe!

Zwei Sorten Birnenmost mit 14 g und 2 g Restzucker pro Liter sollen zu 150 l Most mit einem Restzucker von 5,3 g/l verschnitten werden. Wie viel Liter jeder Sorte braucht man? **C42**

Zwei Weine mit 8‰ und 5‰ Säuregehalt sollen zu 120 hl Wein mit einem Säuregehalt von 6‰ verschnitten werden. **C43**
Welche Mengen der beiden Sorten muss man nehmen?
In welchem Verhältnis wird gemischt?

Aufgaben mit unbekannter Menge der Mischung

Joghurt mit 4,8 % Fettgehalt wird mit der doppelten Menge eines Joghurts mit 7,2 % Fettgehalt gemischt. Wie hoch ist der Fettgehalt der Mischung?

Man mischt einen Teil Joghurt mit 2 Teilen, d. h., dass die Mischung aus 3 Teilen besteht. Ob ein Teil ein Liter, $\frac{1}{2}$ l oder was immer ist, spielt keine Rolle. 4,8 % von 1 = $1 \cdot \frac{4,8}{100}$ usw.

	Sorte 1	Sorte 2	Mischung
Fettgehalt in %	$4,8\,\% = \frac{4,8}{100}$	$7,2\,\% = \frac{7,2}{100}$	$x\% = \frac{x}{100}$
Fettmenge	$1 \cdot \frac{4,8}{100}$	$2 \cdot \frac{7,2}{100}$	$3 \cdot \frac{x}{100}$

Ansatz der Gleichung:
Fettmenge der Sorte 1 + Fettmenge der Sorte 2 = Fettmenge der Mischung

$$1 \cdot \frac{4,8}{100} + 2 \cdot \frac{7,2}{100} = 3 \cdot \frac{x}{100} \quad | \cdot 100$$
$$4,8 + 14,4 = 3x$$
$$19,2 = 3x$$
$$x = 6,4$$

Die Mischung hat 6,4 % Fettgehalt.

C44 Wie viel % Fett enthält Milch, die aus einer Mischung von 4 kg Milch mit 3,6 % Fettgehalt mit 12 kg Milch mit einem Fettgehalt von 4,8 % entstanden ist?

In einem Verschnitt (Gemisch) kann das Verhältnis der Massen oder der Volumina der Bestandteile angegeben werden. 15 %vol Alkohol meint, dass in einem Volumen von 100 Teilen 15 Teile Alkohol und der Rest Wasser sind.

C45 Wein mit 15 Vol.-% Alkohol wird mit 10 Liter Wein mit 11,5 Vol.-% Alkohol verschnitten.
Welches Mischungsverhältnis muss man nehmen, dass der Verschnittwein 12,5 Vol.% Alkohol hat?

C46 Jemand möchte 60 l Salzlösung mit einem Salzgehalt von 3 % durch Verdampfen von Wasser zu einer 4 %igen Salzlösung machen. Wie viel l Wasser muss man eindampfen?
Hinweis: Rechne wie oben gezeigt, wobei x Liter mit 0 % Salzgehalt (Wasser) verdampfen müssen, sodass dann eine Menge von $(60 - x)$ mit 4 % Salzgehalt übrig bleibt.

Wie viel Liter Wasser müssen zu 96 %igem Alkohol hinzugefügt werden, um 60 Liter 42 %igen Alkohol zu erhalten? Die Gesamtmenge ist 60 l. Daher ist von (60 – *x*) l Alkohol plus *x* l Wasser auszugehen. **C47**

Hinweis: Wir nehmen an, dass die beiden Ausgangsvolumina bei der Mischung unverändert bleiben, was in der Praxis nicht der Fall ist, denn es erfolgt bei hochprozentigen Alkoholen bei Verdünnung mit Wasser eine Verminderung des Volumens, wie du im Kapitel „Kellerwirtschaft" nachlesen kannst.

Frau Kerner macht Topfenknödel. Laut Rezept benötigt sie 20 %-igen Topfen. Sie hat leider nur Topfen mit einem Fettgehalt von 10 % und 40 % vorrätig. Wie soll sie mischen? **C48**

Fortsetzung von C48 **C49**

Frau Kerners Topfenknödelrezept:

$\frac{3}{8}$ kg Topfen (20 %)
3 Dotter
3 dag zerlassene Butter
6 Esslöffel Mehl
Salz
ev. ein wenig Milch

Teig rasten lassen und mit einem nassen Löffel Knödel formen.
Sanft ca. 15 Minuten kochen.
In Brösel (ev. verfeinert mit geriebenen Mandeln) wälzen und mit Fruchtsoße servieren.

Weil diese Topfenknödel so gut sind, macht Frau Kerner die doppelte Menge.
Wie viel muss sie vom Topfen mit einem Fettgehalt von 10 % bzw. 40 % abwiegen?

Zusammenfassung:

- $\frac{1}{100} = 0{,}01 = 1\,\%$ $\frac{1}{1\,000} = 0{,}001 = 1\,‰$
- Die Prozentzahl *p* gibt an, wie viel Hundertstel von einem Ganzen (= Grundwert *G*; z. B. Geld, Ackerfläche, Personenzahl usw.) ein Anteil *A* (z. B. Geld, Ackerfläche, Personenzahl usw.) ist.
- Sind von den Größen *G*, *A* und *p* zwei bekannt, kann die dritte berechnet werden.
  Die Berechnung kann mit Formeln $\frac{p}{100} = \frac{A}{G}$, $A = G \cdot \frac{p}{100}$ und $G = \frac{A}{\frac{p}{100}}$ oder einem direkten Verhältnis erfolgen.
- Mischungsaufgaben löst man durch Übertragen des Textes in eine Tabelle und Aufstellen einer Gleichung.
- Du kannst dir merken:
  1 Teil von Sorte A + *x* Teile von Sorte B = (1 + *x*) Teile von der Mischung
  Praktiker verwenden dazu oft das sogenannte „Mischungskreuz" (siehe später), Mathematiker rechnen mittels einer Gleichung.

Kapitel D: Zins und Zinseszins

Wer Geld verleiht oder einem Wirtschaftsunternehmen zur Verfügung stellt, erwartet einen Gewinn aus dieser Geldanlage – die sogenannten **Zinsen**.
Geld kann auf vielfältige Weise **angelegt** werden, z. B. durch:

- Einzahlung auf ein Sparbuch,
- Kauf von Aktien,
- Zeichnung von Anleihen usw.

Der Anleger möchte dabei stets sein Geld (Kapital) vermehren. Manche Anlageformen versprechen hohe Zinsen, aber seit der Wirtschaftskrise im Jahr 2008 wissen alle, dass man durch riskante Geldanlage sein Kapital verlieren kann. Vorsicht bei Geldgeschäften, die ungewöhnlich hohe Gewinne (Renditen) versprechen!

Wer **Geld ausborgt** oder eine Ware nicht sofort bar bezahlt, muss für den geliehenen Geldbetrag **Zinsen** bezahlen. Oft sind die Zinsen nicht extra ausgewiesen, sondern es wird eine Rückzahlungsrate angegeben, die sich aber im Lauf der Jahre wegen Zinssatzschwankungen ändern kann.
Jede Form von

- Kreditnahme,
- Hypothekarkredit,
- Ratenzahlung oder
- Leasing

bedeutet, dass man mehr zurückbezahlen muss, als man ausgeborgt hat oder als die Ware bei Barzahlung gekostet hätte. Wenn es möglich ist, sollte man daher immer zuerst Geld sparen und nicht auf „Pump" einkaufen. Dies gilt vor allem für den privaten Konsum wie Elektrogeräte, Reisen etc.
Investitionen in einen Betrieb oder große Anschaffungen wie Maschinen oder Wohnung werden meist auch mit Krediten finanziert werden müssen.
Vor jeder Geldanlage bzw. Kreditnahme muss man unterschiedliche Angebote einholen, alle Informationen genau lesen und darauf achten, ob die Angebote wirklich vergleichbar sind. Oft werden noch zusätzliche Kosten erwachsen wie Kreditvertragsgebühr, Kontoführungskosten, Depotgebühren usw. Das „Nachrechnen" von Spar- und Kreditformen ist also nicht so einfach.

Es ist zu beachten, dass angegebene **Zinssätze** (für Spareinlagen und Kredite) nicht über einen bestimmten Zeitraum gleich bleiben müssen. Sie können je nach Weltwirtschaftslage stark schwanken. Oft garantieren Banken nur für einen kurzen Zeitraum einen bestimmten Zinssatz. („Kleingedrucktes" lesen!)
Kreditnehmer können also in erhebliche Zahlungsschwierigkeiten geraten, wenn sie eine etwaige Zinssatzerhöhung außer Acht lassen.
Sparer können Enttäuschungen erleben, wenn ihr Kapital plötzlich mit wesentlich geringerem Zinssatz veranlagt wird (z. B. nach Ablaufen einer Bindungsfrist).

In diesem Kapitel sollen einige Grundlagen der Geldwirtschaft erarbeitet werden. Du musst mit dem Taschenrechner bzw. am PC arbeiten.

Einfacher Zins

Ein Betrag von € 2 400,– wird zu einem Jahreszinssatz von $i = 4\,\%$ p. a. (= per annum = für ein Jahr) für ein Jahr verliehen (1 Jahr = 1 Zinsperiode). Welcher Betrag muss am Jahresende zurückbezahlt werden und wie hoch waren die Zinsen?

1 % von € 2 400,– sind € 24,–

4% = 4 · 24 = € 96,–

Die Zinsen betragen € 96,–, und die gesamte Rückzahlung beträgt € 2 496,–.

Allgemein wird stets ein Kapital K (im Beispiel € 2 400,–) zu einem bestimmten Zinssatz angelegt. Die Zeitspanne, nach der man die Zinsen erhält bzw. bezahlen muss, nennt man **Zinsperiode**.

Einfacher Zins wird jeweils am Ende einer Zinsperiode vom Anfangskapital berechnet. Kapitalzuwächse durch Zinsen aus früheren Zinsperioden bleiben dabei unberücksichtigt.
Werden Zinsen am **Ende** einer Zinsperiode berechnet, spricht man von **nachschüssiger** oder **dekursiver Verzinsung**.

In der Praxis wird einfache Verzinsung nur bei Zeitspannen bis zu einem Jahr benutzt. Für Zeitspannen unter einem Jahr bekommt man nur den aliquoten Teil an Zinsen: Für ein halbes Jahr nur die halben Jahreszinsen, für ein Monat nur den 12. Teil, für einen Tag nur den 360. Teil der Jahreszinsen. (Ein Jahr wird im Bankwesen mit 360 Tagen gerechnet.)

Würde man unter diesen Bedingungen die oben angeführten € 2 400,– mehrere Jahre verleihen, so bekäme man für jedes Jahr konstant € 96,– an Zinsen.
Für mehrere Jahre wird in der Praxis aber nicht mit einfachen Zinsen gerechnet (siehe Kapitel „Zinseszins“). Ausnahmen können die auf eine bestimmte Dauer (z. B. 2 Jahre) gebundenen Sparbücher sein, die meist einen höheren Zinssatz, aber dafür nur einfache Zinsen erhalten.

Allgemein:

Ausgangskapital: K	Zinssatz: $i = p\% = \frac{p}{100}$ (Jahreszinssatz)	Zinsen Z
Zinsen für 1 Jahr	Zinsen für m Monate	Zinsen für d Tage
$Z = K \cdot \frac{p}{100} = \frac{K \cdot p}{100}$	$Z_m = \frac{K \cdot p \cdot m}{100 \cdot 12}$	$Z_d = \frac{K \cdot p \cdot d}{100 \cdot 360}$

D1 Oben angeführte Formeln braucht man nicht auswendig zu lernen.
Erkläre, wie man diese Formeln herleiten kann.

D2 € 2 400,– werden 9 Monate verliehen. Bank A verlangt einen Zinssatz von 4 % und Bank B einen Zinssatz von 5 %.
Wie groß ist der Unterschied der Zinsbeträge?

D3 Berechne die Zinsen!

	Kapital	Zinssatz	Zeitdauer
a)	€ 14 800,–	6 %	4 Monate
b)	€ 2 100,–	4 %	40 Tage
c)	€ 36 450,–	2 %	2 Monate
d)	€ 6 300,–	2,125 %	4 Tage
e)	€ 7 880,–	3,75 %	0,5 Jahre

Die Formel $Z = \frac{K \cdot p}{100}$ liefert einen mathematischen Zusammenhang zwischen Kapital K, dem Zinssatz p und den Zinsen Z. Weiß man zwei Größen, so kann man durch Umformen der Formel (Gleichung!) die dritte Größe errechnen. Du sollst nicht drei Formeln auswendig lernen, du sollst die Regeln zum Umformen von Gleichungen anwenden können.

$$Z = \frac{K \cdot p}{100} \quad | \cdot 100 \qquad\qquad Z = \frac{K \cdot p}{100} \quad | \cdot 100$$

$$100 \cdot Z = K \cdot p \quad | : K \qquad\qquad 100 \cdot Z = K \cdot p \quad | : p$$

$$p = \frac{100 \cdot Z}{K} \qquad\qquad K = \frac{100 \cdot Z}{p}$$

Ein Kapital von € 20 000,– liefert in 125 Tagen € 173,61 an Zinsen.
Wie hoch war der Zinssatz?

1. Schlussrechnung zur Berechnung der Jahreszinsen:

125 Tage	€ 173,61
1 Tag	173,61 : 125
360 Tage	(173,61 : 125) · 360
Jahreszinsen Z	499,9968

2. Einsetzen in die (umgeformte) Zinsformel:

$$p = \frac{100 \cdot Z}{K} = \frac{100 \cdot 499{,}9968}{20\,000} = 2{,}49998 \approx 2{,}5$$

Der Jahreszinssatz betrug 2,5 %.

Welches Kapital liefert bei einem jährlichen Zinssatz von 3,75 % in 150 Tagen € 31,25 an Zinsen?

1. Berechnung der Zinsen für 1 ganzes Jahr

   $$Z = \frac{31{,}25}{150} \cdot 360 = 75$$

   Man erhält für 1 Jahr 3,75%, das sind € 75,– an Zinsen.

2. Berechnung des Kapitals (100 %)

   $$K = \frac{75}{3{,}75} \cdot 100 = 2\,000$$

   Das Kapital beträgt € 2 000,–.

D

D4 Wie hoch ist das Kapital für einen jährlichen Zinsertrag von € 270,– bei einem Zinssatz von 6 %?

D5 Welches Kapital bringt bei 3 % jährlich € 830,– Zinsen?

D6 Die jährliche Pacht für ein Grundstück beträgt € 90,–.
Wie viel Zinsen erhält man, wenn das Pachtgeld zu 2 % (1 Jahr) verzinst wird?

D7 Ein Kapital von € 8 500,– bringt in 5 Monaten € 17,– an Zinsen.
Wie hoch ist der Zinssatz?

D8 Berechne den Zinssatz bei folgenden Angaben:

	Kapital	Zeit	Zinsen
a)	€ 2 325,–	1 Jahr	€ 174,38
b)	€ 8 031,25	1 Jahr	€ 128,50
c)	€ 25 600,–	6 Monate	€ 640,–
d)	€ 18 597,40	11 Monate	€ 895,–
e)	€ 8 000,–	135 Tage	€ 120,–
f)	€ 15 709,09	220 Tage	€ 480,–

D9 Wie hoch ist das jeweilige Kapital bei folgenden Zinsen:

	Zinsen	Zinssatz	Laufzeit
a)	€ 2 750,–	3 %	1 Jahr
b)	€ 6 280,–	$2\frac{1}{2}$ %	1 Jahr
c)	€ 1 630,–	2 %	8 Monate
d)	€ 960,–	5 %	4 Monate
e)	€ 740,–	$2\frac{1}{4}$ %	135 Tage
f)	€ 890,–	$3\frac{3}{4}$ %	248 Tage

Kapitalertragssteuer (KESt.)

Jeder Staatsbürger muss (ab einem gewissen Einkommen) Steuern bezahlen. Zinsen, die man für ein Sparguthaben erhält, stellen ein Einkommen dar und werden mit **25 %** besteuert. Diese **Kapitalertragssteuer** (KESt.) wird von der Bank an den Kunden nicht ausbezahlt, sondern für den Staat einbehalten.

Hat man z. B. € 100,– für ein Jahr zu 4 % angelegt, erhielte man nach einem Jahr € 4,– an Zinsen. 25 % – also ein Viertel – werden als KESt. einbehalten. Der Kunde erhält um dieses Viertel weniger, also nur € 3,–. Diese € 3,– entsprechen 3 % vom Ausgangskapital von € 100,–. Der Kunde sagt:
Wegen der KESt. habe ich effektiv nur Zinsen von 3 % erhalten.
Gewährt also die Bank 4 % an Zinsen (Bankzinssatz oder Bruttozinssatz p), so erhält der Sparer wegen Abzugs der KESt. effektiv nur 3 % (Nettozinssatz p_{net} oder Zinssatz „nach KESt.“; manchmal auch effektiver Zinssatz genannt).

Allgemein gilt folgende Umrechnung:

Bankzinssatz (Bruttozinssatz): p
Nettozinssatz: p_{net}
Kapitalertragssteuer (KESt.): 25 %

$p_{net} = p \cdot 0{,}75$

Die oben angeführten Formeln gelten auch zur Berechnung der tatsächlichen Zinsen Z_n (man spricht von Zinsen „nach KESt.“), wenn statt des Bankzinssatzes p der Zinssatz nach Einheben der KESt. p_{net} eingesetzt wird. So gilt für ein Jahr:

Bruttozinsen: $Z = \frac{K \cdot p}{100}$ Nettozinsen $Z_{net} = \frac{K \cdot p_{net}}{100}$ $p_{net} = p \cdot 0{,}75$

D10 Berechne den Zinssatz nach Einheben der KESt. p_{net}, die sich damit ergebenden Nettozinsen Z_{net} und das Guthaben nach der gegebenen Zeitdauer.

	Kapital	Bankzinssatz p	Zinssatz nach KESt. p_{net}	Zeitdauer	Guthaben
a)	€ 18 900,–	1 %		5 Monate	
b)	€ 32 100,–	3 %		240 Tage	
c)	€ 6 450,–	2 %		3 Monate	
d)	€ 126 350,–	2,125 %		54 Tage	
e)	€ 27 880,–	0,75 %		0,5 Jahre	

D11 Die Bankzinsen betragen für ein Sparguthaben nach einem Jahr € 1 236,–.
Wie viel Euro macht die KESt. aus?
Wie hoch sind die Zinsen nach Einhebung der KESt.?

D12 Karin möchte für einen Mopedkauf € 500,– an Kredit aufnehmen.
Die Bank verrechnet bei Rückzahlung in einem Jahr 5 % Zinsen.
Karin rechnet ihrer Freundin vor:
$5\,\% \cdot 0{,}75 = 3{,}75\,\%$ Zinssatz nach KESt.
Also muss ich $500 \cdot 0{,}0375 =$ € 18,75 an Zinsen, also € 518,75 nach einem Jahr zurückzahlen.
Ihre Freundin sagt: „Donnerwetter, du kannst super Prozentrechnen, aber du hast trotzdem etwas gar nicht verstanden."
Welche Überlegung in Karins Rechnung war falsch?
Was muss Karin tatsächlich bezahlen?

D13 *„Aufsteigende Gruppe"*
Überlege zuerst allein. Nach einer vom Lehrer/der Lehrerin festgelegten Zeit besprich mit einer Partnerin/einem Partner deine Vorschläge. Nach einer von der Lehrerin/vom Lehrer festgelegten Zeit besprecht euch in einer Gruppe zu viert. Präsentiert eure Überlegungen der Klasse.
Frau Meiwald lässt bei einem Bankzinssatz von 2 % ein Jahr ihr Geld auf dem Sparbuch. Nach einem Jahr erhält sie nach Abzug der KESt. € 180,– an Zinsen.
Überlegt euch Fragestellungen zu dieser Angabe und beantwortet diese.

D14 Ein Guthaben wird mit 2 % Bankzinssatz verzinst. Nach einem Jahr beträgt das Guthaben nach Abzug der KESt. € 2 436;–. Wie hoch war der ursprüngliche Betrag?

D15 Ein Guthaben von € 480,– wird bei einem Bankzinssatz von 2 % 4 Monate angelegt.
Auf welchen Betrag ist es nach Abzug der KESt. angewachsen?

D16 Einer Klasse wird folgende Aufgabe gestellt:
Ein Guthaben wird mit einem Bankzinssatz von 3 % verzinst und beträgt nach Abzug der KESt. nach einem Jahr € 2 045,–. Wie hoch war der ursprüngliche Betrag?

Besprecht in eurer Gruppe die hier angeführten Lösungsvorschläge. Welcher der folgenden Lösungsvorschläge ist richtig? Welche Fehler könnt ihr erkennen?

		Richtig	Nicht richtig
a)	Kilian: Ich rechne $3 \cdot 0{,}75 = 2{,}25$. Dann dividiere ich 2 045 durch 1,0225.		
b)	Maria: 2 045 sind 97 %. Ich dividiere durch 97 und rechne mal 100.		
c)	Julian: Die KESt. macht immer $\frac{1}{4}$ der Zinsen aus. Also bekommt man nur mehr $\frac{3}{4}$ an Zinsen. Ich dividiere 2 045 durch 3 und nehme das Ergebnis mal 4.		

		Richtig	Nicht richtig
d)	Ruth: Der effektive Zinssatz ist $\frac{3}{4}$ von 3, das sind $2\frac{1}{4} = 2{,}25$. Ich habe also 102,25 %. Deshalb dividiere ich 2 045 durch 102,25, dann weiß ich 1 % und nehme das Ergebnis mal 100.		
e)	Jana: $\frac{3}{4}$ von 3 ist 2,25. 2 045 sind also 97,725 %. Ich rechne mir 1 % aus, indem ich durch 97,725 dividiere, und nehme das Ergebnis mal 100.		

D17 Ein Kapital, das mit einem Bankzinssatz von 3 % verzinst wurde, ist nach einem Jahr nach Abzug der KESt. auf € 246 824,– angewachsen.

a) Wie hoch war der Nettozinssatz?
b) Wie hoch war das Anfangskapital?
c) Welchen Betrag macht die KESt. aus?

D18 Eintrag aus einem (alten) Sparbuch, auf dem ein Geldbetrag ein Jahr angelegt war:

Datum	Betrag	Guthaben
31.12.2006		*** ?
31.12.2007	ZIN 1 335,32	*** 35 795,32
31.12.2007	KST 333,83	*** 35 461,49

Wie hoch war der angelegte Betrag? Wie hoch war der Bankzinssatz?
Hinweis: Im Sparbuch wird die Kapitalertragssteuer mit KST abgekürzt.

Zinseszins

Bei einfachen Zinsen und einem Jahreszinssatz von 4 % würde ein Kapital von € 10 000,– jedes Jahr einen Zuwachs von € 400,– erfahren. Das Kapital würde in den nächsten 3 Jahren so anwachsen: Nach dem 1. Jahr: € 10 400,–, nach dem 2. Jahr: € 10 800,–, nach dem 3. Jahr: € 11 200,– usw.

Herr Schlau hebt nach dem 1. Jahr sein Kapital von € 10 400,– ab, trägt es auf eine andere Bank und erhält nach einem Jahr beim gleichen Zinssatz von 4 % statt € 10 800,– den Betrag von € 10 816,–. Die neue Bank berechnet nämlich die 4 % Zinsen von der Einlage € 10 400,–, also einem anderen Grundwert! Nach einem Jahr hebt Herr Schlau abermals sein Geld ab, trägt es auf eine dritte Bank und erhält nach einem weiteren Jahr bei ebenfalls 4 % € 11 248,64.

Die Verbindung des ursprünglichen Kapitals mit den am **Ende einer Zinsperiode** angefallenen Zinsen zu einem neuen, nun wieder zu verzinsenden Kapital ist in der Praxis bei langfristigen Verzinsungen sehr häufig. Man spricht von **verbundenem Zins** oder **dekursivem Zinseszins**.

Ist ein Kapital auf mehrere Jahre gebunden (d. h., es erfolgen keine Einlagen bzw. Entnahmen), so erhält man einen höheren Zinssatz, aber dafür werden oft nur einfache Zinsen gewährt, was bedeutet, dass das Kapital weniger stark wächst als beim Zinseszins.

Überlege die Zinseszinsrechnung anhand des Beispiels und allgemein:

D

Beispiel:	**Allgemein:**
Kapital: € 10 000,– Zinssatz $i = 4\,\%$ Jahre: 3 Anfangskapital: $K_0 = 10\,000$	Kapital: K_0 Zinssatz $i = p\,\%$ Jahre: n Anfangskapital: K_0
Nach dem 1. Jahr: $K_1 = 10\,000 \cdot 1{,}04$	**Nach dem 1. Jahr:** $K_1 = K_0\,(1 + i)$
Nach dem 2. Jahr: $K_2 = K_1 \cdot 1{,}04 = 10\,000 \cdot 1{,}04^2$	**Nach dem 2. Jahr:** $K_2 = K_1\,(1 + i) = K_0\,(1 + i)^2$
Nach dem 3. Jahr: $K_3 = K_2 \cdot 1{,}04 = 10\,000 \cdot 1{,}04^3$	**Nach dem 3. Jahr:** $K_3 = K_2\,(1 + i) = K_0\,(1 + i)^3$
Nach dem n-ten Jahr: $K_n = K_{n-1} \cdot 1{,}04 = 10\,000 \cdot 1{,}04^n$	**Nach dem n-ten Jahr:** $K_n = K_{n-1} \cdot (1 + i) = K_0\,(1 + i)^n$

Ergebnis 1:
Man erhält das Kapital am Ende eines Jahres, wenn man das Kapital des Vorjahres verzinst (= Multiplikation mit 1,04 bzw. allgemein mit dem **Aufzinsungsfaktor** $(1 + i)$).

$$K_n = K_{n-1} \cdot (1 + i)$$

Nachteil: Wenn man wissen will, wie hoch das Kapital nach z. B. 10 Jahren sein wird, muss man es für alle Jahre vorher ausrechnen. Ein PC rechnet aber so schnell, dass diese (einfache) Formel verwendet werden kann.

Ergebnis 2:
Man erhält das Kapital am Ende eines Jahres, wenn man das Ausgangskapital mit $1{,}04^n$ (allgemein mit $(1 + i)^n$ multipliziert, wobei n die Anzahl der Zinsperioden (meist Jahre) ist.

$$K_n = K_{n-1} \cdot (1 + i) = K_0 \cdot (1 + i)^n$$

K_n	Endkapital (Endwert)	K_{n-1}	Kapital des Vorjahres
K_0	Anfangskapital (Barwert)	i	Zinssatz
$(1 + i)$ ...	Aufzinsungsfaktor	n	Verzinsungsdauer

Die Verzinsungsdauer wird in Zinsperioden (meist Jahre) angegeben, der Zinssatz ist auf jeweils eine Zinsperiode (meist 1 Jahr) bezogen.

Beispiel 1

Auf welchen Betrag wächst ein Kapital von € 2 400,– in 2 Jahren bei Verzinsung von $i = 4\,\%$?

$K_n = K_0\,(1 + i)^n$
$K_2 = 2\,400 \cdot 1{,}04^2 = 2\,595{,}84$
In zwei Jahren erhält man € 2 595,84.

Beispiel 2

Auf welchen Betrag wächst ein Kapital von € 3 675,– in 5 Jahren bei Verzinsung mit einem Bankzinssatz von 2 %?

$p_{net} = p \cdot 0{,}75 = 2 \cdot 0{,}75 = 1{,}5$
Da man jedes Jahresende Zinsen bekommt, aber auch stets die KESt. bezahlen muss, muss man auch bei Zinseszinsen zuerst den effektiven Zinssatz berechnen.
$i = 1{,}5\,\% \rightarrow 1 + i = 1 + \frac{p_{net}}{100} = 1{,}015$
$K_n = K_0\,(1 + i)^n$

$K_5 = 3\,675 \cdot 1{,}015^5 = 3\,959{,}018714 \approx 3\,959{,}02$

Das Kapital nach 5 Jahren beträgt € 3 959,02.

Hinweis: Überschlagsrechnungen können hier nur sehr schwer durchgeführt werden. Arbeite mit dem TR langsam und gewissenhaft (Kontrolle auf etwaige Tippfehler) und überprüfe dein Ergebnis auf Sinnhaftigkeit.

Runde das Endergebnis stets auf 2 Kommastellen (Cent!). Zwischenergebnisse mit allen Stellen weiterrechnen.

D19 Berechne das neue Bankguthaben, wenn ein Betrag zu einem vorgegebenen Zinssatz eine bestimmte Zeit mit Zinseszins angelegt wird!

	Betrag	Zinssatz p_{net}	Zeit
a)	€ 2 535,–	4 %	5 Jahre
b)	€ 3 428,–	$3\frac{1}{2}$ %	4 Jahre
c)	€ 5 245,–	$4\frac{1}{2}$ %	3 Jahre
d)	€ 6 790,–	3 %	6 Jahre
e)	€ 19 590,–	$6\frac{1}{2}$ %	11 Jahre
f)	€ 245,–	1,5 %	7 Jahre

D20 Um wie viel hat sich in 7 Jahren ein Betrag von € 15 880,–, der zu einem Nettozinssatz von 2,5 % angelegt war, vermehrt?

Bei Kreditnahme fallen zusätzliche Kosten (Kreditvertragsgebühr, Bearbeitungsgebühr usw.) an. Diese verteuern die Rückzahlungsraten. Man rechnet sie in die Verzinsung ein und spricht von sog. effektiven Zinsen bzw. effektivem Zinssatz. Manchmal wird auch beim Sparen statt Zinsen nach KESt. von effektiven Zinsen bzw. effektivem Zinssatz gesprochen.

D

D21 Jemand nimmt € 23 000,– auf 5 Jahre zu einem effektiven Zinssatz von 5 % als Kredit.
Welchen Betrag muss er nach 5 Jahren zurückbezahlen?

D22 Eine Rechnung mit einfachen Zinsen und eine mit Zinseszinsen verwenden zwei verschiedene mathematische Modelle.
Ein Kapital von € 100,– soll 5 Jahre mit 3 % A) mit einfachem Zins und B) mit Zinseszins wachsen.

a) Vervollständige die folgende Tabelle:

Jahre	A) Kapitalentwicklung einfacher Zins	B) Kapitalentwicklung Zinseszins
1	$100 + 100 \cdot 0{,}03 = 103$	$100 \cdot 1{,}03 = 103$
2	$100 + 2 \cdot 100 \cdot 0{,}03 = 106$	$100 \cdot 1{,}03^2 = 106{,}09$
3		
4		
5		

b) Mit welchem Modell wächst das Kapital schneller an?
c) Beschreibe mit Worten für beide Modelle, wie man das Kapital eines Jahres berechnen kann, wenn man das Kapital vom vorhergehenden Jahr kennt.
d) Finde eine Formel für beide Modelle, mit deren Hilfe man das Kapital K_n eines Jahres berechnen kann, wenn man das Kapital K_{n-1} vom vorhergehenden Jahr kennt.

Erstelle mit einem passenden Computerprogramm eine Tabelle, aus der die Kapitalentwicklung ersichtlich ist. Ein Kapital von € 3 000,– wird bei einem Nettozinssatz von 3 % 20 Jahre angelegt. Berechne in einer Spalte die Zinserträge (= Differenz zwischen zwei aufeinanderfolgenden Jahren).

Beantworte mithilfe deiner Tabellen:
a) Nach wie vielen Jahren beträgt das Kapital mindestens € 5 000,–?
b) Wann betragen die Jahreszinsen (Rendite) mehr als € 120,–?
c) Wie hoch ist der Kontostand nach 15 Jahren?

Lösung (mit Microsoft Excel):

Zur Eingabe werden 3 Spalten benutzt.
1.) Die erste Spalte A ist die Dauer. Trage in die erste Zelle (A2) 0 und in die darunterliegende als Formel „= A2 + 1“. Ziehe dann mit dem Cursor bis A22.

2.) Die zweite Spalte B ist das Kapital. Trage in die erste Zelle (B2) 3 000 und in die darunterliegende als Formel „= B2*1,03“. Ziehe dann mit dem Cursor bis B22.

3.) Die dritte Spalte C sind die Zinsen. Trage in die dritte Zelle (C3) als Formel „= B2-B3“. Ziehe dann mit dem Cursor bis C22.

Dauer	Kapital	Zinsen (3 %)
0	3 000	
1	3 090	90
2	3 182,7	92,7
3	3 278,18	95,48
4	3 376,53	98,35
5	3 477,82	101,30
6	3 582,16	104,33
7	3 689,62	107,46
8	3 800,31	110,69
9	3 914,32	114,01
10	4 031,75	117,43
11	4 152,70	120,95
12	4 277,28	124,58
13	4 405,60	128,32
14	4 537,77	132,17
15	4 673,90	136,13
16	4 814,12	140,22
17	4 958,54	144,42
18	5 107,30	148,76
19	5 260,52	153,22
20	5 418,33	157,82

Aus der Tabelle lassen sich die gesuchten Antworten schnell ermitteln.

a) Nach 18 Jahren beträgt das Kapital mindestens € 5 000,–.
b) Nach 11 Jahren betragen die Jahreszinsen (Rendite) mehr als € 120,–.
c) Nach 15 Jahren beträgt der Kontostand € 4 673,90.

D23 Erstelle mit einem passenden Programm eine Tabelle, aus der die Kapitalentwicklung bei einem Nettozinssatz von 1,5 % ersichtlich ist, wenn € 3 000,– für 20 Jahre angelegt werden. Berechne in einer Spalte die Zinserträge (= Differenz zwischen zwei aufeinanderfolgenden Jahren).
Beantworte mithilfe deiner Tabellen:

a) Nach wie vielen Jahren beträgt das Kapital mindestens € 3 800,–?
b) Wann betragen die Jahreszinsen (Rendite) mehr als € 50,–?
c) Wie hoch ist der Kontostand nach 12 Jahren?

Erstelle mit einem passenden Computerprogramm eine Tabelle, aus der die Kapitalentwicklung bei einem Nettozinssatz von 5 % ersichtlich ist, wenn € 3 000,– 20 Jahre angelegt werden. Berechne in einer Spalte die Zinserträge (= Differenz zwischen zwei aufeinanderfolgenden Jahren). **D24**
Beantworte mithilfe deiner Tabellen:

a) Nach wie vielen Jahren hat sich das Kapital verdoppelt?
b) Wann betragen die Jahreszinsen (Rendite) mehr als € 300,–?
c) Wie hoch ist der Kontostand nach 20 Jahren?

Überlegt zuerst allein. Nach einer von der Lehrerin/vom Lehrer festgelegten Zeit besprecht euch in einer Gruppe. Bestimmt jemanden, der Protokoll führt, jemanden als „Zeitwächter", der darauf achtet, dass zum Thema gesprochen wird und Regeln eingehalten werden (z. B. aussprechen lassen), und eine Gruppensprecherin/einen Gruppensprecher. Schreibt die Ergebnisse auf ein Plakat. **D25**
Die Plakate werden aufgehängt. Die Gruppensprecherin/der Gruppensprecher erklärt euer Plakat der Klasse.

a) Auf welchen Wert wäre 1 Cent, der zur Zeit Christi Geburt zu (netto) $i = 4\,\%$ angelegt wurde, bis zum Jahr 2010 angewachsen?
b) Die Erde hat eine Masse von ca. $6 \cdot 10^{24}$ kg. Ein Kilogramm Gold kostet € 33 600,–. (Stand: 15.05.2010)
Wie viele Erdkugeln aus purem Gold könnte man mit dem in a) ermittelten Betrag kaufen?

Ermittelt im Internet oder in einer Zeitung den aktuellen Goldpreis. Ist Gold seit dem Mai 2010 im Wert gestiegen oder gefallen? Ein Kilogramm Gold kostete am 15.05.2010 € 33 600,–. Um wie viel hat sich der Goldpreis geändert? **D26**

Ermittelt im Internet oder in einer Zeitung den aktuellen Goldpreis. Herr A hat im Jahr 2009 1 kg Gold zu € 21 000,– gekauft. Herr B hat € 21 000,– zu 3 % (Nettozinssatz) angelegt. **D27**
Wer von beiden hat sein Geld besser angelegt? Rechnet mit ganzen Jahren!

Unterjährige Verzinsung **D28**
Ein verlockendes Angebot:

> Bestellen Sie jetzt, bezahlen Sie später!
> Wir verrechnen an Zinsen nur 1,5 %
> monatlich!

Für jede Zinsperiode werden die Zinsen berechnet und zum Kapital dazugeschlagen und wieder verzinst.
Welcher Zinssatz ist das p. a.?

Gemischte Verzinsung

Die Zinseszinsformel ist auch für nicht ganzzahlige n anwendbar **(theoretische Verzinsung)**. In der Praxis wird diese Formel jedoch nur für ganze Jahre benutzt und die restliche Zeit wird mit einfachem Zins gerechnet **(gemischte Verzinsung)**.

Auf welchen Wert wächst ein mit $i = 5\,\%$ p. a. angelegtes Kapital von € 30 000,– in 4 Jahren und 3 Monaten (Januar bis Ende März) bei gemischter Verzinsung?

$K_4 = 30\,000 \cdot 1{,}05^4 \cdot 36\,465{,}19$

Dieser Betrag wird weitere 3 Monate mit einfachem Zins verzinst:

$K_{4,25} = 36\,465{,}19 \cdot (1 + \frac{3}{12} \cdot 0{,}05) \cdot 36\,921$

€ 30 000,– wachsen bei 5 % in 4 Jahren und 3 Monaten auf € 36 921,–.

D29 Ändert sich etwas an dem obigen Ergebnis, wenn das Kapital zuerst 3 Monate (Oktober bis Ende Dezember) und dann 4 Jahre angelegt war? Begründe deine Meinung!

Verzinsung bei Spareinlagen

Bis zum ersten Zinstermin (Ende des Kalenderjahrs) wird mit einfachem Zins verzinst, die vollen Zinsperioden dann mit Zinseszins (vom erhöhten Kapital) und die letzte nicht ausgeschöpfte Zinsperiode wieder mit einfachem Zins.
Die Verzinsung beginnt am ersten Werktag nach der Einzahlung und endet am letzten Werktag vor der Behebung.
Ein Monat = 30 Tage. Auch für Februar werden 30 Tage gerechnet.
Ein Jahr = 360 Tage.

Ein Sparbuch wird am 1.8.2006 (Dienstag) mit € 5 000,– eröffnet und am 1.9.2010 (Mittwoch) aufgelöst. Wie viel erhält man bei einem Nettozinssatz von 3 % p. a.?

Lösung:

a) Einfacher Zins beginnt am Mittwoch 2. August → 29 Tage im August + 120 Tage bis Jahresende = 149 Tage
$K_a = 5\,000 \cdot \left(1 + \frac{149}{360} \cdot 0{,}03\right) = 5\,062{,}08\ldots$

b) Zinseszins vom neuen Kapital für 3 Jahre
$K_b = 5\,062{,}08 \cdot 1{,}03^3 = 5\,531{,}47\ldots$

c) Dieser Betrag muss noch 8 Monate einfach verzinst werden.
$K_n = 5\,531{,}47\ldots \cdot (1 + \frac{8}{12} \cdot 0{,}03\,) = 5\,642{,}104\ldots$

Man hat € 5 642,10,– auf dem Konto.

Markus möchte obiges Beispiel schneller lösen und sagt: **D30**
Das Kapital wird insgesamt 3 Jahre und 149 Tage und 8 Monate verzinst.
8 Monate ergeben $8 \cdot 30 = 240$ Tage, dazu 149 Tage addiert ergibt
389 Tage = 1 Jahr 29 Tage. Also rechne ich:

$$K_n = 5\,000 \cdot 1{,}03^4 \cdot \left(1 + \frac{29}{360} \cdot 0{,}03\right)$$

Um wie viel unterscheidet sich Markus' Ergebnis von obigem?
Welchen Fehler hat er gemacht?

Ein Sparguthaben von € 1 500,– wird mit 3,5 % (nach KESt.) verzinst. Die Einzahlung erfolgt am Donnerstag, dem 11. Juli 2002. Am Freitag, dem 19. Februar 2010, wird das Geld samt anfallenden Zinsen abgehoben. **D31**
Wie hoch war dieser Betrag?

Unter Inflation versteht man, dass Waren immer teurer werden, das heißt, dass man um denselben Geldbetrag weniger kaufen kann. Die sogenannte **Inflationsrate** gibt an, wie hoch diese Teuerung (gemessen an bestimmten ausgewählten Produkten) war.

Ein Betrag von € 1 000,– wurde zu einem Bankzinssatz von 3 % die Jahre 2005, 2006, 2007 und 2008 angelegt. Die Inflationsrate in diesen Jahren betrug: 2005: 2,3 %, 2006: 1,5 %, 2007: 2,2 % und 2008: 3,2 %. **D32**
Überlegt euch, wie sich der „Wert" der € 1 000 geändert hat.
„Frisst" die Inflation die Zinsen? War es schlau, das Geld so anzulegen?
Welchen Wert haben die € 1 000,– Ende 2008?

Berechne den Kapitalzuwachs durch die Zinsen bei den angegebenen Nettozinssätzen! **D33**

	Kapital	Zinssatz	Zeit
a)	€ 560,–	$1\frac{1}{4}$ %	2 Jahre 3 Monate
b)	€ 2 135,80	$1\frac{3}{4}$ %	7 Jahre 1 Monat
c)	€ 7 392,30	2 %	3 Jahre 11 Monate

Jemand hat ein Kapital von € 3 460,– zu 2 % auf 4 Jahre angelegt. **D34**
Nach 3 Jahren und 4 Monaten wird der Zinssatz auf 1,5 % herabgesetzt.
Wie viel erhält man nach 4 Jahren und wie groß ist der Verlust durch die Zinssatzsenkung?

Wie viel sind nach 4 Jahren und 7 Monaten für ein ausgeliehenes Kapital von € 37 650,– bei einem Zinssatz von $7\frac{1}{4}$ % zurückzuzahlen? **D35**

Projektvorschlag: Besuch bei einer Bank, Erkundigungen über verschiedene Spar- und Kreditformen und nach aktuellen Zinssätzen.

Bei der Berechnung der Zinstage rechnet man gemäß Kalender, also je nach Monat 28, 30 oder 31 Tage. Das Jahr wird aber mit 360 Tagen gerechnet.
Für das Guthaben auf dem Girokonto erhält man fast keine Zinsen, weshalb bei nicht gebrauchten Geldern diese auf ein Sparbuch oder eine andere Anlageform umgeschichtet werden sollten. Wird das Girokonto „überzogen", fallen meist recht hohe Zinsen an. Man sollte darauf achten, dass das Konto immer gedeckt ist. Oft ist die Aufnahme eines Kredits günstiger als eine Kontoüberziehung.

D36 Frau Sieber hat € 2 000,– auf einem Girokonto (0,125 %) 2 Jahre und 3 Monate liegen gelassen. Hätte sie das Geld auf ein Sparbuch gelegt, hätte sie 1,625 % bekommen. Wie viel Geld ist ihr verloren gegangen?

D37 Erkundige dich bei einer Bank nach den aktuellen Zinssätzen von Gehaltskonten. Berechne die Zinsen bei aktuellen Zinssätzen.

	Kapital	Zinssatz	Zeit
a)	€ 2 860,–		135 Tage
b)	€ 3 880,–		350 Tage
c)	€ 3 055,–		240 Tage
d)	€ 5 890,–		5 Jahre 285 Tage
e)	€ 7 248,80		1 Jahr 325 Tage
f)	€ 1 046,80		4 Jahre 243 Tage

D38 Berechne die Anzahl der Zinstage und die Zinsen. (Die angeführten Tage werden mitgerechnet.)

	Kapital	Zinssatz	Zeit
a)	€ 4 100,–	$\frac{1}{2}$ %	vom 24.3. bis 15.8.
b)	€ 8 363,–	$\frac{3}{4}$ %	vom 19.6. bis 30.11.
c)	€ 4 785,–	$\frac{1}{4}$ %	vom 24.8. bis 23.2.
d)	€ 3 476,50	$\frac{1}{4}$ %	vom 31.10. bis 3.5.*
e)	€ 5 598,–	$\frac{1}{8}$ %	vom 1.5. bis 10.3.*

*kein Schaltjahr

D39 Was kommt günstiger, a) oder b)? Worin besteht die Schwierigkeit, diese Angebote zu vergleichen?

a) Man überzieht sein Konto um € 22 460,– für ein halbes Jahr und muss daher mit 12 % Überziehungszinsen rechnen.
b) Ein Kredit von € 22 460,– ist bei 5 %iger Verzinsung nach $1\frac{1}{2}$ Jahren zurückzuzahlen.

Regelmäßige Zahlungen (Renten)

Sparen

Im Geldwesen tritt oft eine **Folge von Zahlungen** (Rentenraten) auf, die sich **nach gleichen Zeitspannen** (Rentenperioden) wiederholen. Beispiele dazu sind:
- die gleichbleibenden Zahlungen beim Bausparen oder
- die Rückzahlung eines Kredits,
- Leasing oder
- eine Zahlung auf Raten (eine besondere Kreditform).

Die Mathematik der Rentenrechnung basiert auf der Zinseszinsrechnung und hat sich seit Erfindung des Computers für Schüler und Schülerinnen wesentlich vereinfacht.

Jemand zahlt 5 Jahre hindurch am Anfang eines jeden Jahres R = € 6 000,– auf ein Sparbuch bei $i = 2\,\%$.
Wie viel Geld hat er am Ende dieser 5 Jahre?

Überlegung: Am Anfang des Jahres werden € 6 000,– einbezahlt. Am Ende des 1. Jahres wird der Betrag verzinst und es werden € 6 000,– dazugelegt. Am Ende des 2. Jahres wird alles verzinst und wieder € 6 000,– dazugelegt. So geht es immer weiter. Es gilt immer:

SPAREN: neuer Kontostand = alter Kontostand · Aufzinsungsfaktor + Rate

Merke: Kapital + Zinsen bedeutet Multiplikation des Kapitals mit dem Aufzinsungsfaktor.

Lösung:

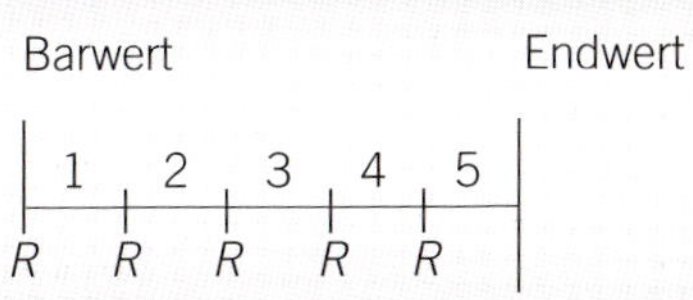

Die Zeitleiste erklärt den Vorgang. Die Einzahlung beträgt R = 6 000,–

Jahr	Ein-zahlung	Kapital (alt) + Zinsen für ein Jahr	Kapital (neu)
bis 1 Jahr	6 000		6 000
nach 1 Jahr	6 000	6000 · 1,02 = 6 120	6 120 + 6 000 = 12 120
nach 2 Jahren	6 000	12 120 · 1,02 = 12 362,40	12 362,40 + 6 000 = 18 362,40
nach 3 Jahren	6 000	18 362,40 · 1,02 = 18 729,60	18 729,60 + 6 000 = 24 729,60
nach 4 Jahren	6 000	24 729,60 · 1,02 = 25 224,20	25 224, 20 + 6 000 = 31 224,20
nach 5 Jahren		31 224,20 · 1,02 = 32 363,30	32 363,30

Nach 5 Jahren hat man € 32 363,30. Diesen Betrag nennt man Endwert.

Der Barwert *B* einer Rente ist jener Betrag, den man einmal am Beginn der 5 Jahre auf die Bank legen muss, um bei 2 % Zinseszins nach 5 Jahren € 32 363,30 zu erhalten.

$B \cdot 1{,}02^5 = 32\,363{,}30 \rightarrow B = 32\,363{,}30 : 1{,}02^5 = 29\,312{,}40$

Ergebnis:
Wenn Herr A € 29 312,40 zu 2 % für 5 Jahre auf ein Sparbuch legt, hat er nach dieser Zeit genauso viel Geld wie Herr B, der 5-mal eine Jahresrate von € 6 000,– bezahlt.

Die Gleichwertigkeit einer Bezahlung auf Raten und einer Einmalzahlung ist die Grundlage vieler Geldgeschäfte.

D40 Für ihren Enkel schließt Frau Kramer einen Sparvertrag ab. Sie zahlt 5 Jahre jeweils zu Jahresbeginn € 1 000,– auf ein Sparbuch, das zu 3,5 % (netto) verzinst wird. Herr Kramer möchte in 5 Jahren seinem Enkel einen gleich großen Betrag schenken. Welchen einmaligen Geldbetrag (= Barwert) muss er jetzt (bei gleicher Verzinsung) anlegen?

Erstelle mit einem Tabellenkalkulationsprogramm (z. B. Excel) eine Tabelle der Kapitalentwicklung, wenn der gleichbleibende Betrag von € 500,– 10 Jahre lang jeweils am Beginn des Jahres einbezahlt und mit 3,5 % verzinst wird.

1.) Erstelle die ersten 2 Spalten wie angezeigt (A und B).
2.) Für die C-Spalte benutze das Bildungsgesetz für Sparen:
neuer Kontostand = alter Kontostand · Aufzinsungsfaktor + Rate.
3.) In die Zelle C2 wird 500 (alter Kontostand) eingetragen.
4.) In die Zelle C3 = C2*1,035 + B3.
5.) Achtung auf die Anzahl der Zahlungen: Am Ende des 9. Jahres = Beginn des 10. Jahres erfolgt die letzte Einzahlung. Das Kapital wird dann nochmals verzinst (10. Jahr), es wird aber nichts mehr hinzugefügt.

Dauer	Einzahlung	Kapitalstand
0	500	500
1	500	1 017,5
2	500	1 553,11
3	500	2 107,47
4	500	2 681,23
5	500	3 275,08
6	500	3 889,70
7	500	4 525,84
8	500	5 184,25
9	500	5 865,70
10		6 071,00

Benutzte Formel:
$K_n = K_{n-1} \cdot 1{,}03^5 + 500$

neuer Kontostand = alter Kontostand · Aufzinsungsfaktor + Rate.

Erstelle mit einem Tabellenkalkulationsprogramm eine Tabelle, wenn € 1 500,– 15 Jahre lang jeweils am Beginn des Jahres einbezahlt und mit 2,5 % verzinst werden. **D41**

a) Wann hat man € 10 000,– auf dem Konto?
b) Wie viel hat man nach 10 Jahren?
c) Wie viel Geld erhält man nach 15 Jahren?

Herr Farmer braucht einen neuen Traktor und zusätzlich einige Geräte (Anhänger etc.). Er hat zwei Angebote:

Bei Barzahlung kosten die Maschinen € 145 000,–.
Es werden noch 2 % Skonto gewährt.
Bei Ratenzahlung sind € 50 000,– sofort zu bezahlen und dann 4 Jahresraten zu € 25 000,–.

Welches Angebot ist günstiger?

Diese Frage kann man nur mit einer Rechnung beantworten.
Um einen Vergleich dieser beiden Angebote machen zu können, müssen wir folgende Überlegung anstellen:
145 000 – 2 % Skonto = 145 000 · 0,98 = 142 100

Die Ratenzahlungen werden addiert. Man stellt sich aber vor, man würde die Beträge auf eine Bank legen, wo sie z. B. mit 2 % (willkürliche Annahme) verzinst werden.

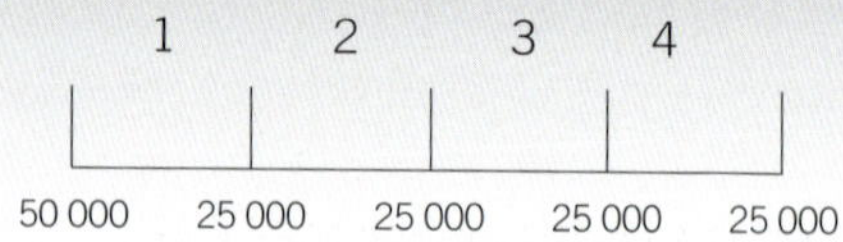

$50\,000 \cdot 1{,}02^4 + 25\,000 \cdot 1{,}02^3 + 25\,000 \cdot 1{,}02^2 + 25\,000 \cdot 1{,}02 + 25\,000$
$= 157\,161{,}8$

Betrag bei Barzahlung € 142 100.

Der Endwert der Ratenzahlung ist € 157 618. Dem entspricht ein Barwert ($157\,161{,}8 : 1{,}02^4$) von € 145 193,2. Würde der Traktor bei Barzahlung also genau diese € 145 193,2 kosten, wären die Angebote ganz gleich. Weil aber bei Barzahlung nur € 142 100,– zu zahlen sind, ist die Barzahlung günstiger.

D42 Herr Misser überlegt: Soll er seine Wiese verkaufen oder 10 Jahre verpachten? Ein Käufer bietet für die Wiese € 5 000,–. Dieses Geld auf ein Sparbuch gelegt, würde mit einem Nettozinssatz von 1,75 % verzinst werden. Der Nachbar von Herrn Misser möchte die Wiese als Weide pachten und bietet eine Jahrespacht von € 95,–. Herr Misser meint: Die Pacht 10-mal zu Jahresbeginn bezahlt, sollte so viel (oder mehr) ausmachen wie die Zinsen für die € 5 000,– (Zahlung zu Jahresbeginn). Wofür wird er sich entscheiden?
(Hinweis: Lege dir eine Zeitleiste an.)

Projekt: Erkundigt euch über ähnliche Angebote. Diskutiert Vor- und Nachteile dieser Angebote (Inflation etc.). Nehmt zum Rechnen das Beispiel als Hilfe.

Kredite

Für größere Anschaffungen ist es oft nötig, einen Kredit aufzunehmen. Die Schuld wird meist durch gleichbleibende Zahlungen (häufig Monatsraten) getilgt. Um einfacher rechnen zu können, denken wir uns die monatlichen Zahlungen zu einer Rate am Ende des Jahres zusammengefasst.

Frau Kreimel möchte unbedingt ein Auto. Dafür müsste sie einen Kredit von € 7 000,– zu 5 % aufnehmen. Leider verliert sie ihren Job und kann nur € 500,– im Jahr zurückbezahlen.
Sie rechnet: „7 000 : 500 = 14. Also wenn ich noch Zinsen berücksichtige, müsste ich die Rückzahlung in ca. 15 Jahren geschafft haben."
Ist ihre Schätzung annähernd richtig?

Überlegung: Am Anfang des Jahres werden € 7 000,– aufgenommen.
Am Ende des 1. Jahres wird der Betrag verzinst und es werden € 500,– abgezogen (1. Rückzahlungsrate). Am Ende des 2. Jahres wird die ausstehende Schuld verzinst und wieder werden € 500,– abgezogen (2. Rückzahlungsrate). So geht es immer weiter.

Es gilt immer:

Schuldentilgung:

neuer Kontostand = alter Kontostand · Aufzinsungsfaktor – Rate

Merke: Kapital + Zinsen bedeutet Multiplikation des Kapitals mit dem Aufzinsungsfaktor.

Vergleiche: Beim Sparen kommt Geld dazu, beim Schuldentilgen wird ein Betrag abgezogen!

Überprüfen wir die Schuldenentwicklung während der ersten 5 Jahre durch eine Rechnung.
5 % von € 7 000,– sind € 350,–. Wenn Frau Kreimel € 500,– Rate zahlt, werden € 350,– für die Zinsen aufgewendet, die Schuld wird nur um € 150,– kleiner. Man sagt: Im ersten Jahr beträgt die Tilgung € 150,– .
Nach einem Jahr (trotz Zahlung von € 500,–) beträgt die Schuld noch immer € 6 850,–.
(Beachte: Könnte Frau Kreimel nur € 350,– bezahlen, wird die Schuld nie weniger, denn sie bezahlt gerade einmal die Zinsen. Wäre ihre Rückzahlung kleiner als € 350,– , wächst ihre Schuld weiter an, obwohl sie brav Raten bezahlt!)

Schuldentilgungsplan

Jahr	Rate R	Schuld (alt) + Zinsen	Schuld (neu)	Tilgung
0		7 000 · 1,05 = 7 350	7 350 – 500 = 6 850	7 000 – 6 850 = 150
nach 1	500	6 850 · 1,05 = 7 192,5	7 192,5 – 500 = 6 692,5	6 850 – 6 692,5 = 157,5
nach 2	500	6 692,5 · 1,05 = 7 827,13	7 827,13 – 500 = 6 527,13	6 692,5 – 6 527,13 = 165,38
nach 3	500	6 527,13 · 1,05 = 6 853,49	6 853,49 – 500 = 6 353,48	6 527,13 – 6 353,48 = 173,64
nach 4	500	6 353,48 · 1,05 = 6 671,16	6 671,16 – 500 = 6 171,16	6 353,48 – 6 171,16 = 182,33
nach 5	500	6 171,16 · 1,05 = 6 479,71	6 479,71 – 500 = 5 979,71	6 171,16 – 5 979,71 = 191,44

Aus der Tabelle kann man ablesen:

Tilgung = alte Schuld – neue Schuld

Nach 5 Jahren werden von der Rückzahlungsrate von € 500,– nur € 191,44 zur Tilgung der Schuld verwendet. Der Rest geht für Zinsen auf.
Nach 5 Jahren hat man schon 5-mal € 500,– bezahlt, trotzdem beträgt die Schuld fast noch€ 6 000,–.

Man wird fragen: Wann hat denn Frau Kreimel ihren Kredit beglichen? Dabei muss uns das Tabellenkalkulationsprogramm (Microsoft Excel) helfen.

Eine Tabelle könnte so aussehen wie unten angeführt.
In der Zelle B3 wird „= B2 · 1,05 – 500“ als Formel eingetragen und in der Zelle D3 „B2 – B3“. Dann werden die Spalten so weit gefüllt, bis die Schuld getilgt ist. Man erkennt, dass nach 24 Jahren eine letzte Rate von € 324,70 fällig ist. Die Schuldentilgung dauert also 25 Jahre.

Solange wird ihr Auto sicherlich nicht brauchbar sein. Für einen Autokauf kann ein Kredit keine so lange Laufzeit haben.

Jahre n	Schuld K	Rate R	Tilgung	
0	7 000	500		$K_{(n)} = K_{(n-1)} \cdot 1{,}05 - R$
1	6 850	500	150,00	
2	6 692,5	500	157,50	Tilgung = $K_{(n)} - K_{(n-1)}$
3	6 527,12	500	165,38	
4	6 353,48	500	173,64	
5	6 171,155	500	182,33	Zinssatz: 5 %
6	5 979,713	500	191,44	
7	5 778,70	500	201,01	
8	5 567,63	500	211,07	
9	5 346,02	500	221,62	
10	5 113,32	500	232,70	
11	4 868,98	500	244,33	
12	4 612,43	500	256,55	
13	4 343,05	500	269,38	
14	4 060,21	500	282,85	
15	3 763,22	500	296,99	
16	3 451,38	500	311,84	
17	3 123,95	500	327,43	
18	2 780,14	500	343,80	
19	2 419,15	500	361,00	
20	2 040,11	500	379,04	
21	1 642,11	500	398,00	
22	1 224,22	500	417,89	
23	785,43	500	438,79	
24	324,70	324,70	460,73	
25	0			

D43 Jemand muss eine Kreditschuld von € 5 000,– bei 4 % Verzinsung mit Jahresraten von € 800,– zurückbezahlen.

a) Erstelle wie im obigen Beispiel mithilfe des TR einen Schuldentilgungsplan für die ersten 5 Jahre.
b) Erstelle mit dem PC eine Tabelle, mit der du folgende Fragen beantworten kannst: Nach wie vielen Jahren ist der Kredit getilgt? Wie hoch ist die allerletzte Rate?

Wie Aufgabe 179. b) Schuld € 10 000,–; Rückzahlungsrate € 800,– mit einem Zinssatz a) von 5 %, b) von 3,5 %. D44

Ein Kredit von € 20 000,– soll bei einer Verzinsung von 4 % in 10 Jahren abbezahlt sein. D45

a) Wie hoch muss die Jahresrate mindestens sein, dass die Schuld sinkt?
b) Über welchem Wert wird die Jahresrate sicher liegen müssen, dass die Rückzahlungsdauer 10 Jahre sein könnte?
c) Versuche am PC durch Probieren herauszufinden, wie hoch die Rückzahlungsrate (auf ganze Hunderter) sein muss.

Familie Mahringer träumt von einem eigenen Haus. Zum Kauf braucht sie € 200 000,– Kredit. D46
Ihr Einkommen erlaubt eine jährliche Rückzahlung von € 6 000,–. 2009 gibt es Kredite bereits mit 2,5 %. Man muss aber annehmen, dass eine so niedrige Verzinsung nicht lange halten wird. Frau Mahringer meint deshalb, es wäre besser, gleich mit 3 % zu rechnen.

a) Überlegt, bei welchem Monatseinkommen (ungefähr) eine Jahresrückzahlung von € 6 000,– aufgebracht werden kann.
b) Kann sich Familie Mahringer den Kredit leisten? Begründet eure Meinung!

Herr Schlau ist ein genauer Rechner. Sein Monatseinkommen (netto) beträgt € 1 400,–. Für Miete, Kleidung, Essen etc. veranschlagt er € 1 000,–. 15 % seines Einkommens rechnet er für unvorhergesehene Ausgaben. Auf welche Monatsrate kann er sich für ein Auto einlassen? D47

Hypothek

Die Bank leiht Geld gegen Zinsen aus. Als Sicherheit dient der Bank in der Regel der Grundbesitz des Schuldners. Die Hypothek muss im Grundbuch eingetragen werden.

Ein Landwirtehepaar nimmt, um Schulden zahlen zu können, eine Hypothek in der Höhe von € 14 000,– auf ihren schuldenfreien Hof auf. D48

a) Wie viel verbleibt ihnen an barem Geld, wenn die Bank die Hypothek zu 98 % ausbezahlt und sie zusätzlich an Gebühren für die Unterschriftsbeglaubigung € 20,– und an Eintragungsgebühren im Grundbuchamt € 128,– zu entrichten haben?
b) Die Schuld von € 14 000,– wird in Jahresraten von € 1 500,– bei einem Zinssatz von 5 % zurückbezahlt. Wie lange dauert die Rückzahlung und wie hoch ist die letzte Rate? (Arbeite mit einem PC-Programm.)

Für den Wohnhausbau nimmt eine Familie eine Hypothek von € 35 000,– auf. D49
a) Sie bekommt 97,5 % der Summe ausbezahlt. Über welchen Betrag kann sie verfügen?
b) Auf welchen Betrag ist die Schuld von € 35 000,– angewachsen, wenn bei 4,5 % 6 Jahre lang keine Rückzahlung erfolgt und dann wegen einer Erbschaft alles auf einmal beglichen werden kann?

c) Wie lange dauert die Rückzahlung dieser Schuld bei 4,5 % Verzinsung, wenn man eine Jahresrate von € 4 423,26 bezahlt?

Ratenzahlung mit kurzer Laufzeit

Ratengeschäfte sind meist teure Geschäfte. Die Ware wird zwar sofort ausgeliefert, bleibt aber bis zur gänzlichen Bezahlung Eigentum des Verkäufers. Werden Raten nicht pünktlich bezahlt, muss man Verzugszinsen bezahlen. Bei Zahlungsunfähigkeit kann der aushaftende Betrag eingeklagt werden. Wir rechnen vereinfacht wegen der kurzen Dauer ohne Verzinsungen.

Dies ist die Teilzahlungstabelle eines Internet-Versandhauses aus dem Jahr 2009. Je nach Bestellwert der Waren kann der Kunde die Dauer der monatlichen Ratenzahlung auswählen.

Teilzahlungstabelle

Bestellwert	Anzahlung	Restbetrag	6 Teilbeträge	12 Teilbeträge	18 Teilbeträge	24 Teilbeträge	36 Teilbeträge
150,00	15,00	135,00	23,74				
400,00	80,00	320,00	56,26	29,43	20,51	16,07	
700,00	140,00	560,00	98,46	51,50	35,89	28,12	20,41
1 000,00	200,00	800,00	140,66	73,57	51,27	40,17	29,16
1 500,00	300,00	1 200,00	210,99	110,36	76,91	60,26	43,74
2 500,00	500,00	2 000,00	351,65	183,93	128,18	100,43	72,91

Jemand bestellt eine Ware um € 1 000,–.

a) Barzahlung: Man erhält 2 % Skonto: 1 000 · 0,98 = 980
Kaufpreis: € 980,–
b) 6 Teilraten: Wir rechnen vereinfacht wegen der kurzen Dauer ohne Verzinsungen:
Anzahlung + 6 Raten = 200 + 6 · 140,66 = 1 043,96.
Innerhalb eines halben Jahres hat man statt € 980,– den Betrag von € 1 043,96 bezahlt, was Mehrkosten von 6,5 % bedeutet (Grundwert 980 = 100 %).
c) 36 Teilraten: Anzahlung + 36 Raten = 200 + 36 · 29,16 = € 1 249,76.
Innerhalb von drei Jahren hat man statt € 980,– den Betrag von € 1 249,76 bezahlt, was Mehrkosten von 27,5 % bedeutet (Grundwert 980 = 100 %).

D50 Nehmt die Tabelle als Grundlage. Eine Ware im Wert von € 1 500,– soll bestellt werden. Jede Gruppe wählt eine andere Zahlungsform und rechnet nach, um wie viel eine Ratenzahlung teurer als eine Barzahlung ist. Vergleicht eure Ergebnisse: Welche Zahlungsform ist am teuersten?
Um wie viel Prozent unterscheiden sich die Zahlungsformen, wenn man von Barzahlung mit 2 % Skonto ausgeht?

Leasing

Leasing ist eine besondere Art des Kaufs „auf Schulden".

- Ähnlich wie bei der Ratenzahlung ist eine Anzahlung vorzunehmen und dann eine Teilzahlung mittels Monatsraten zu leisten.
- In dieser Zeit bleibt das Produkt im Eigentum des Verkäufers.
- Am Ende der Zahlung bleibt ein Restwert übrig, den der Käufer zu entrichten hat.
- Bei einer Leasingvereinbarung kann man oft Anzahlung und Restwert selbst bestimmen. Je höher diese sind, desto geringer fallen die Monatsraten aus. Hoher Restwert bedeutet zwar eine geringere Monatsbelastung, aber es kann sein, dass dann zu diesem Zeitpunkt der Wert des Leasingobjekts nicht mehr dem Restwert entspricht.

Wie bei der Ratenzahlung rechnen wir vereinfacht wegen der kurzen Dauer ohne Verzinsungen.

D51 Ein Mittelklasseauto kostet laut Listenpreis € 20 510,–. Bei Barzahlung erhält man 4 % Skonto. Bei Leasing muss man eine Vorauszahlung von € 4 102,– leisten. Der Restwert beträgt € 9 303,34 und die monatliche Rückzahlung bei 36 Raten € 247,60. Um wie viel Euro kommt die Leasingvariante teurer als Barzahlung? Wie viel Prozent sind das?

D52 Ein Luxusauto kostet laut Listenpreis € 232 960,–. Bei Barzahlung erhält man 6 % Skonto. Bei Leasing muss man eine Vorauszahlung von € 46 592,– leisten. Der Restwert beträgt € 79 253,– und die monatliche Rückzahlung bei 36 Raten € 3 497,78. Um wie viel Euro kommt die Leasingvariante teurer als Barzahlung? Wie viel Prozent sind das?

D53 Ein Angebot aus dem Internet lautet:

Schnäppchen!
Gebrauchte Holzbringungsmaschine im Wert von € 64 800,– günstig zu leasen:
20 % Mindestanzahlung
20 % Restwert
48 Monatsraten zu € 969,–

Wie teuer kommt die Leasingvariante?
Um wie viel Prozent ist Leasen teurer als der angegebene Wert der Maschine?

Zusammenfassung:

- Einfache Zinsen werden nur bei einer Verzinsungsdauer unter einem Jahr (für Teile des Kalenderjahres) verwendet oder wenn wegen einer mehrjährigen Kapitalbindung dies vereinbart wurde.

  Ausgangskapital: K Zinssatz : $i = p\% = \frac{p}{100}$ (Jahreszinssatz) Zinsen Z

  Zinsen für 1 Jahr: $Z = K \cdot \frac{p}{100} = \frac{K \cdot p}{100}$

  Zinsen für m Monate: $Z_m = \frac{K \cdot p \cdot m}{100 \cdot 12}$

  Zinsen für d Tage: $Z_d = \frac{K \cdot p \cdot d}{100 \cdot 360}$

- Die Kapitalertragssteuer (KESt.) wird von den Zinsen als Art Gewinnsteuer abgezogen. Sie beträgt 25 %. Somit gilt für die Umrechnung des Bankzinssatzes (Bruttozinssatz) p in den effektiven Zinssatz (Nettozinssatz): $p_{\text{net}} = p \cdot 0{,}75$.

- Zinseszinsen werden nur für ganze (Kalender-)Jahre verwendet. Für die Berechnung des Kapitals K_n, wenn ein Betrag K_0 n Jahre zu $p\%$ angelegt wird, gilt:

  $K_n = K_{n-1} \cdot \left(1 + \frac{p}{100}\right)$ oder $K_n = K_0 \cdot \left(1 + \frac{p}{100}\right)^n$

- Beim Sparen (+ Rate) oder Rückzahlen von Krediten (– Rate) werden oft gleichbleibende Zahlungen geleistet, wobei am Ende des Jahres der Kontostand mit $p\%$ verzinst wird.
  Neuer Kontostand = alter Kontostand $\cdot \left(1 + \frac{p}{100}\right) \pm$ Rate

- Um einfacher zu rechnen, kann man bei einer Ratenzahlung oder einem Leasinggeschäft auf die Berechnung von Zinsen (Rentenrechnung) verzichten, wenn die Zahlungsdauer relativ kurz ist.

Kapitel E: Geometrie

Wiederholung einiger Maße

Maße und ihre Einheiten sind international festgelegt und finden sich im österreichischen Maß- und Eichgesetz. In der Praxis werden auch Einheiten verwendet z.B. Joch, Kalorien, PS (Pferdestärken), Viertel (Weingartenflächenmaß), die laut Gesetz nicht mehr gültig sind.

Längenmaße

Die Einheit der Länge ist Meter (m).

km . . m dm cm mm … Verwandlungszahl 10

10 10 10 10 10 10

1 000 1 000

1 m = 10 dm = 100 cm = 1 000 mm
1 dm = 10 cm = 100 mm
1 cm = 10 mm
1 km = 1 000 m

1 mm = 0,1 cm = 0,01 dm = 0,001 m
1 cm = 0,1 dm = 0,01 m
1 dm = 0,1 m
1 m = 0,001 km

Verwandle in Meter: **E1**

a) 3 km	b) 6 km 168 m	c) 4 km 50 m	d) 5 km 5 m
12 km	37 km 890 m	28 km 15 m	98 km 7 m

Verwandle in Dezimeter: **E2**

a) 2 m	b) 30 m	c) 9 m 2 dm	d) 20 m 4 dm
27 m	340 m	32 m 8 dm	600 m 7 dm

E3 Verwandle in Zentimeter:

a) 5 m	b) 3 dm 8 cm	c) 3 m	d) 2 m 3 dm 5 cm
18 dm	21 dm 9 cm	45 m	52 m 6 dm 2 cm

E4 Verwandle in Millimeter:

a) 4 cm	b) 7 cm 4 mm	c) 5 dm 6 cm 3 mm	d) 10 m 9 dm
12 dm	8 dm 3 mm	23 dm 9 cm 7 mm	200 m 2 dm

E5 Schreibe als mehrnamige Größe:

a) 77 dm	b) 308 cm	c) 765 mm	d) 1 385 m
164 cm	501 mm	1 345 cm	12 050 m

Flächenmaße

Die Einheit des Flächeninhalts ist Quadratmeter (m^2)

km^2 ‿ ha ‿ a ‿ m^2 ‿ dm^2 ‿ cm^2 ‿ mm^2 … Verwandlungszahl 100

100 100 100 100 100 100

$1\ m^2 = 100\ dm^2 = 10\,000\ cm^2 = 1\,000\,000\ mm^2$

$1\ dm^2 = 100\ cm^2 = 10\,000\ mm^2$

$1\ cm^2 = 100\ mm^2$

$1\ km^2 = 100\ ha = 10\,000\ a = 1\,000\,000\ m^2$

$1\ ha = 100\ a = 10\,000\ m^2$

$1\ a = 100\ m^2$

$1\ mm^2 = 0{,}01\ cm^2 = 0{,}000\,1\ dm^2 = 0{,}000\,001\ m^2$

$1\ cm^2 = 0{,}01\ dm^2 = 0{,}000\,1\ m^2$

$1\ dm^2 = 0{,}01\ m^2$

$1\ m^2 = 0{,}01\ a = 0{,}000\,1\ ha = 0{,}000\,001\ km^2$

$1\ a = 0{,}01\ ha = 0{,}000\,1\ km^2$

$1\ ha = 0{,}01\ km^2$

1 Joch = $5\,754{,}6\ m^2$ = 0,57546 ha

Verwandle in Ar: E6

a) 872 m^2	b) 602 m^2	c) 50 m^2	d) 6,02 ha	e) 31,2 ha
1 752 m^2	5 041 m^2	4 m^2	40,91 ha	0,23 ha

Verwandle in Hektar: E7

a) 376 a	b) 38 a	c) 5,4 a	d) 15 Joch	e) 4 500 m^2	f) 12 000 m^2
8 709 a	7 a	0,5 a	52 Joch	7 400 m^2	82 500 m^2

Verwandle in Quadratkilometer E8

a) 781 ha	b) 95 ha	c) 44 715 a
4 230 ha	4 ha	540 a

Berechne die Größe der Grundstücksflächen: E9

a) Ein Landwirt hat vier Grundstücke mit den Flächeninhalten 37 985 m^2, 5 ha 16 a 55 m^2, 3 ha 9 a 12 m^2 und 1 ha 5 a 8 m^2.
Wie groß ist der Gesamtbesitz?

b) Von einem Grundstück der Größe 12 ha 4 a 54 m^2 werden 4 ha 29 a 98 m^2 verkauft.
Wie viel ha hat der Rest des Grundstücks?

c) Eine Gemeinde besitzt 15 ha 75 a Baugrund. Davon verkauft sie einer Wohnbaugenossenschaft 7 Baugründe zu je 980 m^2, 17 Baugründe zu je 595 m^2 und 23 Baugründe zu je 7 a 2 m^2.
Wie viel ha Baugrund verbleiben der Gemeinde?

Ein landwirtschaftlicher Betrieb umfasst 15 Joch Wald, 70 Joch Ackerland und 20 Joch Weide. E10
Wie viel ha machen die einzelnen Teile aus und wie groß ist der Gesamtbesitz in ha?

Raummaße

Die Einheit des Rauminhalts (Volumens) ist Kubikmeter (m^3).

$m^3 \underset{1\,000}{\smile} dm^3 \underset{1\,000}{\smile} cm^3 \underset{1\,000}{\smile} mm^3$ … Verwandlungszahl 1 000

$$1\ m^3 = 1\,000\ dm^3 = 1\,000\,000\ cm^3 = 1\,000\,000\,000\ mm^3$$
$$1\ dm^3 = 1\,000\ cm^3 = 1\,000\,000\ mm^3$$
$$1\ cm^3 = 1\,000\ mm^3$$

$$1\ mm^3 = 0{,}001\ cm^3 = 0{,}000\,001\ dm^3 = 0{,}000\,000\,001\ m^3$$
$$1\ cm^3 = 0{,}001\ dm^3 = 0{,}000\,001\ m^3$$
$$1\ dm^3 = 0{,}001\ m^3$$

$1\ l = 1\ dm^3$ $1\ hl = 100\ l = 0{,}1\ m^3$ $1\ ml = 1\ cm^3$

1 l	= 10 dl	= 100 cl	= 1 000 ml
	1 dl	= 10 cl	= 100 ml
		1 cl	= 10 ml

1 ml	= 0,1 cl	= 0,01 dl	= 0,001 l
	1 cl	= 0,1 dl	= 0,01 l
		1 dl	= 0,1 l

1 Festmeter (fm) = 1 m^3 Bruchsteine oder Rundholz (ohne Zwischenräume)

1 Raummeter (rm) = 1 m^3 geschichtete Bruchsteine oder geschlichtetes Holz (mit Zwischenräumen)

1 rm ≈ 0,7 fm

E11 Verwandle in Kubikdezimeter:

a) 3 m^3; 17 m^3
b) 745 m^3; 900 m^3
c) 2 m^3 322 dm^3; 7 m^3 540 dm^3
d) 9 m^3 10 dm^3; 14 m^3 4 dm^3

E12 Verwandle in Kubikzentimeter:

a) 6 dm^3; 123 dm^3
b) 5 dm^3 665 cm^3; 20 dm^3 550 cm^3
c) 1 dm^3 65 cm^3; 2 dm^3 5 cm^3

E13 Verwandle in Kubikmillimeter:

a) 7 cm^3; 12 cm^3
b) 40 cm^3 248 mm^3; 207 cm^3 105 mm^3
c) 15 cm^3 55 mm^3; 9 cm^3 7 mm^3

E14 Verwandle in Kubikmeter:

a) 2 355 dm^3; 690 dm^3
b) 8 200 dm^3; 404 dm^3
c) 25 dm^3; 8 dm^3

E15 Gib in Hektoliter an:

a) 150 l; 25 l
b) 6 l; 30 l
c) 30 hl 20 l; 5 hl 8 l

E16 Gib in Liter an:

a) 4 dl; 45 dl
b) 50 cl; 8 cl
c) 95 ml; 7 ml

Durch eine schadhafte Dichtung eines Wasserhahns fließen pro Stunde 0,25 l Wasser ungenützt ab. Wie viel m^3 Wasser werden in 30 Tagen vergeudet? **E17**

In einem Sägewerk wurden 50 Festmeter (fm) Rundholz verarbeitet. Es ergaben sich 26 m^3 Bretter, 9,75 m^3 Latten, 8,75 m^3 Spreißel und 3 m^3 Schwartlinge. Berechne in fm den Abfall und das Sägemehl. **E18**

Massenmaße

Im täglichen Leben wird meist Masse und Gewicht verwechselt.
Man spricht von Lebendgewicht von Tieren und gibt es in kg an, was streng genommen falsch ist. Das Gewicht eines Körpers ist umso größer, je mehr Masse er hat und je stärker er (z. B. von der Erde) angezogen wird. Weil auf dem Mond die Anziehungskraft nur den fünften Teil der Anziehungskraft der Erde beträgt, ist dein Gewicht dort nur ein Fünftel des Erdgewichts. Deine Muskeln sind auf das Erdgewicht eingestellt, deshalb könntest du auf dem Mond wie ein Känguru hüpfen!
Das Gewicht wird nicht in Kilogramm, sondern in Newton (N) gemessen.
Ein Kilogramm ist die Maßeinheit der Masse.
Die Masse von 1 kg hat ein Gewicht von ca. 10 N (genau: 9,81 N).

Die Einheit der Masse ist Kilogramm (kg).

t ‿ dt ‿ . ‿ kg ‿ . ‿ dag ‿ g

10 10 10 10 10 10

1 000 (t – kg); 100 (kg – dag); 1 000 (kg – g)

Als Masse wird die Stoffmenge eines Körpers bezeichnet. 1 kg ist die Masse von 1 dm^3 Wasser bei +4 °C. Deshalb kann man von 1 l oder 1 kg Wasser sprechen. Es ist stets dieselbe Menge (siehe später beim Einsatz von Pflanzenschutzmitteln).

1 kg	= 100 dag	=	1 000 g	
	1 dag	=	10 g	
1 t	= 1 000 kg			
	1 kg	=	0,001 t	
1 g	= 0,1 dag	=	0,001 kg	
	1 dag	=	0,01 kg	
1 g	= 1 000 mg			
	1 mg	=	0,001 g	

E19 Gib in Dezitonnen (dt) (im landwirtschaftlichen Alltag verwendete Masseneinheit) an:

a) 7 t 300 kg
21 t 550 kg

b) 15 t 930 kg
3 t 5 kg

E20 Gib in Kilogramm an:

a) 4 t 8 dt
12 t 5 dt

b) 1 t 4 kg
8 t 70 kg

c) 5 t 2 dt 8 kg
1 t 8 dt 90 kg

E21 Gib in Dekagramm an:

a) 6 kg 72 dag
4 kg 8 dag

b) 70 kg 50 dag
110 kg 9 dag

c) 1 dt 45 kg
2 dt 5 kg

E22 Gib in Gramm an:

a) 4 dag
35 dag

b) 5 dag 5 g
22 dag 3 g

c) 1 kg 35 dag 2 g
4 kg 8 dag 4 g

Dichte ρ

Die Dichte eines Stoffes gibt an, wie viel Masse in einem bestimmten Volumen enthalten ist.
Formelzeichen: ρ (sprich: rho)
Einheit: Kilogramm pro Kubikmeter (kg/m³)

$$\text{Dichte} = \frac{\text{Masse}}{\text{Volumen}} \qquad \rho = \frac{m}{V}$$

m in kg

V in m³

$$\text{Masse} = \text{Dichte} \cdot \text{Volumen} \qquad m = \rho \cdot V$$

Weiterhin verwendete Einheiten: 1 kg/dm³ = 1 g/cm³ = 1 t/m³

Jeder Körper hat eine arteigene Dichte:

	Dichte in kg/m³		Dichte in kg/m³
Wasser	1 000	Beton	2 400
Holz	500	Heu, lose	65
Stahl	7 800	Roggen	700
Erde	1 800	Silofutter	750
Sand	1 800	Stalldünger	800

E23 Berechne die Massen der gegebenen Volumina in Tonnen.
Entnimm die Dichtewerte aus der Tabelle.

a) 110 m³ Silofutter
280 m³ Heu, lose
235 m³ Stalldünger

b) 3,5 m³ Sand
4,7 m³ Erde
0,8 m³ Stahl

c) 5,5 fm Holz
3,25 m³ Beton
32,15 m³ Wasser

Pythagoräischer Lehrsatz

In jedem rechtwinkligen Dreieck ist der Flächeninhalt des Quadrats über der längsten Seite (Hypotenuse) gleich groß wie die Summe der Flächeninhalte der Quadrate über den kürzeren Seiten (Katheten).

$c^2 = a^2 + b^2$

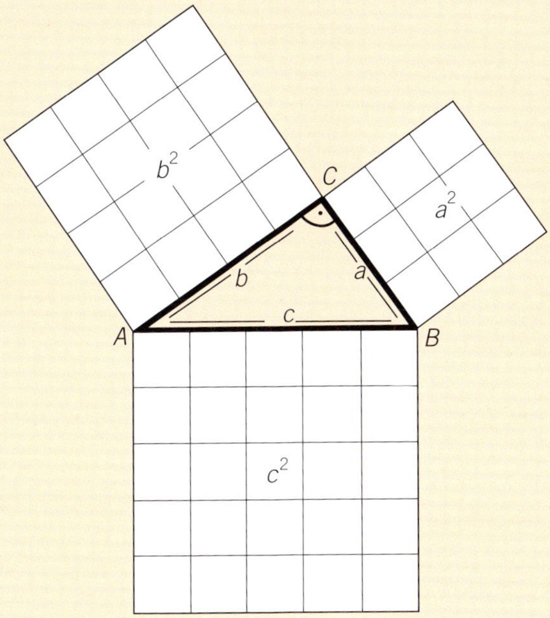

Dreieck (siehe Abbildung): $c = 5$ m, $a = 3$ m, $b = 4$ m

$c^2 = a^2 + b^2$
52 = 32 + 42
25 = 9 + 16
25 = 25 wahre Aussage

Drei Zahlen wie 5, 4, 3, die den pythagoreischen Lehrsatz erfüllen, nennt man ein pythagoreisches Zahlentripel.

E24 Untersuche, ob die Zahlen 15, 9 und 12 ein pythagoreisches Zahlentripel bilden, d. h., untersuche, ob die gegebenen Zahlen Seitenlängen eines rechtwinkligen Dreiecks sein könnten.

E25 Herr und Frau Schuster möchten vor ihrem Haus einen rechteckigen Bauerngarten anlegen. Sie überlegen, wie man sicher sein könnte, dass die geplanten Zäune wirklich einen rechten Winkel bilden. Die Tochter hat eine Lösung des Problems. Sie bringt eine Schnur, in die sie im Abstand von einem Meter 13 Knoten geknüpft hat. Sie spannt die Schnur im Gelände so aus, wie die Abbildung zeigt (Anfangs- und Endknoten kommen übereinander zu liegen), und sagt: „Ihr könnt sicher sein, dass jetzt an der Ecke ein rechter Winkel ist!“

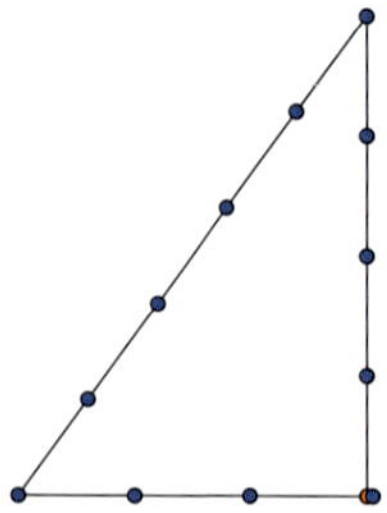

An welcher Ecke soll der rechte Winkel sein?
Wieso kann die Tochter dies behaupten?
Überprüft diese Behauptung mit einer Knotenschnur, z. B. im Schulgarten.

> Die Katheten eines rechtwinkligen Dreiecks sind 12 cm und 5 cm.
> Berechne die Länge der Hypotenuse.
>
> $c^2 = a^2 + b^2$
> $c^2 = 122 + 52$
> $c^2 = 144 + 25$
> $c^2 = 169$
>
> Wie groß ist c? Man sucht jene Zahl, die zum Quadrat genommen 169 ergibt. Man schreibt **Zahlen** $\sqrt{169}$ und sagt: c ist die (Quadrat-)Wurzel aus 169. Der Taschenrechner errechnet $c = 13$ cm.
>
> Die Hypotenuse ist 13 cm lang.

E26 A) Berechne mit dem Taschenrechner:
B) In den Aufgaben e) bis h) treten Kommazahlen auf.
Wie viele Kommastellen muss das Ergebnis haben? Welche Regel lässt sich erkennen?

a) 28^2	b) 65^2	c) 112^2	d) 216^2
e) $39{,}3^2$	f) $86{,}4^2$	g) $0{,}003^2$	h) $0{,}02^2$

E27 Bestimme folgende Quadratwurzelwerte mit dem Taschenrechner und runde auf 3 Nachkommastellen:

a) $\sqrt{13}$ b) $\sqrt{28}$ c) $\sqrt{56}$ d) $\sqrt{68{,}3}$

> Ein rechtwinkliges Dreieck hat eine Hypotenuse $c = 57$ cm und eine Kathete $a = 34$ cm.
> Berechne den Umfang.
>
> $c^2 = a^2 + b^2$
> $57^2 = 34^2 + b^2$
> $b^2 = 57^2 - 34^2$ Achtung: $b^2 = c^2 - a^2$ bzw. $a^2 = c^2 - b^2$
> $b^2 = 2\,093$
> $b = 45{,}7493\ldots$
> $b \approx 45{,}7$
>
> $U = a + b + c$
> $U = 34 + 45{,}7 + 57 = 136{,}7$
>
> Der Umfang beträgt 136,7 cm.

Rechteck und Quadrat

Jedes Rechteck wird durch die Diagonale in zwei gleich große rechtwinkelige Dreiecke zerlegt.

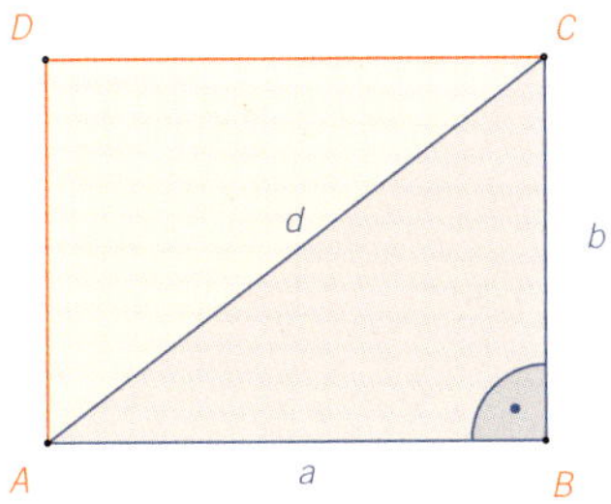

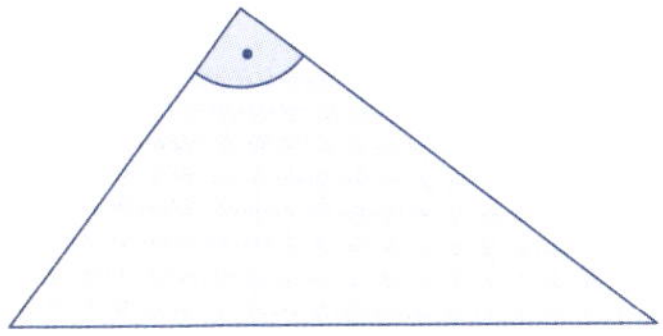

Ein Rechteck ist ein Viereck mit 4 rechten Winkeln.

Flächeninhalt des Rechtecks: $A = a \cdot b$

Umfang des Rechtecks: $u = 2 \cdot a + 2 \cdot b = 2 \cdot (a + b)$

Diagonale des Rechtecks $d = \sqrt{a^2 + b^2}$

Ein Quadrat ist ein Rechteck mit vier gleich langen Seiten.

Flächeninhalt des Quadrats:
$A = a \cdot a = a^2$

Umfang des Quadrats:
$u = 4 \cdot a$

Diagonale des Quadrats:
$d = \sqrt{a^2 + a^2} = \sqrt{2 \cdot a^2} =$

$\sqrt{2} \cdot \sqrt{a^2} = a \cdot \sqrt{2}$

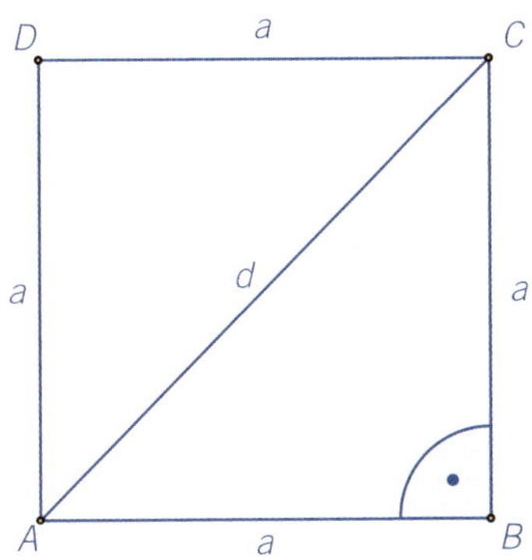

Der Flächeninhalt eines rechtwinkligen Dreiecks entspricht dem eines halben Rechtecks mit den Seitenlängen *a* und *b*.

Flächeninhalt eines rechtwinkligen Dreiecks:

$A = \frac{a \cdot b}{2}$ oder $A = \frac{1}{2} \cdot a \cdot b$

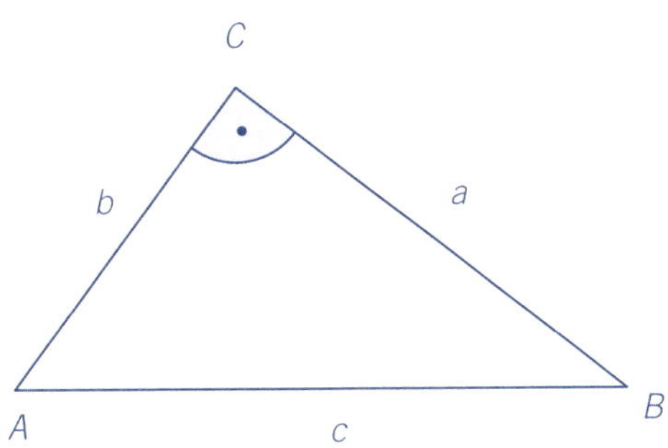

Eine quadratische Holzplatte hat einen Flächeninhalt von 2,4 m^2.
Wie lang sind eine Seite und die Diagonale der Holzplatte?

$A = a^2$
$2{,}4 = a^2$
$a = \sqrt{2{,}4} = 1{,}549\ldots$
$d = a \cdot \sqrt{2} = 1{,}549\ldots \cdot \sqrt{2} = 2{,}190\ldots$

Die Seitenlänge ist ca. 1,55 m und die Diagonale ist ca. 2,19 m.

E28 Eine rechteckige Weidefläche ist 45 m lang und 25 m breit. Sie wird längs einer Diagonalen in zwei Teile für Mutterschafe und andere Schafe geteilt. Wie viel Meter Zaun braucht man für die gesamte Weidefläche?

E29
a) Ein Quadrat hat die Seitenlänge $a = 4{,}15$ m. Berechne den Flächeninhalt und den Umfang.
b) Ein quadratisches Zimmer mit der Seitenlänge $a = 4{,}15$ m soll mit Parkett ausgestattet werden.
   1) Wie viel m^2 Parkett werden für das Zimmer benötigt?
   2) Für die Sesselleisten stehen Holzleisten zu je 2,8 m Länge zur Verfügung. Wie viel m Sesselleisten werden benötigt, wenn die Tür 1,05 m breit ist und wie viel Stangen muss man kaufen?
c) Vergleiche die Beispiele a) und b). Worin unterscheiden sie sich?

E30 Ein rechteckiges Grundstück von 81 m Länge und 36 m Breite soll gegen ein gleich großes quadratisches Grundstück umgetauscht werden. Wie lang muss die Seite des quadratischen Grundstücks sein?

E31 Die rechteckige Bodenfläche einer Milchkammer soll mit quadratischen Klinkerplatten ausgelegt werden. Die Länge der Milchkammer ist 4,20 m, die Breite 3,10 m. Die Seitenlänge der Klinkerplatten wird im Handel mit 15 cm × 15 cm angegeben. Dabei ist die Fugenbreite schon berücksichtigt.
Wie viele Klinkerplatten muss man mindestens bestellen, wenn kein Bruch oder Verschnitt gerechnet wird?

E32 Aus einem Rundstamm mit dem kleinsten Durchmesser $d = 26$ cm soll ein scharfkantiger Balken mit quadratischem Querschnitt geschnitten werden.
Wie lang kann die Seite a des Balkens höchstens sein?

Maßstabrechnen

Auf einem Plan erscheinen alle Strecken kürzer, als sie in Wirklichkeit sind. Sie werden in einem bestimmten Verhältnis verkleinert, z. B.: Am Plan sind alle Strecken ein Hundertstel der Wirklichkeit. Man sagt, der Plan hat einen Maßstab 1 : 100.

1 : 100 heißt:
1 cm am Plan entspricht (⇔) 100 cm in Wirklichkeit, oder umgekehrt:
1 m (= 100 cm) in Wirklichkeit erscheint am Plan 1 cm lang.

Pläne für die Errichtung eines Gebäudes zum Einreichen bei der Baubehörde sind meist im Maßstab 1 : 100. Lagepläne, die das Bauobjekt am Grundstück zeigen, sind meist im Maßstab 1 : 250.
Die sogenannten Katasterpläne, auf denen die Lage mehrerer Grundstücke ersichtlich ist, liegen heute in digitaler Form vor und sind meist im Maßstab 1 : 1 000 (früher 1 : 2 880).

Auf einem Plan im Maßstab 1 : 100 misst die Länge eines Wohnhauses 14 cm.
Wie lang ist das Wohnhaus in Wirklichkeit?

1 cm am Plan ⇔ 100 cm in Wirklichkeit
14 cm am Plan ⇔ $100 \cdot 14 = 1\,400$ cm = 14 m

Die wirkliche Länge des Wohnhauses misst 14 m.

Eine Strecke misst in Wirklichkeit 50 m.
Wie lang ist sie auf einem Plan im Maßstab 1 : 250?

50 m = 5 000 cm
1 : 250
1 cm am Plan ⇔ 250 cm in Wirklichkeit
x cm am Plan ⇔ 5 000 cm in Wirklichkeit

Messen, wie oft 250 in 5 000 enthalten ist: dividieren!
$5\,000 : 250 = 20$
oder rechnen als direktes Verhältnis: $1 : 250 = x : 5\,000$
$\Rightarrow 250 \cdot x = 5\,000 \Rightarrow x = 5\,000 : 250 = 20$

Eine Strecke von 50 m erscheint auf einem Plan im Maßstab 1 : 250 in einer Länge von 20 cm.

Ergänze: **E33**

Maßstab	**Streckenlänge am Plan**	**Streckenlänge in Wirklichkeit**
1 : 10	10 cm	
1 : 20	5 cm	
1 : 100		25 m
1 : 500		1 m
1 : 1 000	0,5 cm	
1 : 2 500		500 m

E34 Die Flächen eines ganzen Anwesens (Gebäudegrundfläche, Hof und Garten) sind zu berechnen. Die für die Berechnung erforderlichen Maße sind aus dem Plan durch Abmessen zu entnehmen.

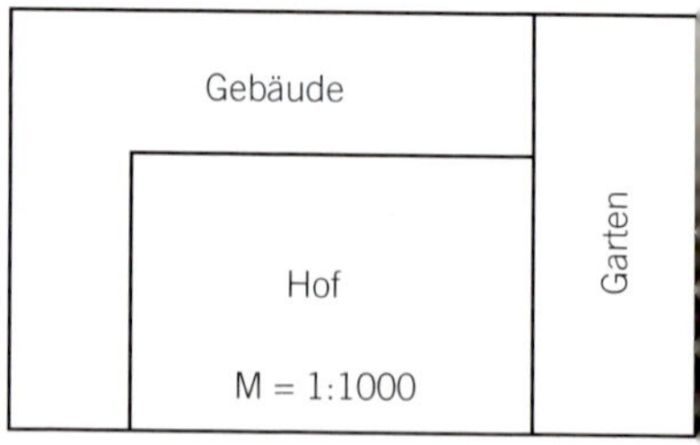

E35 Ein rechteckiger Acker ist 32 m lang und 16 m breit.

a) Gib eine Verhältnisgleichung für die Seitenlängen an.
b) Berechne die Längen dieser Seiten in einem Plan mit Maßstab 1 : 200.
c) Welcher Maßstab wurde gewählt, wenn der Acker im Plan 3,2 cm breit ist?

E36 Welches der beiden rechteckigen Grundstücke ist in Wirklichkeit größer?

Grundstücke	Maßstab	Länge	Breite
A	1 : 500	12 cm	8 cm
B	1 : 250	24 cm	16 cm

E37 Eine rechteckige Weide ist 324 m lang und 218 m breit.

a) Welche Fläche steht den Tieren zur Verfügung?
b) Es soll von der Quelle in einer Ecke zur schräg gegenüberliegenden Ecke ein Rohr zum Wassertrog gelegt werden. Wie lang ist das Rohr?
c) Wie lang erscheinen die Seitenlängen der Weide auf einem Katasterplan im Maßstab 1 : 1 000?

E38 Berechne Umfang und Fläche des Grundstücks zuerst mithilfe der Variablen und dann mit den Werten $a = 24$ m, $b = 38$ m, $c = 6$ m, $d = 12$ m, $e = 18$ m. Wie lang ist die Strecke $\overline{AB}$ in Wirklichkeit?

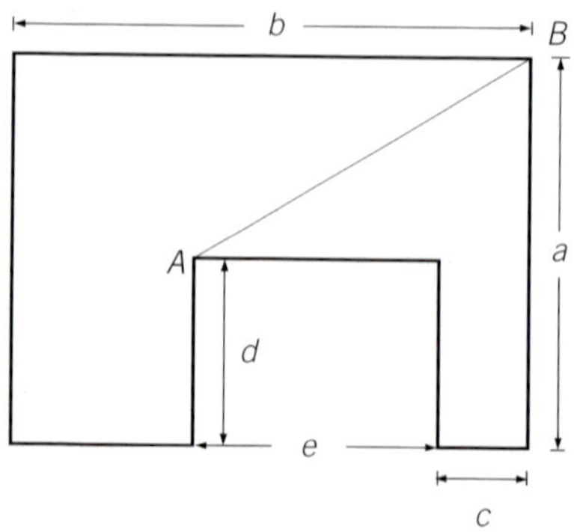

E39 Zeichne das Grundstück von Beispiel E38 im Maßstab 1 : 250. Miss die Länge der Strecke $\overline{AB}$ im Plan und berechne daraus die wirkliche Länge.

Dreieck

Für den Flächeninhalt eines beliebigen Dreiecks gilt:

$A = \frac{1}{2} \cdot c \cdot h_c = \frac{1}{2} \cdot b \cdot h_b = \frac{1}{2} \cdot a \cdot h_a$

Durch Umformung ergibt sich für die Höhe bzw. Seite:

$h_c = \frac{2 \cdot A}{c} \qquad c = \frac{2 \cdot A}{h_c}$

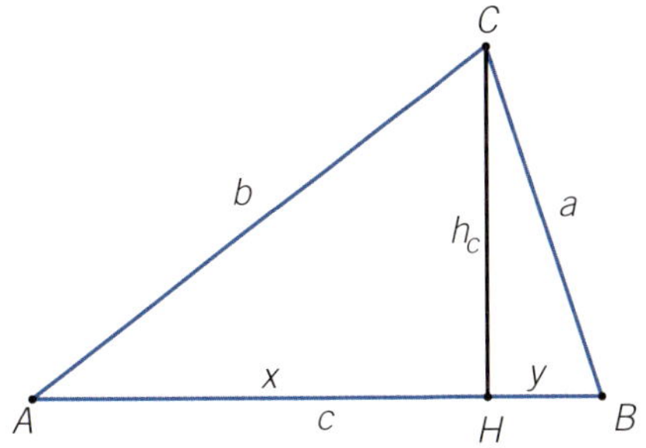

Dein jüngerer Bruder sagt zu dir: „Kannst du mir erklären, wieso man mit der Formel $A = \frac{1}{2} \cdot c \cdot h_c$ den Flächeninhalt eines Dreiecks berechnen kann?" Bereitet eine Erklärung vor und präsentiert sie der Klasse. **E40**

Eine vom Garten abgetrennte Fläche hat die Form eines Dreiecks.
Eine Seite misst 26 m und die dazugehörige Höhe 8 m.
Wie groß ist ihr Flächeninhalt?

$A = \frac{c \cdot h_c}{2} = \frac{26 \cdot 8}{2} = 26 \cdot 4 = 104$

Der Flächeninhalt beträgt 104 m^2.

Ein dreieckiges Grundstück mit der Seitenlänge $c = 49{,}5$ m und der dazugehörigen Höhe $h = 29{,}8$ m soll verkauft werden. Berechne den Verkaufspreis, wenn 1 m^2 € 34,– kostet. **E41**

Für Nusskipferln werden Teigstücke in Form von **gleichschenkligen Dreiecken** ($a = b$) hergestellt. Die kürzere Seite c ist 10 cm und die dazugehörige Dreieckshöhe ist 12 cm. **E42**

a) Welcher Flächeninhalt kann maximal mit Nussfülle bestrichen werden?
b) Es werden nur 60 % der Fläche mit Nussfülle in einer Höhe von ca. 1 cm bestrichen. Wie viele Nusskipferln kann man mit 1 l Nussfülle herstellen?

Ein 560 m^2 großes, dreieckiges Grundstück wird an einer Seite (mit der Länge von 28 m) von einer geradlinig verlaufenden Straße begrenzt. An dem der Straße gegenüberliegenden Eckpunkt steht ein Transformator. Wie weit ist er von der Straße entfernt? Mache eine Skizze! **E43**

E44 Berechne den Flächeninhalt des viereckigen Grundstücks!

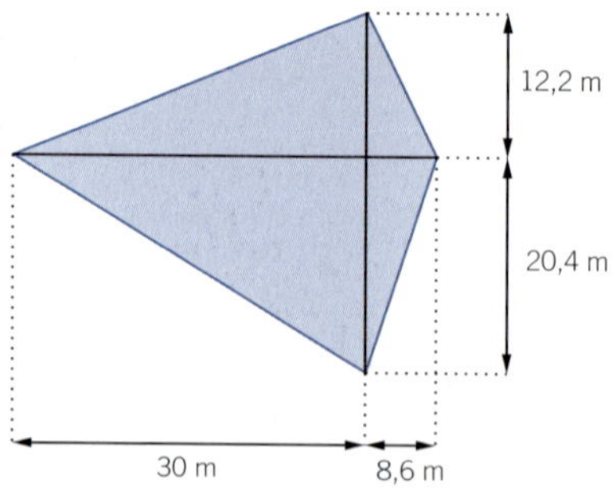

Vielecke (vergleiche Aufgabe E44) können in Teildreiecke zerlegt werden.

E45 Ein gleichschenkliges Satteldach eines Stalls soll neu eingedeckt werden.
Der Stall ist 30 m lang und 12,5 m breit. Der Giebel des Stalls (von der letzten Decke bis zum First) ist 5,2 m hoch. Der Überstand der Sparren beträgt 50 cm, der Dachvorsprung 80 cm auf beiden Seiten. Die Skizze zeigt eine Dachfläche auf diesem Stall.

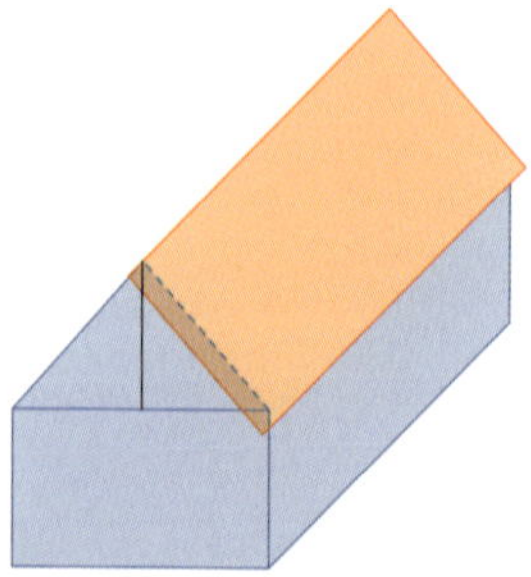

a) Wie groß ist die gesamte Dachfläche?
b) Für wie viel m^2 muss man Dachziegel bestellen, wenn mit 10 % Verschnitt gerechnet wird?

Gleichseitiges Dreieck

Alle Seiten sind gleich lang und alle Winkel gleich groß (60°).

Mithilfe des pythagoreischen Lehrsatzes kannst du die Höhe berechnen, wenn du die Seitenlänge a kennst. Allgemein gilt:

Höhe $h = \frac{a}{2} \cdot \sqrt{3}$ Flächeninhalt $A = \frac{a^2}{4} \cdot \sqrt{3}$

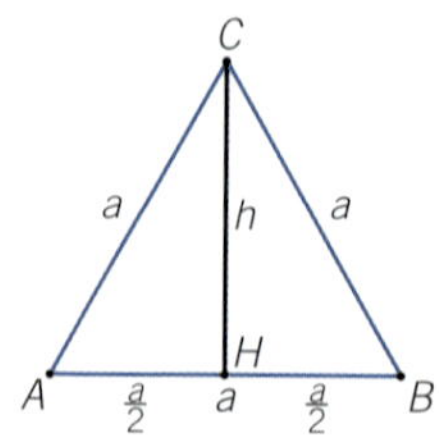

E46 Berechne den Umfang, die Höhe und den Flächeninhalt eines gleichseitigen Dreiecks mit der Seitenlänge von 15 m.

Ein regelmäßiges Sechseck besteht aus sechs gleichseitigen Dreiecken.

E47 Ein sechseckiger Sandkasten soll mit einer Leiste umgeben werden. Die Länge des Grunddreiecks $a = 1{,}50$ m.
a) Wie viel Meter ergeben sich für die Leiste?
b) Wie groß ist die mit Sand befüllte Fläche?

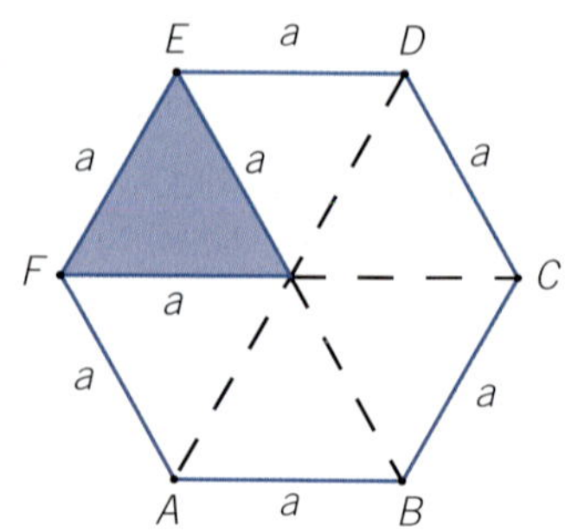

Weitere Vierecke

Parallelogramm

Ein Parallelogramm ist ein Viereck mit je zwei zueinander parallelen Seiten. Sind alle vier Seiten gleich lang, nennt man das Parallelogramm Rhombus oder Raute. Rechteck und Quadrat sind Parallelogramme mit vier rechten Winkeln.

Allgemeines Parallelogramm

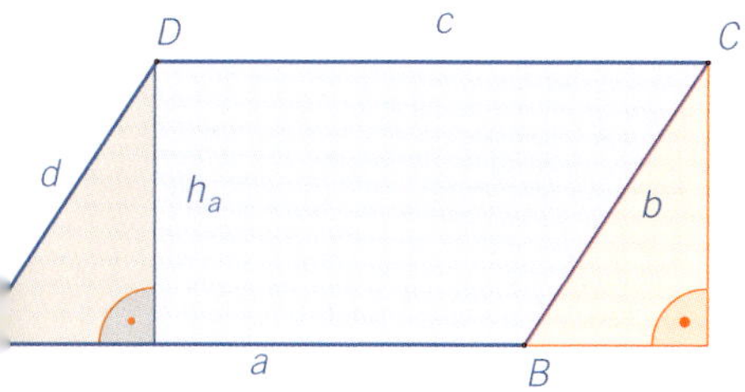

Parallelogramm mit 4 gleich langen Seiten, die Raute (Rhombus)

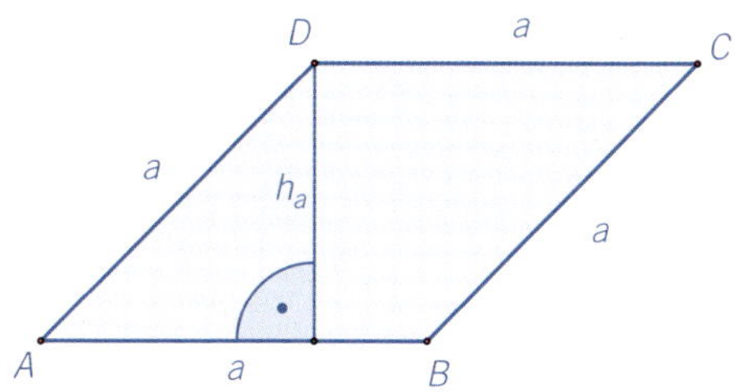

Das Parallelogramm *ABCD* ist flächengleich einem Rechteck mit den Seiten *a* und h_a bzw. einem Rechteck mit den Seiten *b* und h_b. Deshalb gilt:

Flächeninhalt des Parallelogramms: $A = a \cdot h_a = b \cdot h_b$

Eine Waldfläche hat die Form eines Parallelogramms. Die eine Seite misst 52 m, die andere 11 m. Der Abstand der beiden längeren Seiten beträgt 10 m.
Wie groß sind Flächeninhalt und Umfang des Waldstücks?

$A = a \cdot h_a$	$U = 2\ (a + b)$
$A = 52 \cdot 10$	$= 2\ (52 + 11\ )$
$A = 520\ m^2$	$= 2 \cdot 63$
$A = 5\ a\ 20\ m^2$	$U = 126\ m$

Berechne den Flächeninhalt folgender Parallelogramme: **E48**

a) $a = 63{,}9$ m; $h_a = 46{,}5$ m
b) $a = 317{,}68$ cm; $h_a = 106{,}9$ cm

Ein Blumenbeet hat die Form einer Raute. Die Seite misst 4,8 m und die Höhe 2,2 m. Berechne Flächeninhalt und Umfang. **E49**

E50 Ein Spielplatz hat die Form einer Raute. Die Seitenlänge $a = 42$ m, die Höhe $h = 23{,}5$ m.

a) Berechne den Flächeninhalt des Spielplatzes!
b) Um den Spielplatz wird mit 14 cm breiten und 1,2 m hohen Brettern ein Zaun errichtet. Auch das Tor wird aus diesen Brettern gefertigt. Für den Zwischenraum der Bretter wird 1 cm veranschlagt. Berechne den Bedarf an Brettern.

Trapez

Das Trapez ist ein Viereck mit einem Paar paralleler Seiten.

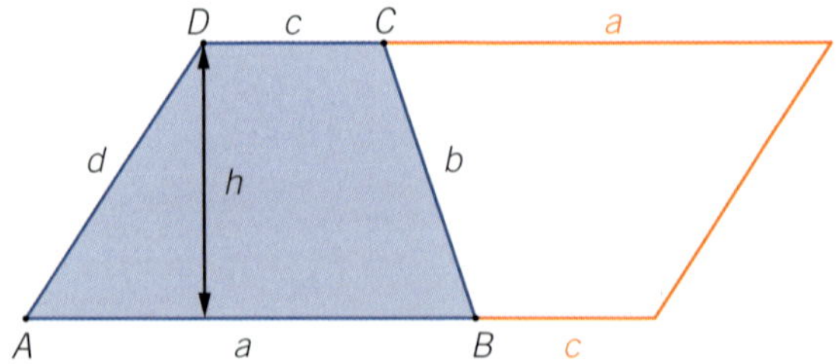

Fügt man an das Trapez so wie in der Abbildung ein gleich großes zweites Trapez, erhält man ein Parallelogramm mit der Seitenlänge $a + c$ und der gleichen Höhe h, die das Trapez hat. Der Flächeninhalt des Parallelogramms beträgt $(a + c) \cdot h$.

Der Flächeninhalt des Trapezes ist halb so groß wie der des Parallelogramms, daher gilt:

Flächeninhalt des Trapezes: $A = \frac{(a + c) \cdot h}{2} = \frac{a + c}{2} \cdot h = (a + c) \cdot \frac{h}{2}$

Achte beim Eintippen in den Taschenrechner, dass du $a + c$ in Klammern setzen musst.

Richtig: $(a + c)/2 \cdot h$ Falsch: $a + c/2 \cdot h$

Ein Trapez, für das gilt $b = d$, heißt gleichschenkliges Trapez.

Ein trapezförmiges Grundstück hat die Seitenlängen $a = 237$ m, $c = 138$ m und die Höhe $h = 124$ m. Berechne den Flächeninhalt.

$$A = \frac{a + c}{2} \cdot h = \frac{237 + 138}{2} \cdot 124$$

Eingabe Taschenrechner:
(273 + 138) : 2 · 124 = 23 250

$A = 23\,250 \text{ m}^2 = 2 \text{ ha } 32 \text{ a } 50 \text{ m}^2$

E51 Die Skizze zeigt die Maße der Giebelwände eines Stalls. Der Stall ist 40 m lang. Ein neuer Außenanstrich ist fällig. Es sollen die Längswände bis zum Dach und die Giebelwände völlig gestrichen werden. Berechne den Inhalt der zu streichenden Fläche in Quadratmeter.

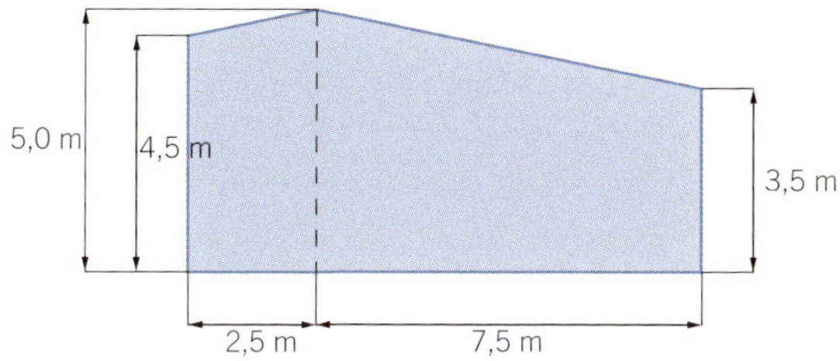

E52 Das Feld in der nebenstehenden Skizze soll mit Weizen bebaut werden.
Berechne den Flächeninhalt des Feldes.
Berechne die Saatmenge für das Feld, wenn pro ha 180 kg Weizen gesät werden.

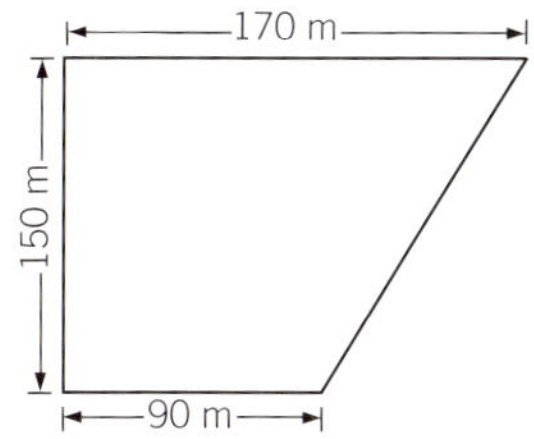

E53 Gegeben ist die Formel $A = \frac{a + c}{2} \cdot h$

a) A, a und c sind bekannt. Stelle eine Formel zur Berechnung von h auf.
b) A, c und h sind bekannt. Stelle eine Formel zur Berechnung von a auf.
c) A, h und a sind bekannt. Stelle eine Formel zur Berechnung von c auf.

E54 Die Parallelseiten eines trapezförmigen Waldstücks mit einem Flächeninhalt von 8,64 ha sind $a = 650$ m und $c = 430$ m. In gleicher Entfernung von den Seiten a und c soll ein Weg gebaut werden.
Wie lang ist der Weg?
Wie weit ist der Weg von jeder der beiden Parallelseiten entfernt?

E55 Eine trapezförmige Terrasse mit $a = 3{,}5$ m, $c = 2{,}5$ m und $h = 4$ m wird mit quadratischen Fliesen ausgelegt, wobei die Seitenlänge einer Fliese $a = 20$ cm (inklusive Fugen) ist. Wie viele Fliesen werden benötigt, wenn man für Verschnitt und Bruch 15 % Mehrverbrauch rechnen muss?

Deltoid oder Drachenviereck

Das Drachenviereck $ABCD$ hat zwei Paar gleich lange Seiten $\overline{AB} = \overline{AD}$ und $\overline{BC} = \overline{CD}$. Die Diagonalen e und f stehen normal aufeinander.

Zur Berechnung des Flächeninhalts kann man in nebenstehender Zeichnung erkennen, dass das Deltoid denselben Flächeninhalt hat wie ein Rechteck mit den Seitenlängen e und $\frac{f}{2}$

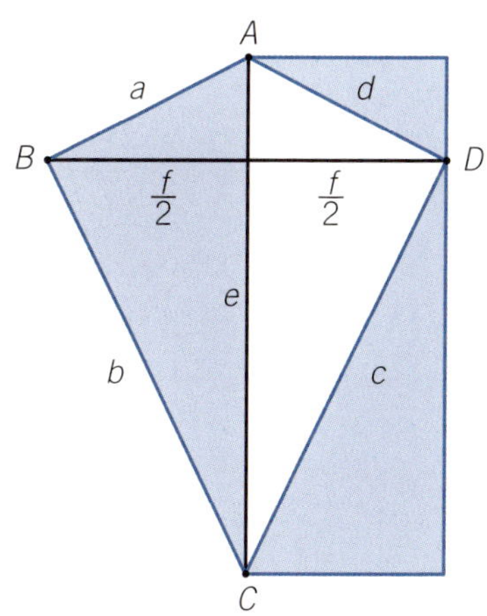

Flächeninhalt eines Deltoids: $A = e \cdot \frac{f}{2} = \frac{e \cdot f}{2}$

E56 Ein Grundstück hat die Form eines Deltoids. Auf einem Grundstücksplan im Maßstab 1 : 250 misst man die Diagonalen mit 8,4 cm und 10,6 cm. Berechne diese Längen in Wirklichkeit und gib den Flächeninhalt des Grundstücks in Wirklichkeit an.

E57 Welcher der folgenden Sätze ist richtig, welcher ist nicht richtig? Begründe deine Meinung.

		Richtig	Nicht richtig
A)	Jedes Parallelogramm ist ein Trapez.		
B)	Ein Quadrat ist eine Raute.		
C)	Ein Rechteck ist kein Parallelogramm.		
D)	Ein Quadrat ist ein Deltoid.		
E)	Ein Rechteck ist ein Trapez.		

Allgemeines Vieleck

Der Flächeninhalt von allgemeinen Vielecken kann berechnet werden, wenn man die Fläche in lauter Teildreiecke zerlegt, von denen man je eine Seite und die dazugehörige Höhe kennen muss.

E58 Berechne den Flächeninhalt der nebenstehenden Figur in Ar (Angaben in m).

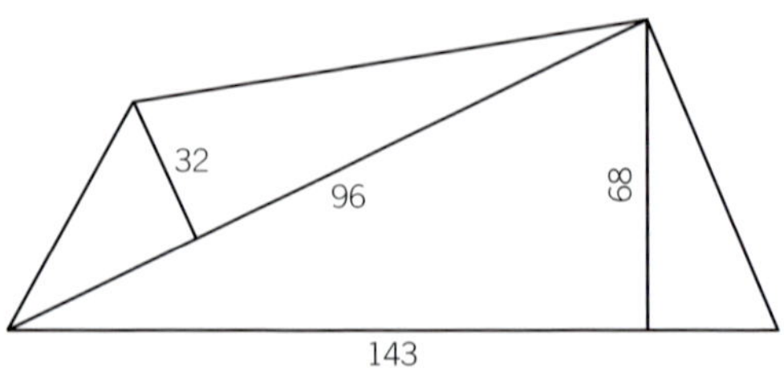

E59 a) Die Fläche von C beträgt 15,87 ha. Berechne h in Meter.
b) Berechne den Gesamtflächeninhalt dieses Feldes in Ar und Hektar.

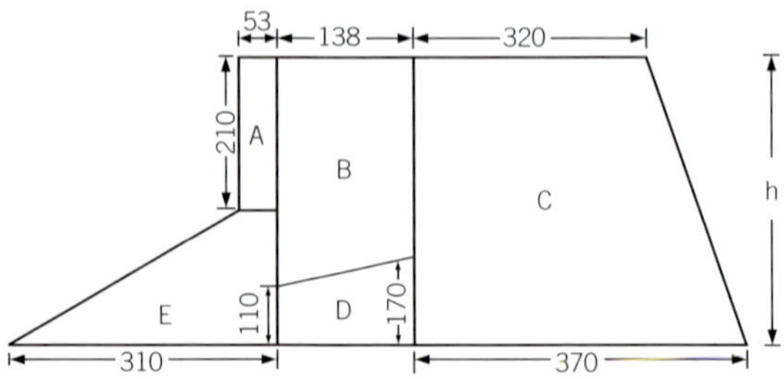

E60 Ein Feld soll verkauft werden. Man benötigt den Flächeninhalt und einen Lageplan des Grundstücks. Dazu werden die Koordinaten der Eckpunkte gemessen (Maße in Meter):

A (0 | 0); B (60 | 0); C (90 | 20); D (60 | 55); E (0 | 60)

a) Zeichne den Lageplan im Maßstab 1 : 1 000.
b) Berechne den (wirklichen) Flächeninhalt des Grundstücks. (Vergiss nicht, Maße und Ergebnisse von Teilflächen aufzuschreiben! Rechne mit den wirklichen Maßen!)

E61 Wählt ein Grundstück aus der untenstehenden Katastralmappe mit dem Maßstab 1 : 1 000 und berechnet seinen Flächeninhalt.

Kreis

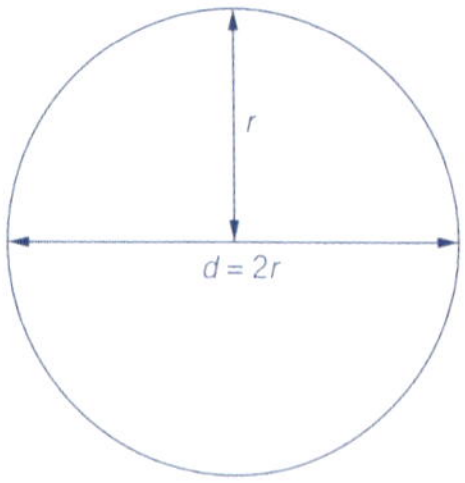

Ein Kreis besteht aus unendlich vielen Punkten, die von einem Punkt (Mittelpunkt) den gleichen Abstand (Radius) haben.

Umfang des Kreises:

$U = 2 \cdot r \cdot \pi = d \cdot \pi$ — r … Radius

$d = 2r$ … Durchmesser

Flächeninhalt des Kreises:

$$A = r^2 \cdot \pi = \frac{d^2 \cdot \pi}{4}$$

Die Zahl π ist eine irrationale Zahl. Sie kann nicht als Bruchzahl dargestellt werden. Sie ist eine Dezimalzahl mit unendlich vielen Kommastellen. Die Zahl π ist seit dem Altertum bekannt. Du hast für π eine eigene Taste am Taschenrechner.

$\pi = 3{,}141592653589$

Für Überschlagsrechnungen verwende für die Zahl π den Näherungswert 3.

Berechne Flächeninhalt und Umfang eines Kreises mit dem Durchmesser von 3,5 m.

$A = \left(\frac{3{,}5}{2}\right)^2 \cdot \pi = 9{,}62113\ldots$ Ü: $3{,}5 \approx 4$; $r \approx 2$ $A = 2^2 \cdot 3 = 12$

$A = 9{,}62\ \text{m}^2$

$U = d \cdot \pi = 4 \cdot 3 = 12$
$U = d \cdot \pi = 3{,}5 \cdot \pi = 10{,}9956\ldots$
$U = 11\ \text{m}$

Berechne Fläche und Umfang eines Kreises mit dem Radius von 1,3 m.

$A = r^2 \cdot \pi = 1{,}3^2 \cdot \pi = 5{,}30929\ldots$ $A = 5{,}31\ \text{m}^2$
$U = 2 \cdot r \cdot \pi = 2 \cdot 1{,}3 \cdot \pi = 9{,}16814\ldots$ $u = 8{,}17\ \text{m}$

Berechne den Durchmesser eines Baumstamms mit einer Querschnittsfläche von 1 m².

$A = r^2 \cdot \pi$
$r^2 = \frac{A}{\pi}$
$r = 0{,}56419\ldots$
$r = 0{,}56\ \text{m} = 56\ \text{cm}$; $d = 2r = 112\ \text{cm}$

Der Durchmesser beträgt ca. 112 cm.

Ein Traktorrad hat einen Außendurchmesser von 1,30 m. Welche Wegstrecke legt das Rad bei einer Umdrehung zurück? **E62**

Ein Kreisregner mit 12 m Wurfweite erbringt in einer bestimmten Zeit 13 560 l Wasser. Berechne die Niederschlagsmenge in mm. (1 l Wasser/m^2 = 1 mm Niederschlag.) **E63**

Kreisring

Unter einem Kreisring versteht man ein von 2 konzentrischen Kreislinien begrenztes Flächenstück. (Konzentrische Kreise haben denselben Mittelpunkt.)

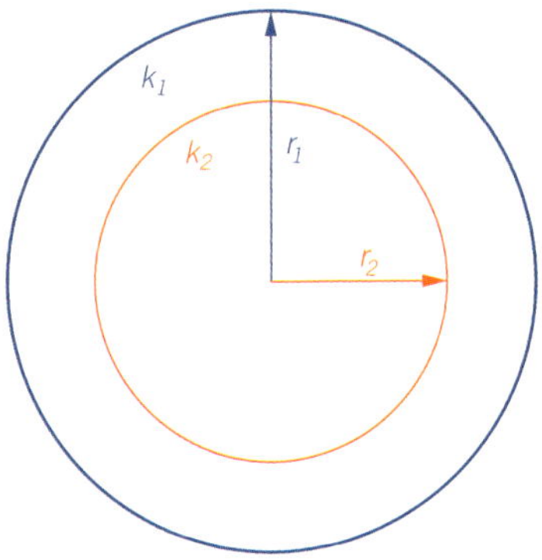

Berechne den Flächeninhalt und den Umfang eines Kreisringes:
$r_1 = 32$ cm, $r_2 = 24$ cm

$U = 2 \cdot \pi \cdot r_1 + 2 \cdot \pi \cdot r_2$	$A = \pi \cdot r_1^2 - \pi \cdot r_2^2$
$U = 2 \cdot \pi \cdot (32 + 24)$	$A = \pi \cdot (32^2 - 24^2)$
$U = 351{,}85837\ldots$	$A = 1\,407{,}43350\ldots$
Der Umfang beträgt 351,8 cm.	Der Flächeninhalt beträgt 1 407,4 cm^2.

Ein kreisförmiges Blumenbeet von 3,50 m Durchmesser soll eine gepflasterte Umrandung von 80 cm Breite erhalten. Wie viel Quadratmeter Pflaster sind dazu erforderlich? **E64**

Der Querschnitt eines Baumstamms kann annähernd als Kreisfläche aufgefasst werden, seine Rindenschicht als Kreisringfläche. Berechne die Dicke der Rindenschicht einer Eiche, deren gesamter Stammquerschnitt 500 mm Durchmesser hat, wenn der Flächeninhalt des Querschnitts der Rindenschicht 18 % des Flächeninhalts des Stammquerschnitts ausmacht. **E65**

Gerades Prisma

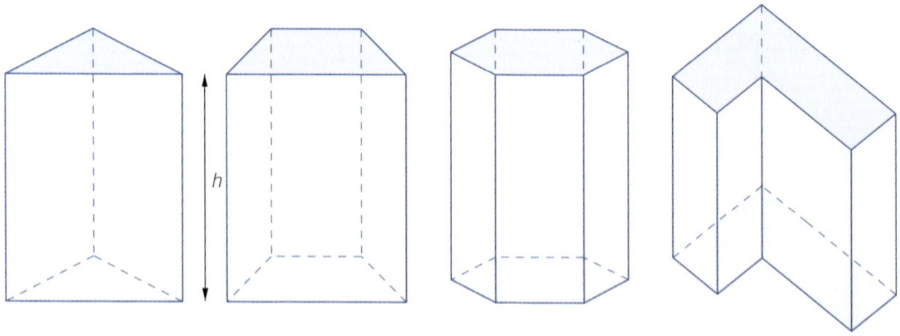

Ein Prisma hat ein beliebiges Vieleck (Dreieck, Viereck ...) als Grundfläche *G* und eine dazu deckungsgleiche (kongruente) Deckfläche. Der Mantel *M* besteht daher aus lauter Rechtecken. Die Körperhöhe *h* gibt die Entfernung von Grund- und Deckfläche an.

Volumen *V* eines Prismas:	$V = G \cdot h$
Oberfläche *O* eines Prismas:	$O = 2 \cdot G + M$

Die Mantelfläche kann man praktisch mithilfe des Umfangs U_G der Grundfläche berechnen: $M = U_G \cdot h$

Würfel und Quader sind besondere Prismen

Die Zeichnungen zeigen Schrägrissdarstellungen von Quader und Würfel. Du schaust dabei von links oben auf die Körper. Unsichtbare Kanten werden mit Strichlinien dargestellt.

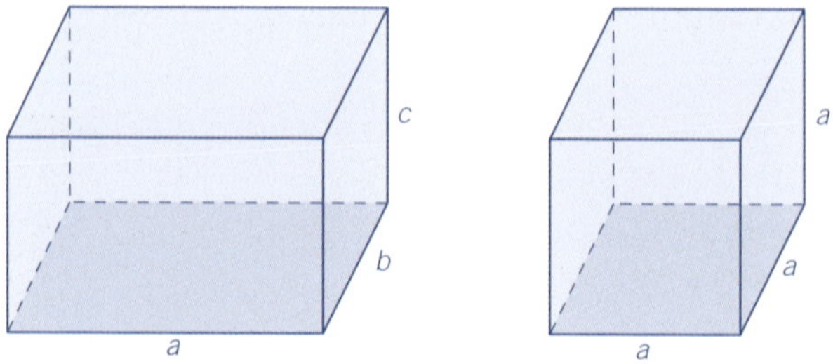

Ein **Quader** mit den Seitenkantenlängen *a, b, c* wird von 6 Rechtecken begrenzt, wobei einander gegenüberliegende Rechtecke gleich groß sind.

Ein **Würfel** mit der Seitenkantenlänge *a* ist ein Quader. Er wird von 6 gleich großen Quadraten begrenzt.

Volumen des Quaders:
$V = a \cdot b \cdot c$

Volumen des Würfels:
$V = a \cdot a \cdot a = a^3$

Oberfläche des Quaders:
$O = 2 \cdot (a \cdot b + a \cdot c + b \cdot c)$

Oberfläche des Würfels:
$O = 6 \cdot a^2$

Ein Brennholzstapel ist 4 m lang, 1,5 m hoch und 1,2 m breit.
Wie viel Raummeter (rm) Holz ist dies?

$V = a \cdot b \cdot c = 4 \cdot 1{,}2 \cdot 1{,}5 = 7{,}2$
$V = 7{,}2\ \text{m}^3 = 7{,}2\ \text{rm}$

E66 Eine Güllegrube in Form eines Quaders ist 12 m lang, 7 m breit und 3,5 m tief.

a) Wie viel m^3 können darin gelagert werden, wenn sie ganz voll ist?
b) Berechne die Füllhöhe bei einem Inhalt von 190 m^3 Gülle.

E67 Ein Fahrsilo hat die Form eines Quaders und ist 14 m lang und 5,20 m breit. Die Höhe des Fahrsilos beträgt 2,40 m.

a) Fertige eine Freihandskizze des Silos im Schrägriss an.
b) Wie viel dt Maissilage kann darin gelagert werden? (1 m^3 Maissilage wiegt 650 kg.)

E68 Eine Milchkammer hat einen Grundriss entsprechend der nebenstehenden Zeichnung.
Die Seitenwände der Milchkammer sollen bis zur Decke verfliest werden. Die Raumhöhe beträgt 2,50 m.
Zu berücksichtigen sind eine Tür mit dem Ausmaß 100 cm × 200 cm und ein Fenster mit dem Ausmaß 100 cm × 80 cm.
Wie viel Stück Fliesen sind nötig, wenn eine Fliese 14 cm lang und 6 cm breit ist und die Fugen unberücksichtigt bleiben?

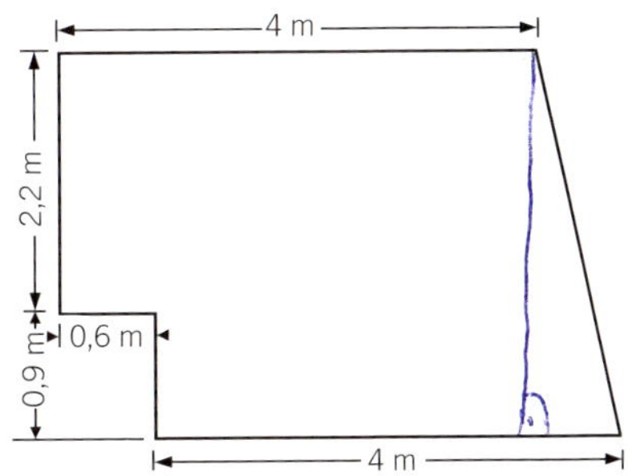

E69 Bei einem würfelförmigen Wasserbecken mit der Seitenlänge $a = 1{,}85$ m sollen Boden und Seitenwände gestrichen werden.

a) Fertige eine Freihandskizze des Wasserbeckens im Schrägriss an.
b) Wie viele m^2 sind zu streichen?
c) Wie viel l Wasser kann das Becken fassen, wenn es bis zum Rand gefüllt ist?

E70 Ein Wassergraben hat die Maße lt. Zeichnung. Der Wassergraben ist 190 m lang.
Wie viele m^3 Erde müssen (mindestens) ausgehoben werden?

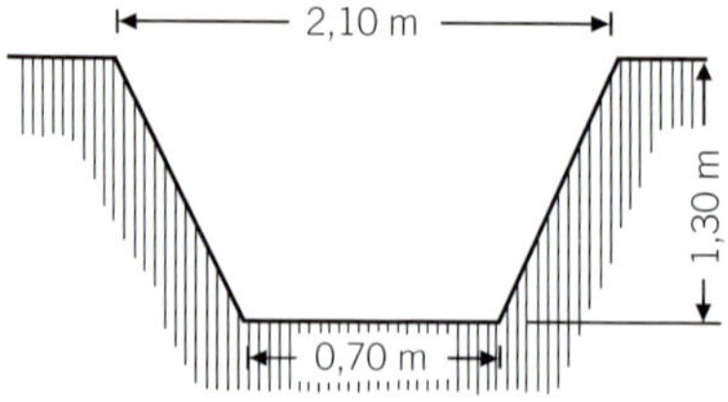

E71 Die Länge des Stalls, dessen Querschnitt hier abgebildet ist, beträgt 32 m.
Wie viele m^3 Stroh kann deckenlastig, also auf der Stalldecke, gelagert werden, wenn der Raum bis zum First gefüllt wird?

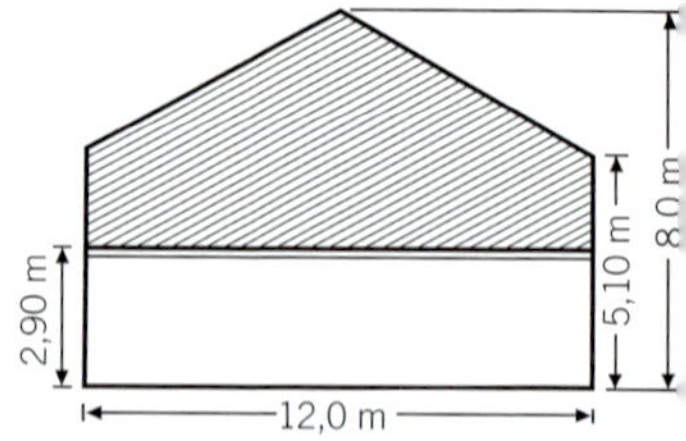

Zylinder

Der Zylinder hat als Grund- und Deckfläche zwei deckungsgleiche Kreise. Die Mantelfläche ist ein Rechteck, deren eine Seite der Kreisumfang und deren andere Seite die Höhe h des Zylinders ist.

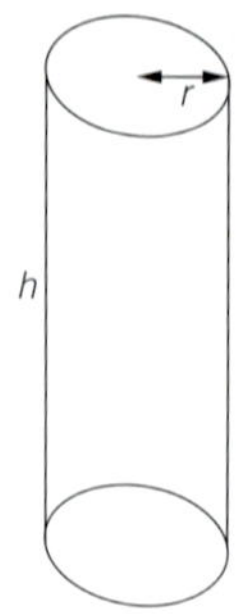

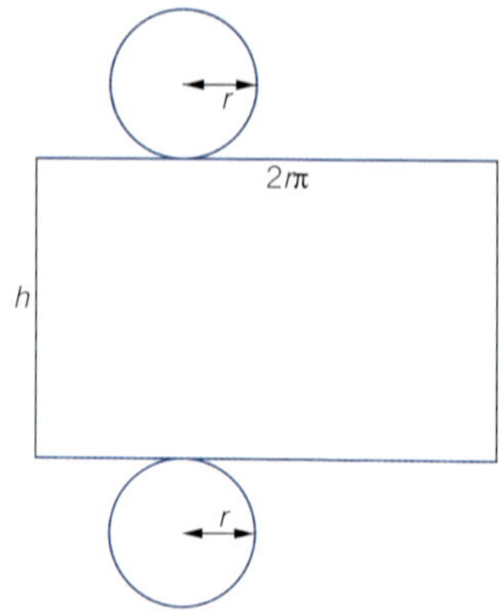

Volumen	$V = G \cdot h$ $V = r^2 \cdot \pi \cdot h$
Mantel	$M = 2 \cdot r \cdot \pi \cdot h$
Oberfläche	$O = 2 \cdot r^2 \cdot \pi + 2 \cdot r \cdot \pi \cdot h$

Ein zylinderförmiges Jauchefass ist 3 m lang; sein Durchmesser beträgt 1,03 m. Wie viele l Jauche kann das Fass aufnehmen? ($1\ m^3 = 1\ 000\ l$)

$r = 1{,}03 : 2 = 0{,}515$

$V = r^2 \cdot \pi \cdot h = 0{,}515^2 \cdot \pi \cdot 3 = 2{,}499\ldots$

$V = 2{,}5\ m^3 = 2\ 500\ l$

E72 25 Rohre von je 35 m Länge sind mit einer Rostschutzfarbe zu streichen. Alle Rohre haben einen Außendurchmesser von 63 mm.

a) Wie groß ist die zu streichende Fläche?
b) Wie viel kg Farbe sind notwendig, wenn man für 10 m^2 Fläche 1 kg Farbe benötigt?

E73 Ein Rundsilo soll mit Grassilage befüllt werden. Der Durchmesser des Silos beträgt 3,70 m, die Höhe 12 m.

a) Wie viele m^3 Silage fasst der Silo, wenn 1,5 m oben frei bleiben?
b) Wie viele GVE können während der Winterfutterzeit (200 Winterfuttertage) mit dieser Grassilage gefüttert werden, wenn der Tagesbedarf pro GVE 22 kg beträgt? (1 m^3 Silage wiegt 750 kg.)

E74 Ein 2 m langer Baumstamm mit einem (mittleren) Durchmesser von 50 cm wird der Länge nach in der Mitte durchgeschnitten und dann ausgehöhlt, um ihn als Tiertränke verwenden zu können. Als Holzdicke bleiben 5 cm stehen.

a) Fertige eine Freihandskizze der Tränke an.
b) Berechne, wie viel Liter Wasser Platz haben, wenn die Tränke ganz voll gefüllt ist.
c) Wie groß ist die Masse der Holztränke, wenn 1 m^3 Holz (roh) 800 kg hat?

E75 Wie viel kg wiegt ein Stahldraht ($\rho = 7\,850$ kg/m^3) mit $r = 2$ mm und $l = 50$ m?

E76 Ein zylindrischer Brunnenschacht hat einen inneren Durchmesser von 1,5 m und eine Tiefe von 6 m.

a) Wie groß ist das Fassungsvermögen?
b) Wie viel hl Wasser enthält der Brunnen tatsächlich, wenn das Wasser 2,2 m hoch steht?
c) Wie viel m^3 Beton enthält die Brunnenfassung, wenn sie 10 cm dick ist?
d) Berechne die Masse der Brunnenfassung ($\rho = 2\,400$ kg/m^3).

E77 Aus einem (rechteckigen) Blatt Papier (21 cm × 39,5 cm) kann auf zwei Arten ein Zylindermantel gedreht werden. Wie groß ist in jedem Fall das Volumen des Zylinders?

Baumstamm

Um das Volumen eines Baumstamms zu ermitteln, misst man die Länge L des Stammes und den Radius r des Stammes in der halben Länge. Man betrachtet also den Baumstamm als Zylinder, wobei für den Radius ein Mittelwert zwischen dem größten und dem kleinsten Radius gewählt wird.

$$V = r^2 \cdot \pi \cdot L$$

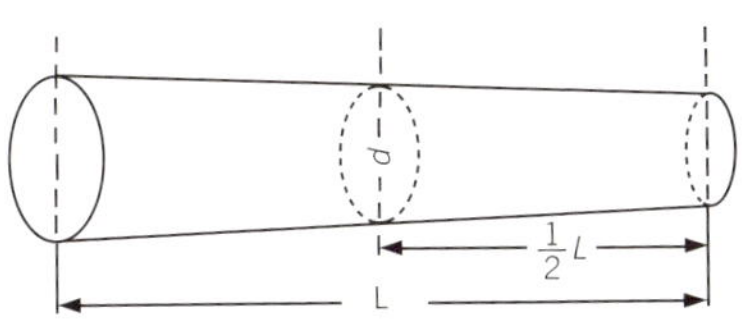

Eine gefällte Tanne hat eine Stammlänge von 12 m und einen Mittendurchmesser von 20 cm. Wie viele Festmeter (fm) hat die Tanne?

$V = r^2 \cdot \pi \cdot L = 10^2 \cdot \pi \cdot 1\,200 = 376\,991{,}11843\ldots$

$V = 376\,991\ \text{cm}^3 \approx 0{,}377\ \text{m}^3 = 0{,}377\ \text{fm}$

E78 Eine gefällte Tanne hat eine Stammlänge von 22 m und einen Mittendurchmesser von 67 cm.
Wie viele Festmeter hat die Tanne?

Regelmäßige quadratische Pyramide

Die Grundfläche ist ein Quadrat, über dessen Mittelpunkt die Spitze S im Abstand h (= Höhe) liegt. Den Mantel bilden vier gleichschenklige Dreiecke. Die Höhe h_a eines Manteldreiecks kann mithilfe des pythagoreischen Lehrsatzes aus der Pyramidenhöhe h und aus der Grundkante a berechnet werden.

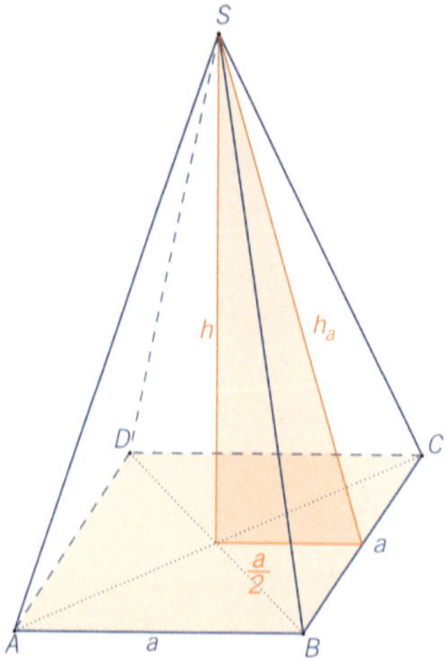

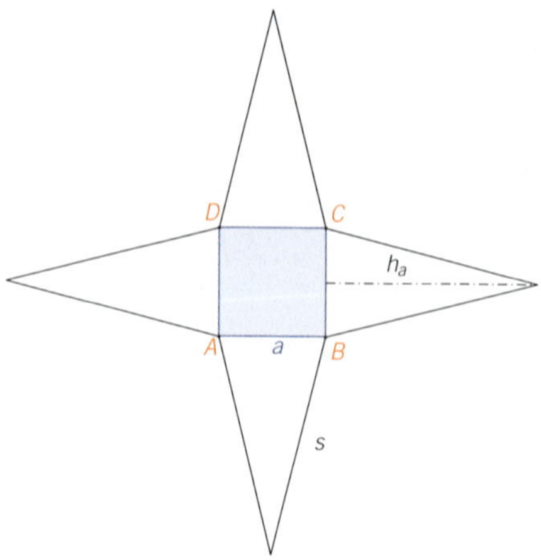

Höhe h_a eines Manteldreiecks:

$$h_a = \sqrt{\left(\frac{a}{2}\right)^2 + h^2}$$

Mantel:

$$M = 2 \cdot a \cdot h_a$$

Oberfläche:

$$O = a^2 + M = a^2 + 2 \cdot a \cdot h_a$$

Volumen:

$$V = \frac{a^2 \cdot h}{3}$$

Bei einer Pyramide mit quadratischer Grundfläche misst die Seite der Grundfläche 1,2 m, die Höhe der Pyramide 1,4 m. Wie groß sind der Inhalt und die Oberfläche?

$V = \frac{a^2 \cdot h}{3} = \frac{1{,}2^2 \cdot 1{,}4}{3} = 0{,}672$

$V = 0{,}672\ \text{m}^3$

$O = a^2 + 2 \cdot a \cdot h_a \qquad h_a = \sqrt{\left(\frac{a}{2}\right)^2 + h^2} = \sqrt{0{,}6^2 + 1{,}4^2} = 1{,}5231...$

$O = 1{,}2^2 + 2 \cdot 1{,}2 \cdot 1{,}5231... = 5{,}0955...$

$O = 5{,}1\ \text{m}^2$

Hinweis: Es ist praktisch, den Wert von h_a im Taschenrechner unter einer Variablen zu speichern. Achtung, Variableninhalte vor einer Rechnung stets löschen!

Berechne das Volumen und die Oberfläche folgender quadratischer Pyramiden: **E79**

a) $a = 38$ cm, $h = 53$ cm
b) $a = 1{,}23$ dm, $h = 4{,}16$ dm

Ein Kirchturmdach hat die Form einer quadratischen Pyramide. Die Dachtraufenlänge $a = 5{,}3$ m und die Dachhöhe $h = 7{,}8$ m. Wie viel m² Dachfläche sind zu decken? **E80**

Drehkegel

Ein Drehkegel entsteht bei Rotation eines rechtwinkeligen Dreiecks um eine Kathete.

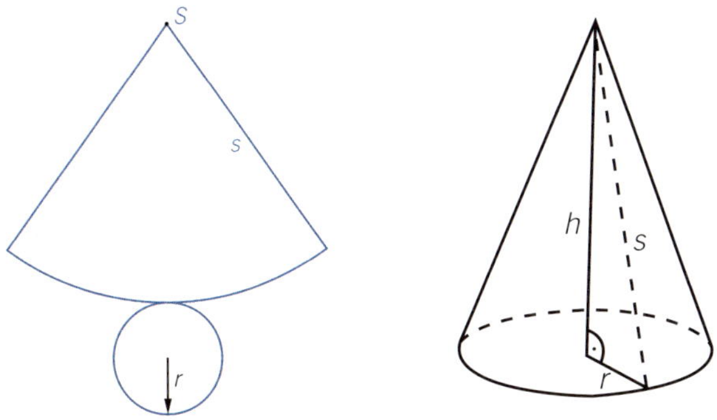

Mantel	Oberfläche	Volumen
$M = r \cdot \pi \cdot s$	$O = r^2 \cdot \pi + r \cdot \pi \cdot s$	$V = \frac{r^2 \cdot \pi \cdot h}{3}$

r ... Radius des Basiskreises

s ... Mantellinie

h ... Kegelhöhe

Berechne das Volumen des Drehkegels:

$r = 21$ dm, $h = 20$ dm

$V = \frac{r^2 \cdot \pi \cdot h}{3} = \frac{21^2 \cdot \pi \cdot 20}{3} = 9\,236{,}2824\ldots$

$V = 9\,236{,}3\ dm^3 = 9\ m^3\ 236\ dm^3\ 300\ cm^3$

E81 Mineraldünger ist in einem kegelförmigen Behälter gelagert. Der Durchmesser des Behälters ist 1,80 m; die Höhe 2,50 m. Wie viel dt Dünger sind darin gelagert, wenn 1 m^3 durchschnittlich 850 kg wiegt?

E82 Trockener Sand hat eine Dichte von 1 300 kg/m^3. Ein annähernd kegelförmiger Sandhaufen hat eine Höhe von ca. 2 m und einen unteren Umfang von ca. 10 m. Wie viel kg Sand sind dort gelagert? Schätzt zuerst!

Rundfass

Der Inhalt eines Holzfasses kann bestimmt werden durch:

- Amtliche Eichung
- Wägen des leeren und des mit Wasser voll gefüllten Fasses
- Geeichte Flüssigkeitszähluhr
- Berechnung mittels Formel
- Schrägmaß (Bindervisier, Kreuzvisier). Vom Spundloch wird nach beiden Kimmen gemessen. Aus den beiden Messungen wird das arithmetische Mittel gebildet und die Literzahl am Messstab abgelesen. Steht nur ein Zentimetermaßstab zur Verfügung, so muss der Inhalt in der Tabelle abgelesen werden.

Berechnung mit Schrägmaß

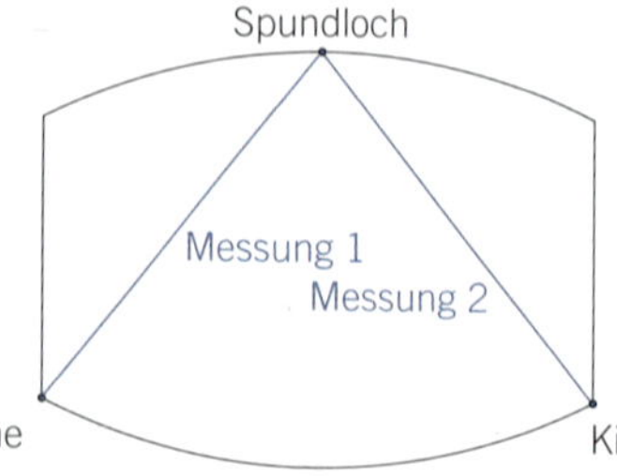

Tabelle zur Bestimmung des Inhalts runder Fässer
(L = Länge des Stabes in cm, I = Inhalt des Fasses in Liter):

L cm	Liter	L cm	Liter
58,2	120	99,5	600
66,6	180	102,6	660
73,3	240	105,8	720
79,0	300	108,6	780
83,9	360	111,3	840
88,4	420	113,9	900
92,4	480	116,4	960
96,1	540	121,8	1 100

Die Messungen zum Inhalt eines Fasses laut obiger Abbildung ergaben: **E83**

a) 79,4 cm und 78,7 cm
b) 105,5 cm und 106,1 cm

Wie viel Liter hat das Fass? Benutze die Tabelle.

Berechnung mit Formel

Der Inhalt eines Fasses kann nur annähernd berechnet werden. Zur Berechnung müssen der Spunddurchmesser, der Bodendurchmesser und die Länge des Fasses bekannt sein.

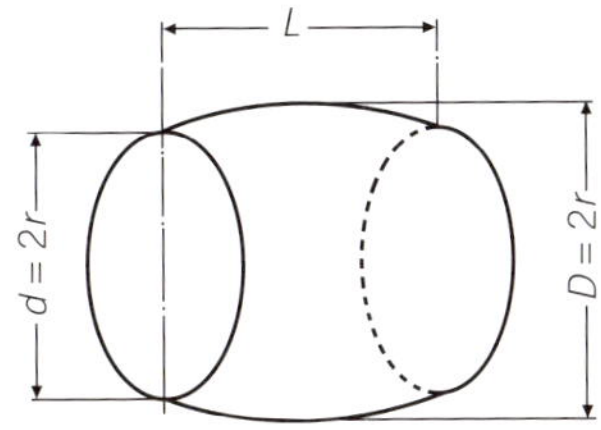

$$V = \left(\frac{2D + d}{3}\right)^2 \cdot L \cdot 0{,}78$$

D = Spunddurchmesser (innen)
d = Bodendurchmesser (innen)
L = Fasslänge (innen)

Ein Fass hat einen Spunddurchmesser von 9 dm, einen Bodendurchmesser von 6 dm und eine Länge von 10 dm. Wie viel Liter (l) fasst das Fass? (1 dm^3 = 1 l)

$$V = \left(\frac{2D + d}{3}\right)^2 \cdot L \cdot 0{,}78 = \left(\frac{2 \cdot 9 + 6}{3}\right)^2 \cdot 10 \cdot 0{,}78 = 499{,}2$$

Das Volumen beträgt 499,2 dm^3 ≈ 500 l

Berechne das Fassvolumen in Liter: **E84**

a) $d = 94$ cm, $D = 119$ cm, $L = 104$ cm
b) $d = 5{,}6$ dm, $D = 9{,}3$ dm, $L = 8{,}2$ dm

Pyramiden- und Kegelstumpf

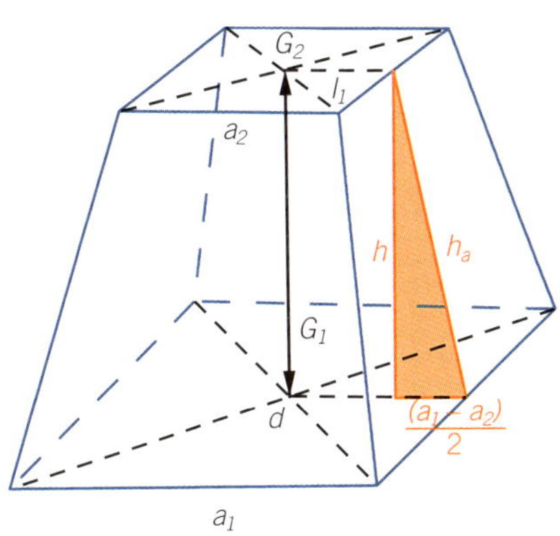

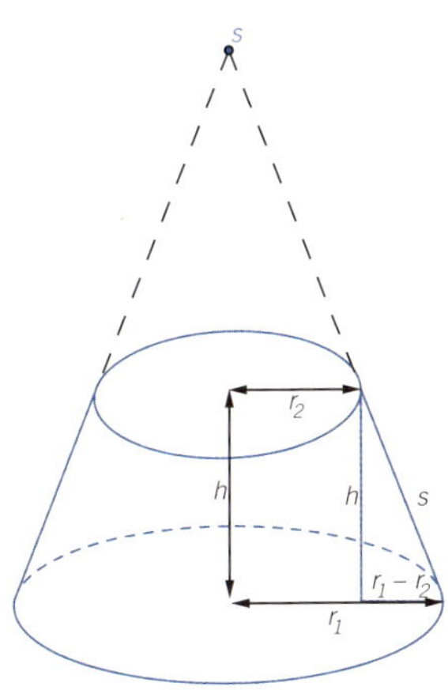

Pyramiden- bzw. Kegelstumpf entstehen, wenn man einer Pyramide oder einem Kegel mit einer Ebene parallel zur Grundfläche die Spitze abschneidet.

Quadratischer Pyramidenstumpf

Stumpf = große Pyramide – kleine Pyramide

Oberfläche

Die Oberfläche besteht aus Grundfläche G_1 (großes Quadrat), Deckfläche G_2 (kleines Quadrat) und dem Mantel M (4 gleich große Trapezflächen).

$$O = G_1 + M + G_2$$

$$M = 2\,(a_1 + a_2)\,h_a \qquad h_a \ldots \text{Trapezhöhe}$$

$$h_a^2 = h^2 + (a_1 - a_2)^2$$

$$O = a_1^2 + a_2^2 + 2\,(a_1 + a_2)\,h_a$$

Volumen

$$V = \frac{h}{3} \cdot (a_1^2 + a_1 a_2 + a_2^2)$$

Kegelstumpf

Stumpf = großer Kegel – kleiner Kegel

Oberfläche

Die Oberfläche besteht aus Grundfläche G_1 (große Kreisfläche), Deckfläche G_2 (kleine Kreisfläche) und dem Mantel M (Teil eines Kreisrings).

$$O = G_1 + M + G_2$$

$$M = (r_1 + r_2) \cdot \pi \cdot s \qquad s \ldots \text{Seitenlinie}$$

$$s^2 = h^2 + (r_1 - r_2)^2$$

$$O = r_1^2\,\pi + r_2^2\,\pi + (r_1 + r_2) \cdot \pi \cdot s$$

Volumen

$$V = \frac{\pi \cdot h}{3}\,(r_1^2 + r_1 r_2 + r_2^2)$$

Für die schnelle Berechnung des Volumens eines Pyramiden- oder Kegelstumpfs eignet sich folgende Näherungsformel:

Der Mittelwert aus Grund- und Deckfläche wird mit der Körperhöhe multipliziert.

$$V_{Näherung} = \frac{G_1 + G_2}{2} \cdot h$$

Berechne das Volumen eines quadratischen Pyramidenstumpfes mit $a_1 = 120$ cm, $a_2 = 90$ cm, $h = 84$ cm, a) genau, b) mit der Näherungsformel.

a) Genaue Berechnung

$$V = \frac{h}{3}(a_1^2 + a_1 a_2 + a_2^2) = (120^2 + 120 \cdot 90 + 90^2) = 932\,400$$

$$V = 932\,400 \text{ cm}^3 = 932 \text{ dm}^3 \; 400 \text{ cm}^3$$

b) Näherungsformel

$$V = \frac{G_1 + G_2}{2} \cdot h = \frac{120^2 + 90^2}{2} \cdot 84 = 945\,000$$

$$V = 945\,000 \text{ cm}^3 = 945 \text{ dm}^3$$

Wie viel Prozent beträgt der Fehler, wenn man, statt genau zu rechnen, mit der Näherungsformel rechnet?

Der wahre Wert ist 932 400 cm^3.

Der Näherungswert ist 945 000 cm^3.

Der Unterschied zwischen diesen Werten ist 945 000 cm^3 – 932 400 cm^3 = 12 600 cm^3.

100 % sind der wahre Wert, also 932 400 cm^3.

Wie viel % sind 12 600 cm^3 von 932 400 cm^3?

$$\frac{12\,600}{932\,400} = 0{,}013514... = 1{,}35\,\%$$

Der Fehler beträgt nur ca. 1 %.

Die Näherungsformel liefert nur dann gute Näherungen, wenn die beiden Radien sich nicht sehr stark unterscheiden.

Die Näherungsformel verwendet einen Mittelwert von Grund- und Deckfläche, welcher mit der Höhe multipliziert wird. Welcher Körper wird durch die Näherungsformel a) beim Pyramidenstumpf und b) beim Kegelstumpf berechnet? **E85**

Die Gosse (= Trichter) einer Schrotmühle hat die Form eines umgekehrten quadratischen Pyramidenstumpfes. Die Seitenlänge der oberen Öffnung beträgt 60 cm, die Seitenlänge der unteren Öffnung 15 cm. Die Höhe misst 50 cm. **E86**

a) Wie viele dm^2 Blech sind nötig, wenn die Gosse erneuert werden muss?
b) Wie viele dm^3 fasst die Gosse? Rechne einmal genau, einmal mit der Näherung und gib den Fehler an.

Ein Bottich hat die umgekehrte Form eines Kegelstumpfes, die inneren (lichten) Durchmesser sind 12 dm und 8 dm, die Höhe ist 7 dm. Wie viel Liter (l) fasst der Bottich? **E87**

Ein Bottich hat die umgekehrte Form eines Kegelstumpfes und die Maße lt. Zeichnung. Berechne die Höhe.

Aus der Zeichnung ist abzulesen: $r_1 = 31$ cm, $r_2 = 23{,}5$ cm

Nach dem pythagoreischen Lehrsatz gilt:

$s^2 = h^2 + (r_1 - r_2)^2$

$h^2 = s^2 - (r_1 - r_2)^2$

$h^2 = 35^2 - (31 - 23{,}5)^2$

$h = 34{,}187\ldots$

Die Höhe beträgt rund 34 cm.

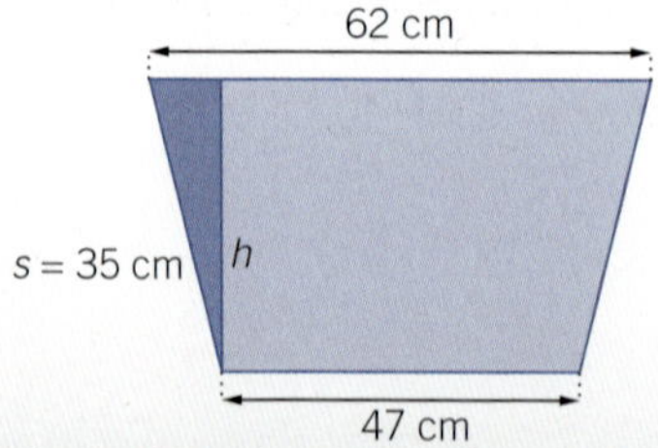

Hinweis: Wird für weitere Berechnungen das Maß der Höhe benötigt, ist mit allen Stellen zu rechnen und erst das Endergebnis zu runden. Vorteilhaft ist es, den Wert im Taschenrechner unter h abzuspeichern!

E88 Ein Bottich hat die umgekehrte Form eines Kegelstumpfes und die Maße lt. obiger Zeichnung.

a) Wie viele Liter fasst der Bottich?
b) Wie viele dm^2 Blech sind für die Anfertigung des Bottichs nötig, wenn mit 13,5 % Verschnitt gerechnet werden muss?

E89 Ein Blumentopf ist ein Kegelstumpf mit einem oberen Durchmesser von 15 cm, einer Höhe von 9 cm und einem unteren Durchmesser von 11 cm. In der Gärtnerei gibt es einen Sack mit 60 l Blumenerde. Wie viele Blumentöpfe kann man füllen, wenn man jeden Topf zu 90 % anfüllt?

Kugel

Eine Kugel ist ein Drehkörper, der entsteht, wenn sich ein Kreis um einen seiner Durchmesser dreht.

Oberfläche: $O = 4 \cdot r^2 \cdot \pi$ Volumen: $V = \frac{4 \cdot r^3 \cdot \pi}{3}$

Berechne die Oberfläche und das Volumen folgender Kugeln:

a) $r = 3{,}8$ cm
b) $d = 12{,}4$ mm

a) $O = 4r^2\pi = 4 \cdot 3{,}8^2 \cdot \pi = 181{,}45839\ldots$
$O = 181\ cm^2$

$V = \frac{4r^3\pi}{3} = \frac{4 \cdot 3{,}8^3 \cdot \pi}{3} = 229{,}84729\ldots$

$V = 230\ cm^3$

b) $r = 6{,}2$ mm

$O = 4r^2\pi = 4 \cdot 6{,}2^2 \cdot \pi = 483{,}05128\ldots$

$O = 483$ mm²

$V = \frac{4r^3\pi}{3} = \frac{4 \cdot 6{,}2^3 \cdot \pi}{3} = 998{,}30599\ldots$

$V = 998$ mm³

E90 Berechne die Oberfläche und das Volumen folgender Kugeln:

a) $r = 3{,}1$ cm   b) $d = 2{,}4$ m

E91 Das Bild rechts oben zeigt einen Wasserbehälter (Wasserturm) in Gröditz (Deutschland). Berechne das Volumen der Kugel, wenn der Radius 1,1 m beträgt.

E92 Schätzt die Maße des Wasserturms (vgl. Aufgabe E91) und berechnet sein Fassungsvermögen.

E93 Berechne die Gasmasse in einem kugelförmigen Gasbehälter, der mit Propangas gefüllt ist, wenn die Dichte von Propangas 2,019 kg/m³ beträgt und der Kugelbehälter einen Durchmesser von 2,4 m hat.

Zusammenfassung:

- Zur Angabe von Längen verwendet man die Einheit 1 m.
- Zur Angabe von Flächeninhalten verwendet man die Einheit 1 m².
- Zur Angabe von Rauminhalten verwendet man die Einheit 1 m³ oder 1 Liter = 1 dm³.
- Zur Angabe von Massen verwendet man die Einheit 1 kg.
- Zur Angabe von Dichten verwendet man die Einheit 1 kg/m³.

- Besondere Dreiecke sind gleichschenklig, gleichseitig oder rechtwinklig.
- In jedem rechtwinkligen Dreieck ist der Flächeninhalt des Quadrats über der längsten Seite (Hypotenuse) gleich groß wie die Summe der Flächeninhalte der Quadrate über den kürzeren Seiten (Katheten) (pythagoräischer Lehrsatz).

Einteilung der Vierecke

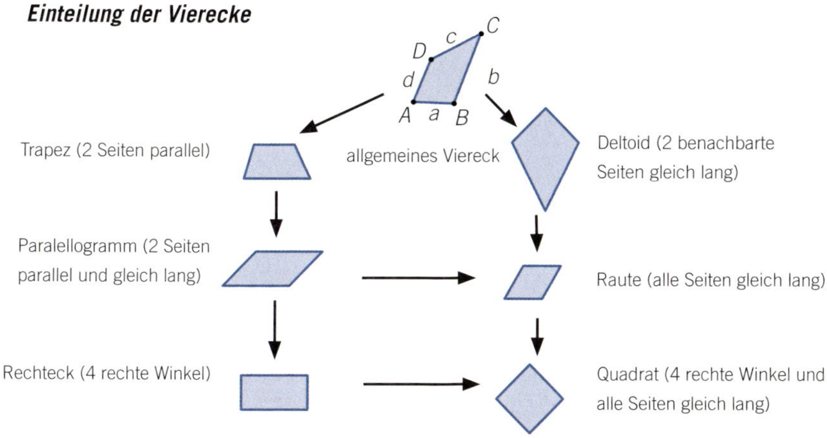

- Für einen Kreis gilt: Kreisfläche $A = r^2\pi$ und der Umfang $U = 2r\pi$.
- Prismen haben als Grund- und Deckfläche kongruente Vielecke.
- Zylinder haben als Grund- und Deckfläche kongruente Kreise.
- Der Mantel eines Prismas (Zylinders) ist eine Rechtecksfläche, deren eine Seite der Umfang der Grundfläche und deren andere Seite die Körperhöhe ist.
- Das Volumen von Prisma (Zylinder) $V = G \cdot h$.
- Das Volumen einer Pyramide (eines Kegels) $V = \frac{G \cdot h}{3}$.
- Für eine Kugel gilt: Kugelvolumen $V = \frac{4 \cdot r^3 \cdot \pi}{3}$ und Kugeloberfläche $O = 4 \cdot r^2 \cdot \pi$
- Ein Baumstamm wird in Näherung als Zylinder betrachtet.
- Volumen und Oberfläche von Pyramiden- und Kegelstumpf sowie ein Fassinhalt können mit Formeln berechnet werden.

Kapitel F: Statistik

F

Mithilfe der Statistik werden Daten zusammengefasst und übersichtlich grafisch dargestellt. Man spricht von beschreibender Statistik (z. B. Rinderbestand in den einzelnen Bundesländern, Schularbeitsnoten einer Klasse usw.). Bestimmte Kennzahlen ermöglichen eine bessere Erfassung von Daten, z. B. durchschnittliche Milchleistung einer Kuh oder den minimalen und maximalen Ertrag, den ein Acker liefert.
Statistische Daten einer kleinen Stichprobe (z. B. man befragt nur ein paar Leute, Telefonumfragen) können dazu verwendet werden, eine Vermutung bzw. Prognose zu erstellen. Diese Berechnungen führen zur Wahrscheinlichkeitsrechnung (Stochastik). Wahl- und Wirtschaftsprognosen, Marktforschung usw. fallen unter dieses weite, nicht immer einfache Gebiet der Mathematik. Eine moderne Welt wäre ohne Statistik nicht möglich!

Darstellen und Ablesen von Daten

Die Eier in einer Packung mit der Aufschrift „Mittelklasse" werden gewogen. Folgende Werte (in Gramm) ergeben sich:

53 60 57 60 54 55 58 59 59 60

Man spricht von einer Liste von (ungeordneten) Daten.
Deutlich übersichtlicher sind andere Darstellungen:

Geordnete Liste

Man ordnet die Werte der Größe nach und beginnt links mit dem kleinsten Wert.

53 54 55 57 58 59 59 60 60 60

Der kleinste Wert **(Minimum)** beträgt 53 g, der höchste 60 g **(Maximum)**.

Häufigkeitsverteilungstafel

In der Liste stehen zwar 10 Werte, aber es gibt nur 7 verschiedene Massen.
So gibt es 2 Eier mit 59 g.
Man sagt: Die Masse von 59 g kommt mit der (absoluten) Häufigkeit H von 2 vor.
Ob das viel oder wenig ist, kann man nicht beurteilen.

2 von 10 ist aber sicher weniger als z. B. 2 von 3, und 2 von 10 ist sicher mehr als z. B. 2 von 100.

Statt 2 von 10 Eiern haben 59 g kann man auch sagen, dass 2 Zehntel der Eier 59 g haben.

Diese Zahl $\frac{2}{10}$ nennt man relative Häufigkeit.

Allgemein: Hat man *n* verschiedene Daten und kommt ein Wert mit der absoluten Häufigkeit *H* vor, so errechnet man die

$$\text{Relative Häufigkeit } h = \frac{\text{Absolute Häufigkeit } H}{\text{Anzahl der Daten } n} \qquad h = \frac{H}{n}$$

Die **relative Häufigkeit** kann als **Bruch** oder als **Dezimalzahl** oder **in Prozent** angegeben werden. Letztere Darstellung heißt dann prozentuelle Häufigkeit.

	1	2	3	4	5	6	7
Wert (in g)	53	54	55	57	58	59	60
Absolute Häufigkeit *H*	1	1	1	1	1	2	3
Relative Häufigkeit *h*	$\frac{1}{10} = 0{,}1$	$\frac{1}{10} = 0{,}1$	$\frac{1}{10} = 0{,}1$	$\frac{1}{10} = 0{,}1$	$\frac{1}{10} = 0{,}1$	$\frac{2}{10} = 0{,}2$	$\frac{3}{10} = 0{,}3$
Prozentuelle Häufigkeit	10 %	10 %	10 %	10 %	10 %	20 %	30 %

F1 Berechne aus der Tabelle die Summe der relativen Häufigkeiten und der prozentuellen Häufigkeiten.
Kannst du eine allgemein gültige Aussage treffen? Begründe diese!

Grafische Darstellungen

Liniendiagramm

Die Milchleistung einer Kuh wurde 10 Monate lang aufgeschrieben.
Es soll die **Laktationskurve** einer Kuh grafisch dargestellt werden.

1. Monat	18 kg Milch	6. Monat	20 kg Milch
2. Monat	22 kg Milch	7. Monat	19 kg Milch
3. Monat	21 kg Milch	8. Monat	15 kg Milch
4. Monat	25 kg Milch	9. Monat	12 kg Milch
5. Monat	23 kg Milch	10. Monat	10 kg Milch

Man teilt auf einer waagrechten Geraden die Monate ein (z. B. 1 Monat = 1 cm) und trägt auf einer dazu senkrechten Geraden die Milchmenge der monatlichen Milchleistungskontrolle ein (z. B. 5 g Milch = 1 cm).

Die Milchleistungskontrolle brachte folgendes Ergebnis:

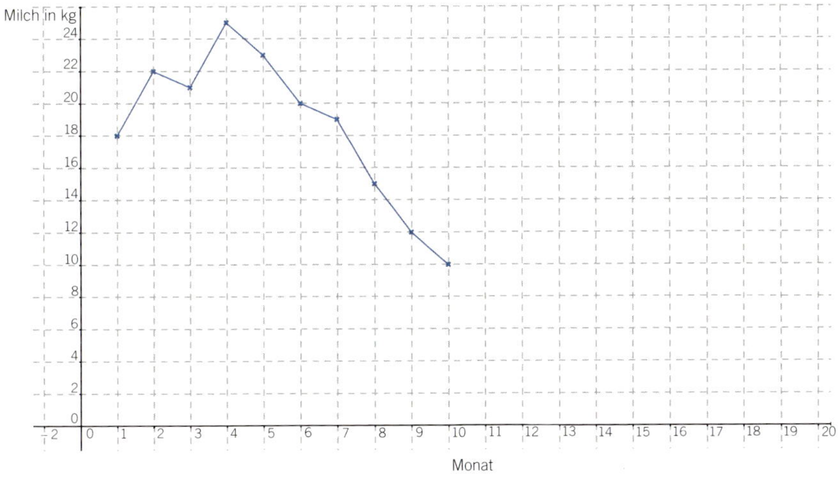

Zu jedem Monat gehört eine bestimmte Milchmenge. Diese Punkte werden mit Strecken verbunden. Das Diagramm zeigt den Leistungsverlauf einer Kuh innerhalb dieser 10 Monate.

Beantworte mithilfe des Diagramms: **F2**

a) Zwischen welchen Monaten trat die geringste Änderung der Milchleistung auf und wie groß war sie?
b) Zwischen welchen Monaten trat die gleiche Steigerung der Milchleistung auf?
c) Woran erkennt man in der Grafik, ob die Änderung stark oder weniger stark war?

Die Grafik zeigt die Erträge der Kartoffelernten in Österreich in den letzten Jahren. **F3**

a) Lies (ungefähr) die Erträge von 2006 und 2008 ab. Um wie viel Prozent ist der Ertrag gestiegen?
b) Was kann man über die Erträge in den Jahren 1990 bis 2008 insgesamt sagen? Hat sich der Ertrag stets gesteigert?

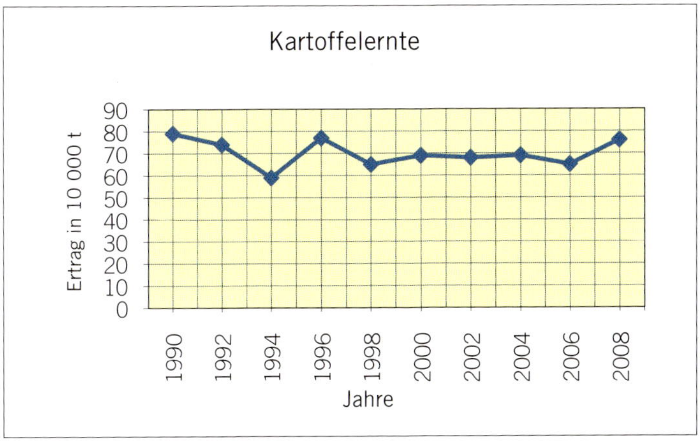

Quelle: STATISTIK AUSTRIA, Ernteerhebung. Erstellt am: 18.03.2009.

Grafische Darstellungen können auch täuschen.

Deshalb gilt: Wenn man eine grafische Darstellung betrachtet, sind immer die Bezeichnungen und die Einheiten auf den Koordinatenachsen zu beachten.

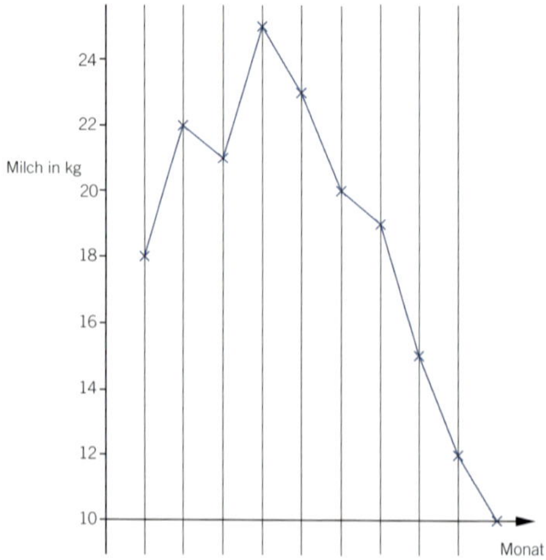

Es handelt sich bei dieser Darstellung um die gleiche Laktationskurve wie in der ersten Darstellung, doch wurden die Abstände auf der **Ordinate** (kg Milch) und auf der **Abszisse** (Monate) geändert.
Der Aussagewert der beiden aufgezeigten Laktationskurven ist völlig gleich; die optische Wirkung ist jedoch verschieden!

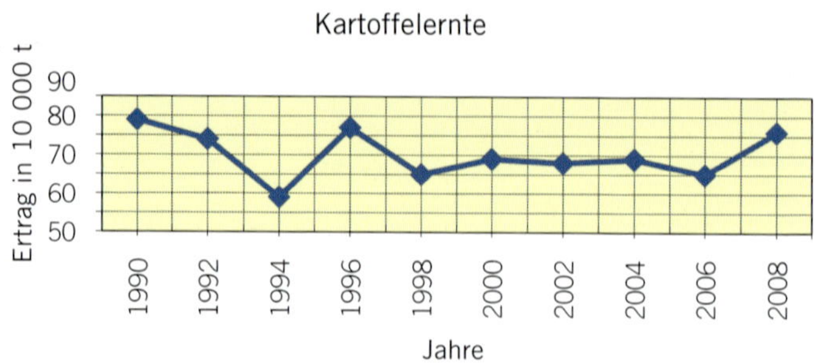

F4 Obige Grafik stimmt mit jener von Aufgabe F3 beinahe überein. Worin unterscheiden sich die beiden Grafiken aber doch?

F5 Es werden folgende Temperaturen gemessen:

Zeit	6 Uhr	8 Uhr	10 Uhr	12 Uhr	14 Uhr	16 Uhr	18 Uhr
Temperatur	12 °C	15 °C	19 °C	23 °C	26 °C	24 °C	21 °C

a) Erstelle ein Liniendiagramm händisch.
b) Erstelle ein Liniendiagramm mit einem PC-Programm. Es könnte so ähnlich wie das auf der nächsten Seite angegebene aussehen.

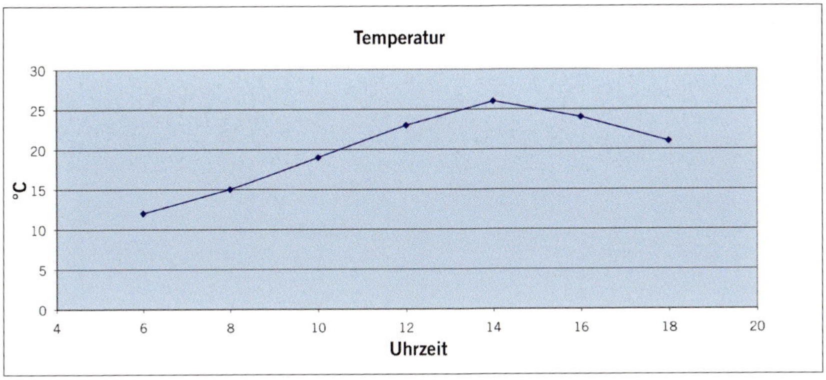

Liniendiagramme sind dann sinnvoll, wenn man die Entwicklung einer Größe darstellen will (z. B. Fieberkurven, Aktienkurse, Umsätze einer Firma etc.). Die erhobenen Daten entsprechen den eingezeichneten Punkten. Über den Verlauf dazwischen (z. B. Temperatur um 9 Uhr) kann man keine Aussage treffen.

Versuche die Laktationskurve mit einem PC-Programm, z. B. Excel, zu erstellen. **F6**

Säulendiagramm

2009 wurden in Österreich 1 673 000 Ferkel und Jungschweine, 1 179 000 Mastschweine und 292 000 Zuchtsauen gezählt. Stelle dies in einem Säulendiagramm dar.

Quelle: Statistik Austria, Schweinezählung am 1. Juni 2009

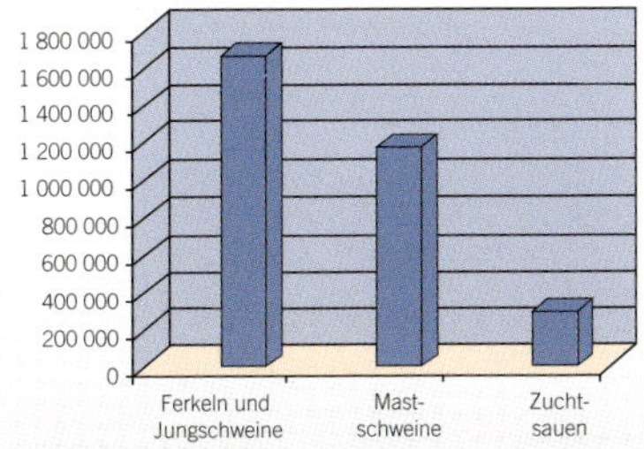

Das Säulendiagramm wurde hier mit Excel in 3-D erstellt.

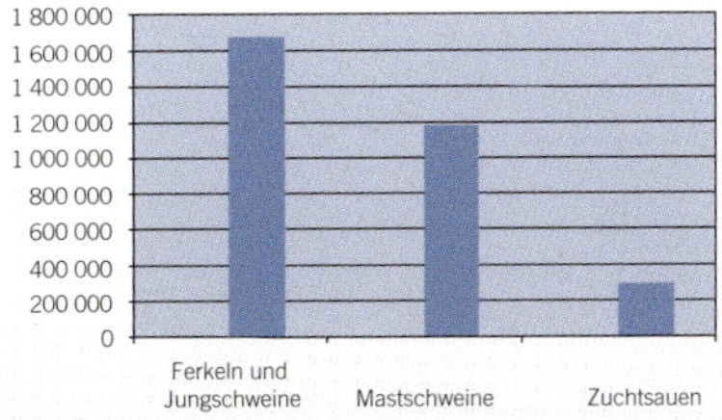

Andere Säulendarstellung mit Excel.

Hinweis: Absolute Häufigkeiten werden oft zuerst mit einer Strichliste ausgewertet. Das Säulendiagramm oder auch Staffelbild kann zur Darstellung für absolute Häufigkeiten (wie in den Abbildungen) oder Prozentwerte verwendet werden.

Kreisdiagramm

Dasselbe Beispiel als Kreisdiagramm dargestellt (1 % = 3,6°). Die Erstellung eines Kreisdiagramms ist nur mit PC zu empfehlen, weil hier jeder %-Wert erst in die entsprechende Gradzahl umgerechnet werden muss.

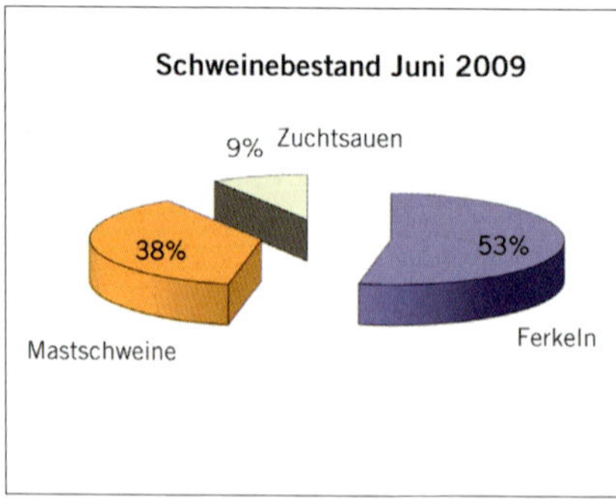

Das Kreisdiagramm wurde hier mit Excel in 3-D erstellt.

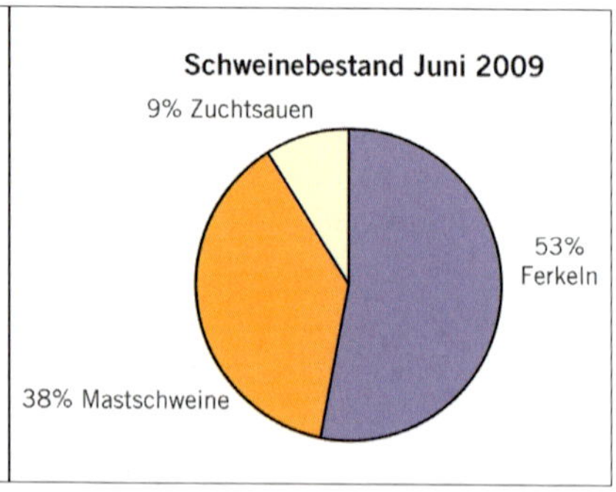

Andere Kreisdarstellung mit Excel.

Balkendiagramm

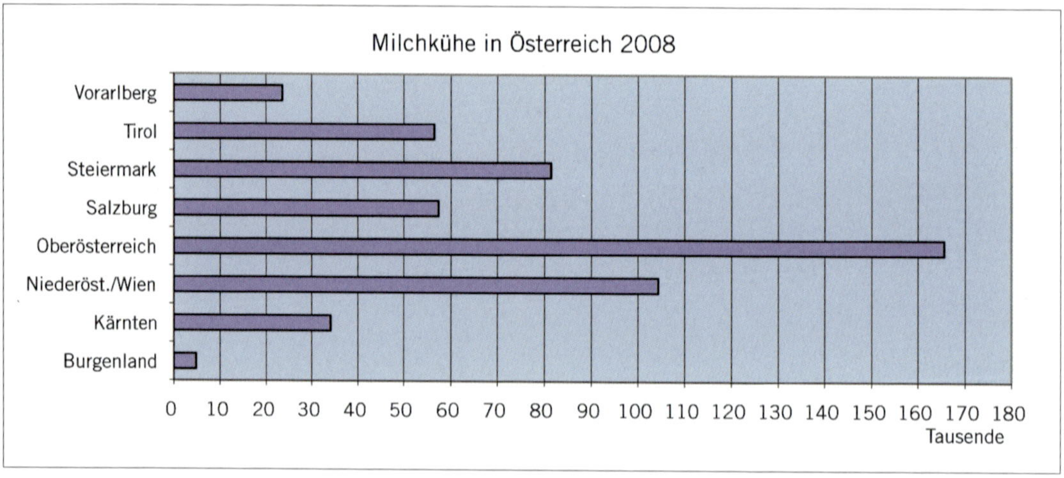

Quelle: STATISTIK AUSTRIA, Milcherzeugung und -verwendung; Agrarmarkt Austria (AMA); Landwirtschaftskammern. Erstellt am: 20.05.2009.

F7 Entnimm der obigen Grafik, wie viel Milchkühe in den einzelnen Bundesländern gezählt wurden. Versuche auf Tausender genau abzulesen.

F8 Wählt für den folgenden Text eine geeignete grafische Darstellung:
Für das Jahr 2008 ergab sich – basierend auf den Angaben der EU-Förderanträge (Stand September 2008) – eine Ackerlandfläche von 1,37 Mio. ha, was 16,3 % der österreichischen Staatsfläche entsprach. Den größten Anteil des Ackerlandes nahm der Getreideanbau mit 841 036 ha (61,4 %) ein. Feldfutterbau wurde auf einer Fläche von 238 062 ha (17,4 %) betrieben und auf Ölfrüchte entfielen 121 663 ha (8,9 %). Während Hackfrüchte auf einer Fläche von 66 071 ha (4,8 %) angebaut wurden, machten Körnerleguminosen mit 28 695 ha 2,1 % des gesamten Ackerlandes aus. Schließlich lagen im Jahr 2008 47 786 ha oder 3,5 % des Ackerlandes brach; nur rund 25 709 ha (1,9 %) entfielen auf sonstige Ackerlandflächen bzw. wurden für den Anbau von Spezialkulturen, wie z. B. Gemüse, Blumen, Erdbeeren sowie Heil-, Duft- und Gewürzpflanzen genutzt.

Quelle: STATISTIK AUSTRIA, Agrarstrukturerhebung, Anbau auf dem Ackerland; AMA, INVEKOS. Erstellt am: 2.04.2009.

Österreichs Almen

F9

Verwendet die unten angeführte Tabelle. Formuliert selbst Fragen, deren Beantwortung interessant wäre. Rechnet, stellt grafisch dar und fasst eure Ergebnisse in einem Plakat zusammen, das ihr euren Klassenkolleginnen/-kollegen präsentiert.

Almen 1986 in Gegenüberstellung zu 1974 und 1952

	Almen insgesamt				Darunter bewirtschaftete Almen			
	1952	1974	1986	Diff. zu 1974 in %	1952	1974	1986	Diff. zu 1974 in %
Kärnten	2 324	2 445	2 467	0,9	2 178	2 045	2 422	18,4
Niederösterreich	144	168	356	111,9	144	142	347	144,4
Oberösterreich	424	424	550	29,7	403	275	365	32,7
Salzburg	2 441	2 361	2 722	15,3	2 327	1 930	2 235	15,8
Steiermark	2 700	2 752	3 502	27,3	2 682	2 243	3 147	40,3
Tirol	2 326	2 340	2 911	24,4	2 306	1 964	2 609	32,8
Vorarlberg	785	800	1 004	25,5	779	712	944	32,6
ÖSTERREICH	11 144	11 290	13 512	19,7	10 819	9 311	12 069	29,6

Q: STATISTIK AUSTRIA. Almerhebung 1986. Erstellt am: 09.04.1988.
© STATISTIK AUSTRIA. Letzte Änderung: 29.05.2007. Durch die Einstellung der Almstatistik fehlen seit über 20 Jahren neue Daten.

Piktogramm (Bilddiagramm)

Ein Piktogramm versucht Daten durch Bilder zu veranschaulichen.

F10

Das Piktogramm zeigt den Anteil von erwerbstätigen Frauen und Männern nach Schulabschlüssen in einem Staat. Lies daraus ab, wie viele erwerbstätige Frauen und Männer welche Schulabschlüsse haben.

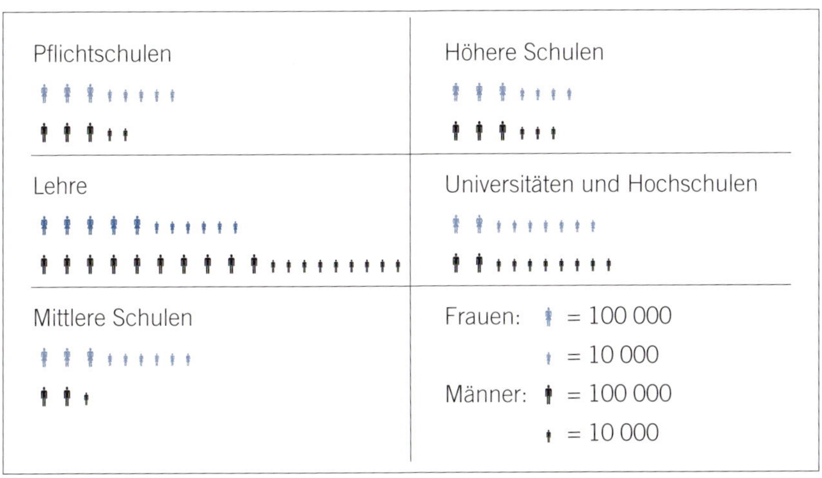

Kennwerte von Daten

Mittelwert (arithmetisches Mittel, Durchschnittswert) $\bar{x}$

Die Eier in einer Packung mit der Aufschrift „Mittelklasse“ werden gewogen. Folgende Werte (in Gramm) ergeben sich:

53 60 57 60 54 55 58 59 59 60

Um den mittleren Wert der Masse eines Eis aus dieser Packung zu berechnen, werden alle Massen addiert und durch die Gesamtzahl der Eier (also 10) dividiert.

Die mittlere Masse beträgt

$$\frac{53 + 60 + 57 + 60 + 54 + 55 + 58 + 59 + 59 + 60}{10} = 57{,}5 \text{ g}.$$

Im Mittel hat ein Ei dieser Packung 57,5 g. Dies ist ein berechneter Wert, denn es gibt kein einziges Ei mit 57,5 g.

Hat man n verschiedene Werte $x_1, x_2, x_3 \ldots x_n$, so berechnet man den Mittelwert $\bar{x}$ mit

$$\bar{x} = \frac{x_1 + x_2 + \ldots + x_n}{n}$$

Modalwert (Modus) *m*

Der Modus (Modalwert) einer Liste ist der am häufigsten auftretende Wert. Eine Liste kann daher mehrere Modalwerte haben.

Beim Beispiel „Eier, für die Massen von

53 60 57 60 54 55 58 59 59 60

Gramm bestimmt wurden, ist der Modalwert $m = 60$ g

Zentralwert (Median) *z*

Zur Ermittlung des Medians muss eine Liste geordnet werden.

Bei einer ungeraden Anzahl von Elementen ist er die genau in der Mitte stehende Zahl, bei einer geraden Anzahl der Mittelwert der beiden genau in der Mitte stehenden Zahlen.

Der Zentralwert teilt die Liste in 2 Hälften von Zahlen.

Für die Masse der 10 Eier ergibt sich:

53 54 55 57 58 | 59 59 60 60 60

Median

$$z = \frac{1}{2} \cdot (58 + 59) = 58{,}5 \text{ g}$$

5 Eier haben eine geringere Masse und 5 eine größere Masse als 58,5 g.

Der Median teilt also die Daten in die Hälfte, 50 % liegen darunter und 50 % darüber.

Spannweite

Als Spannweite R bezeichnet man die Differenz zwischen dem größten (Maximum) und dem kleinsten (Minimum) vorkommenden Wert einer Liste.

$$R = x_{max} - x_{min}$$

Beim Beispiel „Eier" ist der kleinste Wert 53 g und der größte 60 g.
Die „Spannweite" beträgt also 7 g.

F11 Gib Mittelwert, Median und die Spannweite der Temperaturwerte von Aufgabe F5 an.

Standardabweichung

Bei genauen Weinbauversuchen wird der Ertrag einer kleinen Rebstockanzahl (120 bis 150 St.) exakt ermittelt. Die Stockanzahl wird bei einem Versuch in 4 Teile unterteilt (Wiederholungen) und daraus der Mittelwert gebildet. Ein stark unterschiedlicher Ertrag könnte z. B. auf unterschiedliche Bodenverhältnisse schließen lassen.

Aus unten angeführter Darstellung des Traubenertrags lassen sich für die beiden Stichproben folgende Werte ablesen:

Stichprobe A

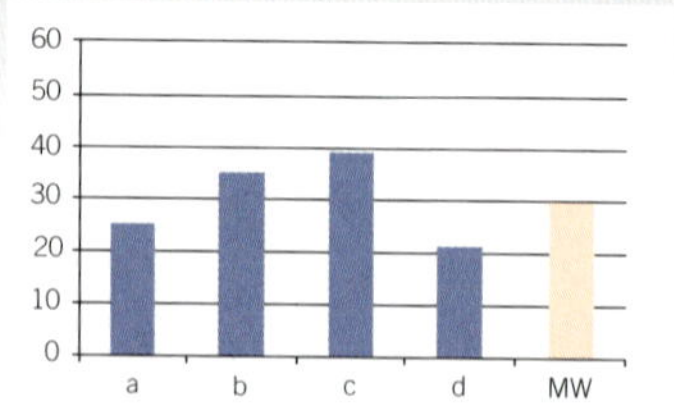

a: 25 kg b: 35 kg c: 39 kg d: 21 kg

Mittelwert:

$$\frac{25 + 35 + 39 + 21}{4} = 30 \text{ kg}$$

Diese vier Wiederholungen ergeben einen Mittelwert von 30 kg, wobei die 4 Werte nicht stark vom Mittelwert abweichen (streuen).

Stichprobe B

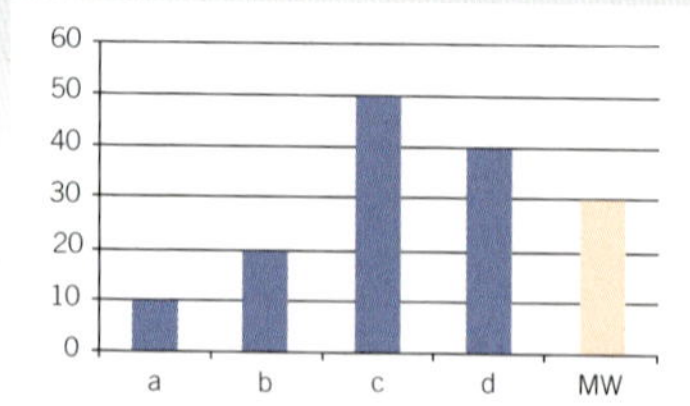

a: 10 kg b: 20 kg c: 50 kg d: 40 kg

Mittelwert:

$$\frac{10 + 20 + 50 + 40}{4} = 30 \text{ kg}$$

In diesem Beispiel ergeben die vier Wiederholungen auch einen Mittelwert von 30 kg, aber mit deutlich höherer Streuung der einzelnen Werte.

Der Mittelwert allein sagt also nicht immer viel aus. Oft ist es nützlich, auch die Abweichung vom Mittelwert, die sog. Standardabweichung s, zu bestimmen. Es gibt verschiedene Möglichkeiten, diese Standardabweichung zu berechnen. Heute wird nahezu jede statistische Auswertung von Daten mit einem Computerprogramm durchgeführt. Die Auswertung und das „Lesenkönnen" der Ergebnisse eines solchen Programms sind nicht immer einfach.

Für die Standardabweichung s wird folgende Formel benutzt:

$$s = \sqrt{\frac{(x_1 - \bar{x})^2 + (x_2 - \bar{x})^2 + \ldots + (x_n - \bar{x})^2}{n}}$$

Manchmal wird in der Statistik auch durch n–1 dividiert. Bei großen Stichproben ändert sich dabei kaum etwas am Wert. Die Größe s^2 wird als Varianz bezeichnet.

Berechne die Standardabweichung für die Traubenerträge der oben angeführten Stichprobe A.

Stichprobe A

$x_1 = 25$ kg $x_2 = 35$ kg $x_3 = 39$ kg $x_4 = 21$ kg

Mittelwert: $s = \sqrt{\frac{(25 - 30)^2 + (35 - 30)^2 + (39 - 30)^2 + (21 - 30)^2}{4}} = 7{,}28$

F12 Berechne die Standardabweichung der Traubenerträge der Stichprobe B.

Das Bundesministerium für Land- und Forstwirtschaft, Umwelt und Wasserwirtschaft veröffentlicht im Internet den „Grünen Bericht" (Wien 2009). **F13**
Daraus ist zu entnehmen:
Holzeinschlag (in 1 000 Erntefestmetern ohne Rinde)

10-Jahres-Mittel 1999–2008	2007	2008
16 793	21 317	21 795

Welche Schlussfolgerung aus diesen Daten ist richtig?

a) Der Holzeinschlag der Jahre 1999 bis 2006 war viel geringer als in den letzten zwei angegebenen Jahren.
b) Der mittlere Holzeinschlag der Jahre 1999 bis 2006 war geringer als 16 793 (in 1 000 Erntefestmetern ohne Rinde).
c) Der Holzeinschlag ist in den Jahren 1999 bis 2008 gestiegen.
d) Zwischen 1999 und 2008 hat es Jahre mit einem geringeren Holzeinschlag als 16 793 (in 1 000 Erntefestmetern ohne Rinde) gegeben.

Die Tagesmilchleistung einer Kuh betrug in einer Woche: **F14**
35 kg, 31 kg, 28 kg, 32 kg, 26 kg, 25 kg, 28 kg.
Berechne die mittlere Tagesleistung für diese Woche und gib auch die Standardabweichung an.

Versorgungsbilanz für Wein in Hektoliter **F15**

Jahr	Menge
2000/01	2 338 410
2001/02	2 530 576
2002/03	2 599 483
2003/04	2 529 846
2004/05	2 734 561
2005/06	2 264 015
2006/07	2 256 299
2007/08	2 628 026

Quelle: STATISTIK AUSTRIA, Versorgungsbilanzen.
Erstellt am: 30.04.2009.

Welche Menge wurde während der acht angeführten Jahre im Schnitt pro Jahr produziert?

Klasseneinteilungen

Gemäß den in Österreich herrschenden Richtlinien gibt es bei Eiern 4 Gewichtsklassen:

Gewichtsklasse (Klasse)	Masse (Merkmal x)
S (**S**mall)	unter 53 g
M (**M**edium)	von 53 g bis 63 g
L (**L**arge)	von 63 g bis 73 g
XL (e**X**tra **L**arge)	über 73 g

Die Klassen M und L haben eine Klassenbreite von 10. Die Klassen S und XL sind nach unten bzw. oben offen.

F16 Es werden Eier mit folgenden Massen (in Gramm) sortiert:

59	63	55	57	62	56	59	62	63	51
53	59	49	64	65	52	68	58	57	68
64	63	66	57	64	59	55	67	65	60

Berechne: Wie viel Prozent der Eier liegen in den jeweiligen Gewichtsklassen?

Zusammenfassung:

- Daten lassen sich in geordneten Listen, Häufigkeitstafeln oder grafisch darstellen.
- Linien-, Säulen-, Balken oder Kreisdiagramme sind grafische Darstellungen.
- Mittelwert, Modus, Median, Spannweite und Standardabweichung sind Kennwerte von Daten.
- Daten kann man oft sinnvoll in Klassen zusammenfassen.

Kapitel G: Ernährung und Gesundheit

G

Energiebedarf

Um den gesamten **Energiebedarf** zu bestimmen, müssen wir **Grundumsatz** und **Leistungsumsatz** (Arbeitsumsatz + Freizeitumsatz) und **Energieverlust für die Verdauungstätigkeit** addieren.

Der durchschnittliche **Grundumsatz** = 4,2 kJ (4,185) pro kg Körpergewicht und pro Stunde.

Der durchschnittliche **Arbeitsumsatz** pro Stunde beträgt:

	Frauen	Männer
Leichtarbeiter: Lehrer, Friseur, Uhrmacher, sitzende Fließbandarbeit, Büroarbeit …	Unter 250 kJ	Unter 315 kJ
Mittelschwere Arbeiter: Konditor, Koch, Servicemitarbeiter, Tischler, Autoschlosser, Hausfrau mit mehreren Kindern …	250–500 kJ	315–630 kJ
Schwerarbeiter: Maurer, Zimmermann, Dachdecker, Masseur, Leistungssportler …	Über 500 kJ	630–840 kJ
Schwerstarbeiter: Stahl- und Hochofenarbeiter, Hochleistungssportler …	Über 650 kJ	Über 840 kJ

Der durchschnittliche **Freizeitumsatz** = 2 500–10 500 kJ pro Tag.
Optimal ist es, pro Tag 1 200–2 100 kJ durch Bewegung zu verbrennen.

Durchschnittlicher Jouleverbrauch *pro kg Körpergewicht und pro Stunde:*

- Liegen 4,6 kJ
- Gehen (4 km/h) 12,6 kJ
- Radfahren (15–20 km/h) 25,1 kJ
- Tennis 27,7 kJ
- Fußballspielen 35,1 kJ
- Bergwandern 37,8 kJ
- Jogging (12 km/h) 52,6 kJ
- Sitzen 6 kJ
- Radfahren (8–10 km/h) 16,3 kJ
- Aerobic 26,9 kJ
- Schwimmen 30 kJ
- Walking 35,1 kJ
- Fitnesstraining 46,2 kJ

http://www.tk-oneline.de/tk/gesund-geniessen-ein-leben-lang/tipps-fuer-sportlich-aktive/energieverbrauch-beim-sport/37530, 28.10.2009

Für die Verdauungstätigkeit rechnet man zusätzlich 12 % Energieverlust pro Tag.

Beispiel:

Deine Lehrerin wiegt 64 kg und hat am Tag 6 Stunden Unterricht. Danach arbeitet sie noch 3 Stunden am Computer. Abends geht sie 1 Stunde Walken und sitzt noch 2 Stunden vor dem Fernseher.

Grundumsatz:	4,2 kJ · 64 kg · 24 Stunden	=	6 451,12 kJ
Leistungsumsatz:			
Arbeitsumsatz:	250 kJ · 6 Stunden	=	1 500,00 kJ
Freizeitumsatz:			
	PC-Arbeit (Sitzen) 6 kJ · 64 kg · 3 Stunden	=	1 152,00 kJ
	Walking 35,1 kJ · 64 kg · 1 Stunde	=	2 246,40 kJ
	Fernsehen (Sitzen) 6 kJ · 64 kg · 2 Stunden	=	768,00 kJ
Zwischensumme		=	12 117,52 kJ
+ Energieverlust durch Verdauungstätigkeit			
12 % von Summe = 12 117,52 · 0,12		=	1 454,10 kJ
Energiebedarf gesamt = 12 117,52 + 1 454,10		=	**13 571,62 kJ**

G1 Ein Hochleistungssportler ist 70 kg schwer und trainiert täglich 6 Stunden, geht noch 2 Stunden in die Sauna und lässt sich 1 Stunde massieren. Wie hoch ist sein täglicher Gesamtenergiebedarf?

G2 Berechne den Gesamtenergiebedarf für einen Restaurantfachfraulehrling mit einem Körpergewicht von 60 kg und täglicher Arbeitszeit von 8 Stunden (für den Arbeitsumsatz verwende den mittleren Wert). Nach der Arbeitszeit liest sie ein Buch (etwa 4 Stunden) und geht dann noch 1 Stunde schwimmen.

G3 Wie hoch ist der Gesamtenergiebedarf für einen Maurer, der 90 kg schwer ist und 8 Stunden arbeiten muss? (Für den Arbeitsumsatz verwende den mittleren Wert.) In seiner Freizeit geht er 2 Stunden Tennis spielen und verbringt am Abend noch 2 Stunden vor dem Fernseher.

G4 Eine Hausfrau hat 4 Kinder zu betreuen und arbeitet 12 Stunden am Tag (für den Arbeitsumsatz verwende den höchsten Wert). Sie hat ein Körpergewicht von 68 kg. Zum Ausgleich geht sie abends eine Stunde Rad fahren (20 km/h). Wie hoch ist ihr Gesamtenergiebedarf?

G5 Wie hoch ist dein eigener Gesamtenergiebedarf?

Nährstoffbedarf

Der Gesamtenergiebedarf wird durch die Energie liefernden Nährstoffe gedeckt:

1 g Kohlenhydrate:	≈ 17 kJ
1 g Fett:	≈ 39 kJ
1 g Eiweiß:	≈ 17 kJ
1 g Alkohol:	≈ 30 kJ

Nährstoffe müssen auch in der richtigen Menge und Zusammensetzung aufgenommen werden. Die optimale Nährstoffbilanz ist:

40–60 % Kohlenhydrate
25–30 % Fett
10–25 % Eiweiß

Für folgende Berechnungen verwende die Nährwerttabelle aus deinem Ernährungsbuch.

G6 Errechne den Energiegehalt pro Person.

a) Spaghetti mit Tomatensoße für 10 Personen:
60 dag Spaghetti, 2 dag Öl, Salz, Zucker, 8 dag Butter, 7 dag Mehl, 50 dag Tomatenmark, 5 dag Parmesan.
b) Suche ein anderes Rezept für die Tomatensoße und vergleiche den Energiegehalt und die Nährstoffe.
c) Hat diese Speise eine optimale Nährstoffbilanz?

G7 Errechne den Energiegehalt pro Person in kJ. Grießpudding für 4 Personen:
$\frac{1}{2}$ l Milch (3,6 % Fett), 1 Prise Salz, 3 dag Zucker, 10 dag Grieß, 3 dag Butter, 2 Eier, Zitronenschale, 3 dag Rosinen.

G8 100 g Milch enthalten 3,5 g Eiweiß, 3,5 g Fett und 4,8 g Kohlenhydrate.
Wie hoch ist der Energiegehalt?

G9 Berechne den Energiegehalt einer Topfencreme aus 15 dag Topfen (40 %), einer Banane (10 dag) und 3 dag Zucker.

G10 Ein Kind isst zum Abendessen 2 Butterbrote (1 Brot = 5 dag mit 1 dag Butter) und trinkt dazu $\frac{1}{4}$ l Milch.
Wie hoch ist der Energiegehalt?

G11 Milch enthält im Durchschnitt 3,5 % Eiweiß, 3,5 % Fett und 4,8 % Kohlenhydrate.
Wie viele kg Fett, Eiweiß und Kohlenhydrate ergibt die österreichische Jahresproduktion von etwa 3 670 600 t Milch?

G12 Energiegehalt des Weins (Obstmost)

> 1 g Zucker entspricht 1 g Kohlenhydraten = 16,5 kJ.
> Der Gehalt des zuckerfreien Extrakts (Säuren, Mineral-, Gerb- und Farbstoffe bzw. höhere Alkohole) liegt bei ca. 20–40 g/l, das sind ca. 420–756 kJ (∅ 588 kJ).
> Dichte von Alkohol: 1 ml = 0,79 g.

Berechne die Alkoholmenge in ml, g, Energie vom Restzucker und Extrakt folgender Weine mit: 10 Vol.-%, 11 %vol, 12,5 Vol-%, 15 Vol.-%, und summiere den Energiegehalt je l bzw. $\frac{1}{4}$ l und vergleiche die Ergebnisse mit dem täglichen Energiebedarf einer Person.

	1 Liter			Restzucker		Extrakt		Energie-gehalt kJ je l	kJ je $\frac{1}{4}$ l
Vol.-%	ml Alk.	g Alk.	kJ	g	kJ	g	kJ		
10,0				3		20			
11,0				150		30			
12,5				3		20			
13,5				30		30			
15,0				10		30			

Warenwert

G13 Berechne den Warenwert für 1 Portion:
(Mengenangabe ist für 4 Personen)

500 g Schweinefleisch (€ 7,90/kg), 250 g Öl (€ 2,00/kg), 2 Zitronen (€ 0,15/St.), 100 g Brösel (€ 1,80/kg), 2 Eier (€ 0,50/St.), 100 g Mehl (€ 1,15/kg), 400 g Kartoffeln (€ 2,50/kg), 50 g Butter (€ 1,60 für $\frac{1}{4}$ kg), 1 St. Salat (€ 0,80/St.), 500 g Joghurt (€ 2,40/kg), 100 g Zucker (€ 1,15/kg), 1 kg Bananen (€ 1,29/kg), Gewürze (Pauschale von € 0,50)

Wie viel kostet dieses Menü für 1 Person?

G14

Menü (Mengenangaben für 6 Personen):

Putensteak auf Toastbrot
Gebratenes Zanderfilet mit Knoblauchbutter
Reis und Kartoffelsalat
Schokomousse-Nockerln auf Beerenragout

Lebensmittel	Menge	Preis/Einheit in Euro	Gesamtpreis in Euro
Putenschnitzel	0,60	5,82	
Öle	0,16	1,20	
Toastbrot	0,15	0,98	
Butter	0,07	5,06	
Häuptelsalat (Grüner Salat)	1,00	0,55	
Ananasscheiben	0,57	3,60	
Schnittlauch	1,00	0,86	
Tomaten	0,21	2,99	
Sauerrahm	0,04	2,00	
Jogonaise	0,04	3,68	
Ketchup	0,04	1,36	
Kognak	0,01	4,60	
QuimiQ	0,25	3,85	
Kochschokolade	0,10	4,05	
Milch	0,06	0,44	
Kristallzucker	0,14	1,00	
Rum	0,01	4,60	
Obers (Sahne)	0,50	2,88	
Pistazien	0,02	19,80	
Kiwis	1,00	0,14	
Bananen	0,10	1,79	
Beerenmischung	0,75	3,12	
Beerenlikör	0,20	8,00	
Maizena (Maisstärke)	0,10	3,00	
Zanderfilet	0,90	14,58	
Semmelbrösel	0,02	2,24	
Mehl	0,02	0,90	
Zitronen	2,00	0,35	
Vogerlsalat (Feldsalat)	1,00	0,55	
Knoblauch	0,01	1,43	
Reis	0,25	1,12	
Zwiebeln	0,30	0,25	
Kartoffeln	0,75	0,60	
Essig	0,04	0,62	
Salz	0,05	0,55	
Gewürze (Pauschale gesamt = € 1,50)			
Gesamtpreis für 6 Personen:			
Preis für 1 Person:			

Berechne verschiedene Mahlzeiten (eigene Menügestaltung).

G15

G16 Berechne die Kosten für die Tagesverpflegung in einer Großküche, die Mengenangaben sind für 80 Personen:

Menü:

Frühstück	Büfett
Jause	Mandarinen
Mittagessen	Gebratene Hühnerkeulen Gemüsereis, Kartoffel-Gurken-Salat Bananensplit
Jause	Obst
Abendessen	Kartoffelauflauf, Salat, Mandarinen

Lebensmittel	Menge	Preis/Einheit in Euro	Gesamtpreis in Euro
Mehl	1,7	0,90	
Reis	5,0	1,12	
Zwiebeln	2,1	0,25	
Kartoffeln	24,0	0,60	
Gurken	13,0	0,65	
Äpfel für Jause	8,0	1,10	
Bananen	40,0	0,20	
Mandarinen	12,0	0,80	
Hühnerkeulen	8,0	4,50	
Hühnerbrust	3,0	4,50	
Speck	0,5	5,09	
Kakao	0,1	7,80	
Haselnüsse	0,45	8,46	
Eier	27,0	0,13	
Schokolade	0,75	4,05	
Staubzucker	1,5	1,45	
Sauerrahm	2,5	2,00	
Obers	3,75	2,88	
Butter	0,5	5,06	
Margarine	0,3	3,30	
Öle	1,4	2,85	
Eis	1,0	12,00	
Hohlhippen	1,0	11,32	
Essig	0,4	0,62	
Brathuhngewürz	0,1	1,50	
Mischgemüse	3,2	1,64	
Knoblauch	0,1	0,50	
Saft	3,0	2,04	
Apfelsaft	2,0	1,05	
Rote Rüben	3,0	0,90	
Summe:			
Plus Frühstück: € 0,55/Person = bereits errechneter Durchschnittspreis			
Gesamtsumme:			
Preis pro Person:			

Berechne die Kosten für deine Tagesverpflegung.
Schreibe einen Tag lang genau auf, was du isst – bei selbst zubereiteten Speisen erhebe die Rezepte – bei Gasthausbesuch notiere die Ausgaben. **G17**

Einkauf und Lagerung

Wie viele kg Äpfel muss eine vierköpfige Familie für den Winter (7 Monate) einlagern, wenn jedes Familienmitglied täglich 1 Apfel (15 dag) isst und für den wöchentlichen Apfelstrudel 1,5 kg gebraucht wird? **G18**

Der Gemüseverbrauch in Österreich beträgt durchschnittlich 87,2 kg pro Person und Jahr. Eine Steigerung auf 100 bis 120 kg wäre wünschenswert.
Wie viel Prozent würde diese Steigerung betragen? **G19**

Eine sechsköpfige Familie braucht in der Woche 7,5 kg Brot.
Wie viel dag Brot isst eine Person am Tag? **G20**

Das Schlachtgewicht beträgt beim Mastochsen ca. 58 %.
Wie groß ist das Schlachtgewicht bei einem Ochsen von 765 kg Lebendgewicht? **G21**

Beim Einkauf von Rindfleisch beträgt die Zuwaage 25 %.
Wie viel muss man einkaufen, wenn man **G22**

a) 1,80 kg oder
b) 2,40 kg oder
c) 5,70 kg

Fleisch haben will?

Beim Kochen verliert Rindfleisch 15 % seines Gewichts.
Eine Hausfrau kauft für 6 Personen 1,20 kg Fleisch (ohne Zuwaage).
Wie schwer ist eine Portion nach dem Kochen? **G23**

Das Schlachtgewicht beträgt bei Fleischschweinen rund 76 %.
Wie hoch ist das Schlachtgewicht von 3 Schweinen, die 96 kg, 102,5 kg und 107 kg Lebendgewicht haben? **G24**

Beim Einkauf von Schweinefleisch beträgt die Zuwaage zum Fleisch 20 %.
Wie viele Knochen muss man daher beim Einkauf von 3,5 kg Fleisch mitkaufen? **G25**

Wie viel Fischfilet muss man für 10 Personen kaufen, wenn man im Vergleich zu Fleisch $1\frac{1}{2}$-mal so viel braucht? (4 Personen brauchen 500 g Fleisch) **G26**

Vorratshaltung

Wenn man Schweinefleisch selcht, verliert es rund ein Drittel seines Gewichtes.
Wie viel Selchfleisch erhält man von 23 kg Frischfleisch? **G27**

Der Bauer gibt 25 kg Fleisch in die Selchkammer und erhält 18 kg Selchfleisch.
Wie hoch ist der Gewichtsverlust in %? **G28**

G29 Zum Einpökeln von Fleisch nimmt man auf 100 kg Fleisch 5 kg Salz, 1 kg Zucker, 30 dag Salpeter und 20 dag Pfeffer.
Wie viel von diesen Zutaten braucht man für 80 kg Fleisch?

G30 In einer Tiefkühltruhe mit 200 l Rauminhalt kann man rund 130 kg Lebensmittel einfrieren. Zweckmäßig ist es, vom Rauminhalt 70 % für Fleisch, 20 % für Gemüse und 10 % für Obst zu verwenden.
Wie viele kg entfallen auf die einzelnen Lebensmittel, wenn die Tiefkühltruhe vollständig gefüllt ist?

G31 Zum Einfrieren von Beerenobst verwendet man auf 1 Teil Trockenzucker 5 Teile Beeren.
Wie viel Zucker braucht man für 6,5 kg Heidelbeeren?

G32 Beim Dörren von Zwetschken gehen etwa 42 % des Gewichts verloren.
Wie viele kg Frischobst braucht man für die Herstellung von 25 kg Dörrzwetschken?

G33 Eine Familie braucht in den Wintermonaten (November bis April) täglich $\frac{1}{4}$ kg Äpfel. Die Ernte betrug 465 kg Äpfel.

a) Wie viel kann verkauft werden?
b) Wie viel muss von der Apfelernte aus dem eigenen Garten eingelagert werden?
c) Wie viel wird beim Verkauf eingenommen, wenn 1 kg um € 0,60 verkauft werden kann?

G34 Für die Lagerung von Kernobst für den Winterbedarf rechnet man für 15 kg Äpfel oder Birnen 1 m^2 Stellage.

a) Wie viele m^2 Stellagefläche muss in einem Lagerraum bereitstehen, um 120 kg Winterobst einlagern zu können?
b) Wie lang muss die Stellage sein, wenn sie 50 cm tief ist?

G35 Beim Einkochen von Steinobst verwendet man eine Zuckerlösung. Für süße Früchte eine 30 %ige, für saure Früchte eine 45 %ige Zuckerlösung. Es werden 10 kg Marillen und 10 kg Weichseln eingelegt. Pro 1-Liter-Glas rechnet man 50 dag Obst und $\frac{3}{8}$ l Zuckerlösung.

a) Wie viel Zucker ist notwendig?
b) Wie viele 1-Liter-Gläser werden gebraucht?

G36 Der „eiserne Vorrat" soll pro Person und Monat folgende Lebensmittel enthalten: 0,5 kg Grieß, 0,5 kg Teigwaren, 0,5 kg Reis, 0,5 kg getrocknete Hülsenfrüchte, 0,5 kg Schmalz, 2 kg Mehl, 2 kg Zucker, 1 kg Öl, 2 Fleischkonservendosen und 2 Fischkonservendosen.
Errechne die Kosten für den „eisernen Vorrat" für eine vierköpfige Familie nach den aktuellen Marktpreisen.

G37 Um etwa 65 kg Sauerkraut herzustellen, benötigt man 100 kg Frischkraut, 75 dag Salz, 50 dag Zucker und verschiedene andere Zutaten.
Wie viele kg Frischkraut, Salz und Zucker benötigt man zur Herstellung von 90 kg Sauerkraut?

Für die Herstellung von Senfgurken bereitet man eine Lösung aus 3 l Wasser, 1 l Essig (5 %ig), 5 dag Zucker und 2 dag Salz.
Wie viele Einmachgläser zu 1 l können mit Senfgurken und Aufgussflüssigkeit gefüllt werden, wenn für 1 Glas 2 dl Flüssigkeit notwendig sind? **G38**

Aus 25 kg Roggenmehl erzeugt eine Bäuerin unter Zugabe von Wasser, Salz und Treibmittel 35 kg Brot.
Wie viele kg Mehl braucht sie, um 7 kg Brot zu erhalten? **G39**

Bei der Fruchtsaftbereitung durch Dampfentsaften gewinnt man aus 10 kg Beerenobst und 2,5 kg Zucker 7 l Saft; aus 10 kg Kernobst und 2,5 kg Zucker jedoch nur 5 l Saft. In einer Familie werden 120 l Fruchtsaft hergestellt.
Wie viele kg Beerenobst und wie viele kg Kernobst werden dafür verarbeitet, wenn das Verhältnis Beerenobst : Kernobst 2 : 4 beträgt? **G40**

G

Bei der Marmeladebereitung ohne käufliche Geliermittel verwendet man auf 1 kg Fruchtmark 90 dag Zucker. Man muss durch das längere Eindicken mit einem Gewichtsverlust von 10 % rechnen. **G41**

a) Wie viel kg Zucker braucht man bei der Verarbeitung von 15 kg entkernten Marillen?
b) Wie viel fertige Marmelade erhält man?

Bei der Verwendung von Geliermitteln wird die Kochzeit der Marmelade sehr stark verkürzt. Der Gewichtsverlust beträgt nur 1 %, dafür muss aber auf 1 kg Fruchtmark 1 kg Zucker verwendet werden, um die Haltbarkeit zu garantieren.
Wie viel kg Marmelade erhält man aus 25 kg Fruchtmark? **G42**

Kostenvergleich

330 g Blätterteig kosten € 1,80. Berechne den Preis von $\frac{1}{2}$ kg und kalkuliere nach den ortsüblichen Preisen und einem Grundrezept, wie teuer die gleiche Menge hausgemachter Blätterteig kommt. **G43**

100 g fertiger Strudelteig kosten € 1,34. Berechne nach Grundrezept und ortsüblichen Lebensmittelpreisen, wie teuer die gleiche Menge selbst gemachter Strudelteig kommt. **G44**

Berechne die tatsächlichen Kosten für die Herstellung von Zwetschkenmarmelade mit 30 kg Zwetschken aus dem eigenen Garten, wenn man beim Entsteinen mit 6 % Gewichtsverlust rechnet, die Marmelade mit Gelierzucker herstellt und pro kg Marmelade 0,12 kWh Strom verbraucht wird. Es sind die ortsüblichen Preise für Strom und Gelierzucker zu verwenden. 1 % Gewichtsverlust beim Eindicken der Marmelade ist zu berücksichtigen. **G45**

Wenn man Johannisbeeren und Erdbeeren im Verhältnis 1 : 2 mischt, erhält man eine ausgezeichnete Mischmarmelade. Wie viel kostet 1 kg Marmelade, wenn 5 kg Johannisbeeren aus dem eigenen Garten mit gekauften Erdbeeren zu € 2,10 je kg und 500 g Gelierzucker je 1 kg Obst verarbeitet werden. Der Gewichtsverlust beim Einkochen ist mit 20 % anzunehmen, der Stromverbrauch je kg Frucht mit 0,18 kWh. Für Zucker und Strom sind die ortsüblichen Preise anzunehmen. **G46**

Krankenpflege

G47 Georg liegt mit Fieber im Bett. Seine Mutter schreibt die Temperaturen auf:

Datum:	08:00 Uhr	18:00 Uhr
13.	38,5	39,2
14.	38,9	39,6
15.	39,3	39,4
16.	38,8	39,4
17.	38,2	38,4
18.	37,8	38,1
19.	37,5	37,8
20.	37,2	37,4
21.	36,8	36,9

Übertrage die Wertetabelle in ein Tabellenprogramm und zeichne diese Fieberkurve in Form eines Liniendiagramms.
Beantworte folgende Fragen:

a) An welchem Tag und zu welcher Zeit hat Georg das höchste Fieber?
b) An welchem Tag und um welche Zeit hat Georg die niedrigste Temperatur?
c) Wie geht es Georg am 21.? Formuliere eine persönliche Aussage.
d) Vergleiche die Aufzeichnungen der Mutter und dein Liniendiagramm – in welchem Fall erhält man deiner Ansicht nach rascher einen Überblick? Begründe deine Antwort.

G48 Der Altbauer muss nach dem Spitalaufenthalt noch im Bett bleiben. Es kommt jeden Tag für 2 Stunden ein Pfleger. Dieser verrechnet pro Stunde € 11,00 für die Wochentage und € 15,00 für die Sonntage.
Mit welchen Ausgaben ist für 3 Wochen Pflegebetreuung zu rechnen?

G49 Johanna hat einen Gipsfuß und kann nicht mit dem Schulbus fahren, daher bringt der Vater sie jeden Tag mit dem Auto zur Schule und holt Johanna am Nachmittag auch wieder ab. In der Zwischenzeit arbeitet er am eigenen Betrieb.
Von zu Hause bis zur Schule sind es 17 km. Der Vater kalkuliert mit einem Kilometerpreis von € 0,39.
Wie viel Mehrkosten fallen für den Zeitraum von 2 Wochen mit je 5 Schultagen an?

Kapitel H: Haushaltsmanagement

Raumgestaltung

H1 Der Platzbedarf für eine Person an einem Esstisch beträgt 60 cm.
Wie lang muss ein 85 cm breiter Tisch sein, wenn eine Familie mit 6 Personen daran Platz haben soll?

H2 Eine fünfköpfige Familie bewohnt ein Haus, wobei die Räume folgende Ausmaße haben:

	Länge	Breite
Elternschlafzimmer	4,50 m	3,20 m
1. Kinderzimmer	4,30 m	3,80 m
2. Kinderzimmer	3,20 m	2,90 m
Badezimmer	2,00 m	3,00 m
Gang	5,00 m	2,00 m
Wohnzimmer	5,30 m	4,50 m
Küche	3,50 m	2,80 m

a) Wie viele m^2 umfassen die einzelnen Räume?
b) Wie viele m^2 haben alle Räume zusammen?

H3 In der Küche sollen alle Arbeitsflächen mit einer neuen Arbeitsplatte versehen werden. Die Platte hat eine Breite von 62 cm und eine Gesamtlänge von 4,8 m. Ein Laufmeter Arbeitsplatte kostet € 52,90.
Wie teuer kommt die Arbeitsplatte?

H4 Die Wände eines Badezimmers sollen bis in eine Höhe von 1,80 m mit Fliesen verkleidet werden. Das Bad ist 2,70 m lang und 2 m breit, an der Längsseite befindet sich die Tür mit 0,90 m Breite.

a) Wie viele Fliesen sind nötig, wenn die Fliesengröße 20 × 25 cm beträgt? Die Fliesen sollen im Querformat verlegt werden. – Fertige eine Zeichnung an.
b) Was kostet die Verfliesung, wenn 1 m^2 Fliesen € 35,90 kostet und für Bruch und Verschnitt 10 % einkalkuliert werden müssen?

H5 Ein Zimmer mit einer Bodenfläche von 25 m^2 wird versiegelt. Die Versiegelung durch den Fachbetrieb kostet € 22,00 pro m^2.
Wie viel erspart man sich an Zeit und Geld im Jahr, wenn man vorher einmal wöchentlich den Boden reinigen lassen musste und dafür 2 Stunden nötig waren? Für eine Arbeitsstunde zahlte man € 10,00 und musste außerdem für € 1,50 Reinigungsmittel pro Woche zur Verfügung stellen. Nach der Versiegelung wird der

Boden in einer $\frac{1}{4}$ Stunde selbst gepflegt und man benötigt keine Reinigungsmittel mehr.

H6 Ein Zimmer soll mit einem neuen Bodenbelag (1 m^2 kostet € 24,00) ausgestattet werden. Das Zimmer ist 3,80 m lang und 2,50 m breit, außerdem hat es 2 Fensternischen im Ausmaß von 1,20 m × 0,25 m.
Wie hoch werden die Kosten für den neuen Fußboden sein?

H7 In einer großen Wohnküche mit den Maßen 4,5 m × 3,85 m soll ein neuer Belag verlegt werden. Der Belag kostet pro m^2 € 26,30, die Holzleiste € 3,90 pro Laufmeter (lfm). Zum Verleimen sind pro m^2 30 dag Leim nötig. 1 Dose Leim (0,5 kg) kostet € 8,72. Die Türbreite ist 85 cm.

a) Wie viele Dosen Leim müssen gekauft werden?
b) Wie teuer kommt die Verlegung des neuen Küchenbodens?

H8 In einem Wohnraum soll ein neuer Teppichboden verlegt werden. Der Raum ist 6,50 m lang und 3,80 m breit. 1 m^2 Teppichboden wird mit € 23,40 veranschlagt. Berechne den Gesamtpreis für den Teppichboden, wenn 10 % Verschnitt mit eingerechnet werden.

H9 In einem Zimmer soll ein Parkettboden verlegt werden, der pro m^2 € 42,70 kostet. Das Zimmer ist 3,60 m × 4,20 m groß und hat 2 Fensternischen von 1,15 m × 0,20 m.
Wie hoch wird die Rechnung des Bodenlegers sein, wenn 1 lfm Sesselleiste € 4,50 kostet (0,90 m breite Tür berücksichtigen)? Der Bodenleger benötigt dazu 4,5 Stunden. Eine Stunde Arbeit wird mit € 42,00 verrechnet.

H10 Für das Ausmalen des Raums (Wände und Decke) mit den Maßen 5,20 m × 3,90 m × 2,60 m werden € 720,00 bezahlt.
Wie hoch sind die Kosten für 1 m^2?

H11 Der Klassenraum soll neu gestrichen werden und die Farbe ist frei wählbar. Erkundige dich im Fachhandel nach dem Preis für deine Farbauswahl. Berechne die Menge und die Kosten für die ausgewählte Farbe.

H12 In einem Zimmer werden neue Vorhänge über die gesamte Wand angebracht. Die Breite der Wand beträgt 4,50 m und die Zimmerhöhe 2,60 m. In die engere Wahl kommen 2 verschiedene Vorhänge. Der Meterpreis bei 1,50 m Vorhangbreite beträgt € 21,50 (Variante 1) oder € 32,30 (Variante 2). Damit der Vorhang gut wirkt, wird er drei × die Wandbreite genommen. Für die Aufhängung wird ein Faltenband (1 m kostet € 1,20) gebraucht.

a) Wie viel Meter Vorhangstoff muss eingekauft werden, wenn pro Teil 20 cm für den Saum berücksichtigt werden müssen?
b) Wie viel Meter Faltenband werden gebraucht?
c) Wie teuer kommen die beiden Varianten (ohne Faltenband)?
d) Für das Nähen werden pro Vorhangteil € 8,00 verrechnet. Was erspart man sich an Geld, wenn die Vorhänge selbst genäht werden?

H13 In einem Schlafraum werden für 2 Fenster 4 neue Seitenteile angeschafft. Der dafür vorgesehene Vorhangstoff ist 1,20 m breit und hat einen Rapport (Mustersatz, der sich wiederholt) in der Breite von 30 cm. Die fertigen Vorhänge sollen 1,90 m lang sein und einen Aufschlag samt Naht von ca. 15–20 cm haben.

a) Wie viel Meter Stoff müssen für die 4 Vorhangteile gekauft werden?
b) Wie lange muss ein Seitenteil zugeschnitten werden?
c) Wie breit wird der Aufschlag einschließlich Naht?
d) Wie teuer kommt der Vorhangstoff, wenn 1 m € 35,25 kostet?

H14

Für die Herstellung von 1 m^2 Fleckerlteppich braucht die Teppichweberei 1,80 kg Material, das in der Regel bereits in Streifen geschnitten ist. Die Materialkosten entfallen, da es sich dabei um kostenlose Alttextilien handelt.

a) Wie groß ist der Materialbedarf und der Preis für einen Fleckerlteppich in der Größe von 2,80 m × 1,30 m, wenn der Weberlohn pro m^2 € 12,00 beträgt?
b) Wie groß ist der Preisunterschied, wenn ungeschnittenes Material abgegeben wird und für das Schneiden in der Weberei € 7,00 pro kg verlangt werden?

H15

Aus einem Stück Damast soll ein Tischtuch zugeschnitten werden, das für einen Tisch in der Größe von 0,80 m × 1,45 m passen soll.
Wie groß muss das Tischtuch zugeschnitten werden, wenn der Überhang auf allen Seiten 20 cm sein soll und ein Saum von 3,5 cm genäht wird?

H16

Runde Tischtücher einer Frühstückspension erhalten eine neue Borte (Einfassung). Der Tischdurchmesser ist 1,20 m. Die Tischtücher reichen 20 cm über den Tischrand. Für das Nähen der Borte sind mind. 4 cm pro Tischtuch zu rechnen.
Wie teuer kommt die Borte für 12 Tischtücher, wenn 1 m € 5,20 kostet?

H17

Ein Beherbergungsbetrieb muss Wäsche nachkaufen. Er kauft 30 Stück Leintücher zu je € 14,00, 60 Stück Polsterbezüge zu je € 12,50, 30 Stück Deckenbezüge zu je € 31,50 und 60 Stück Handtücher zu je € 6,90.

a) Wie hoch ist der Rechnungsbetrag?
b) Wie viel Euro sind zu überweisen, wenn 3 % Skonto in Anspruch genommen werden?

Bekleidung

H18

Berechne den Gesamtwert des Stoffeinkaufs:

4,8 m Kleiderstoff	à	€	7,85
1,1 m Futterstoff	à	€	4,65
0,8 m Rockstoff	à	€	22,30
0,8 m Futterstoff	à	€	4,60
2,2 m Blusenstoff	à	€	9,95
1,5 m Jackenstoff	à	€	44,70
1,5 m Futterstoff	à	€	4,65

H19

Eine Schneiderin verlangt für das Nähen eines einfachen Kleides samt Stoff und Zubehör € 200,00.
Wie viel kann man bei Selbstanfertigung sparen (ohne Berechnung der Arbeitszeit), wenn für das Kleid 4,20 m Stoff à € 13,40, 7 Knöpfe à € 0,50, 2 Spulen Nähseide à € 0,30, $\frac{1}{4}$ m Versteifungsstoff à € 1,90 und 2,40 m Nahtband à € 0,11 benötigt werden?

H20 Wie hoch ist der Stoffverbrauch für den Rock einer Alltagstracht, wenn der Rock aus 2 Längen bestehen soll und der Stoff 150 cm breit ist?
Die fertige Länge des Rocks soll 80 cm sein, der Aufschlag für Kittelblech und Naht beträgt 20 cm.

H21 Ein Baumwolldirndl soll genäht und berechnet werden.

Materialverbrauch:
Leib 1,2 m, Rock 2 m, Schürze 1,05 m
1 m Stoff (Leib, Rock und Schürze) kostet je € 22,50.
Trachtenhemd 1 m à € 7,40

Nähzubehör:

Futterstoff 0,6 m	à € 8,00
Hansl 2,4 m	à € 1,80
Passepoilschnur 3,5 m	à € 0,10
Perlmutterknöpfe 8 Stück	à € 1,–
Knopflochseide 1 Spule	à € 2,60
Nähseide 2 Spulen	à € 2,60

a) Wie teuer kommt das selbst genähte Dirndl?
b) Wie viel spart man beim Selbstnähen, wenn ein maßgeschneidertes Baumwolldirndl in dieser oben genannten Qualität im Trachtengeschäft € 450,– kostet?
c) Wie viel erspart man sich beim Selbstnähen, wenn ein Baumwolldirndl in nicht so guter Stoffqualität und weniger Handarbeit € 180,– kostet?

H22 Eine Festtracht (aus Wollbrokat mit Halbseidenschürze) soll genäht und berechnet werden.

Materialverbrauch:

Halbseide 0,8 m	à € 56,00
Wollbrokat 2 m	à € 37,00
Schürze 1,05 m	à € 56,00
Knöpfe 8 St.	à € 1,00
Baumwollblusenstoff 1,2 m	à € 14,00
Futterstoff 1 m	à € 8,00
Hansl 2,4 m	à € 1,80
Passepoilschnur 3,5 m	à € 0,10
Knopflochseide 2 Spulen	à € 2,60
Nähseide 2 Spulen	à € 2,60

Was kostet das Material für diese Festtracht?

H23 Beim Schnittzeichnen werden häufig $\frac{1}{2}$ und $\frac{1}{4}$ der gemessenen Maße benötigt. Ergänze die folgende Tabelle:

	Gemessen in cm	$\frac{1}{2}$	$\frac{1}{4}$
Oberweite	92		
Taillenumfang	72		
Hüftumfang	101		
Brustbreite	34		
Rückenbreite	30		
Halsumfang	32		

H24 Nimm deine eigenen Maße und berechne sie für das Schnittzeichnen.

H25 Ermittle den Wert der eigenen Wäsche und Bekleidung einschließlich Schuhwerk. Überlege und schätze.

Planung

H26 Eine direkte Verbindung zwischen Küche und Vorratsraum spart viele Wege!

a) Ermittle anhand der vorhergehenden Skizze die Wege, die in beiden Fällen zurückzulegen sind, wenn man täglich dreimal in der Speisekammer zu tun hat.
b) Wie viel Meter Weg erspart man sich im Jahr durch den direkten Zugang?

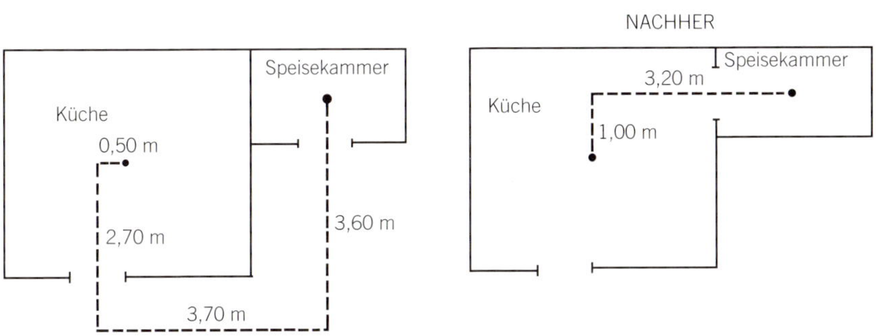

H27 Errechne im eigenen Arbeitsbereich die täglich nötigen Wege zwischen Küche und Vorratsraum. Überlege die Einsparung von Wegen durch einen anderen Arbeitsablauf und berechne diese.

H28 Wie viele Arbeitsstunden benötigt eine Hausfrau für ihre sechsköpfige Familie? Führe zu Hause dazu Erhebungen durch:

a) für die Zubereitung der Mahlzeiten pro Woche
b) für die Pflege der Wohnung
c) für die Wäschepflege – waschen und bügeln, ausbessern
d) für den Einkauf
e) Wie hoch käme der Stundenlohn in der Woche bei Annahme eines durchschnittlichen Stundenlohns einer Raumpflegerin? (€ 12,00)?

H29 Berechne die Kosten einer Grundausstattung für einen Haushalt mit 6 Personen (mittlere Preisklasse):

a) für Kochgeschirr und Kleingeräte
b) Essgeschirr
c) Tisch- und Hauswäsche
d) Bettwäsche
e) die technische Ausstattung für einen Haushalt

H30 Wie viel kostet in der mittleren Preisklasse die Einrichtung

a) einer Arbeitsküche mit Geräten?
b) eines Wohnraums?
c) eines Elternschlafzimmers?
d) eines Kinderzimmers?

H31 Berechne die Kosten der Ausstattung eines Säuglings im ersten Lebensjahr.

Haustechnik

Der durchschnittliche **Wasserbedarf** am Tag beträgt derzeit in Österreich pro Person 135 Liter.

Wasserbedarf für:
1-mal Händewaschen: ca. 7 Liter
1-mal Duschen: ca. 30 Liter
1-mal Wannenbad: ca. 150 Liter

H32 Durch eine Brausevorrichtung fließen je Minute 5 Liter bis 6 Liter Wasser. Die durchschnittliche Duschzeit beträgt 5 Minuten.

a) Wie viel Liter Wasser werden am Tag verbraucht, wenn 4 Personen duschen?
b) Wie viele m^3 Wasser werden unter diesen Bedingungen im Jahr verbraucht?

H33 In einer sechsköpfigen Familie benützt jedes Familienmitglied pro Tag ungefähr 5-mal das Handwaschbecken.
Wie hoch ist der jährliche Wasserverbrauch in Liter?

H34 Für ein Wannenbad rechnet man durchschnittlich 150 Liter Wasser.

a) Wie viele m^3 beträgt der jährliche Wasserbedarf für die Wannenbäder in einem Haushalt mit 4 Personen, wenn jedes Familienmitglied zweimal in der Woche baden will?
b) Wie viel Wasser könnte man einsparen, wenn jedes Familienmitglied nur 1-mal pro Woche ein Wannenbad nimmt und das zweite Wannenbad durch eine Dusche ersetzt wird?
c) Wie hoch ist die Einsparung in Euro, wenn 1 m^3 Wasser € 1,35 kostet?

H35 Schreibe eine Woche lang auf, wie oft du dir die Hände wäschst, wie oft du die Dusche brauchst und wie oft du die Badewanne benutzt.
Berechne deinen eigenen wöchentlichen und jährlichen Wasserverbrauch.

Der durchschnittliche Heißwasserverbrauch (85 °C) ist für

Badewanne	ca. 50 Liter
Brausebad	ca. 10 Liter
Hände waschen	ca. 3 Liter

Wie groß muss der Heißwasserspeicher in einem Haushalt mindestens sein, wenn täglich 1 Wannenbad, 4 Brausebäder, 10-mal die Verwendung des Handwaschbeckens nötig sind und außerdem durch Abkühlverluste und zur Mischwasserbereitung mit einem Mehrbedarf von etwa 25 % gerechnet werden muss? **H36**

Bei jeder Waschmaschine ist das Fassungsvermögen in kg Trockenwäsche angegeben. Es wiegen ungefähr:

1 Leintuch	ca. 40 dag
1 Polsterüberzug	ca. 22 dag
1 Deckenüberzug	ca. 80 dag
1 Handtuch	ca. 25 dag
1 Herrenhemd	ca. 35 dag

Wie viele Garnituren Bettwäsche können in eine Waschmaschine mit 5 kg Fassungsvermögen eingelegt werden? **H37**

Wie viele Handtücher können in eine 4-kg-Waschmaschine gegeben werden? **H38**

Wie viele Herrenhemden finden in einer 4-kg-Maschine Platz? **H39**

Erhebe das durchschnittliche Gewicht von einem T-Shirt und einer Jeans. In einer Woche benötigst du durchschnittlich 3 Jeanshosen und 8 T-Shirts zum Anziehen. Wie oft musst du am Wochenende die Waschmaschine befüllen? **H40**

Ratenzahlung

- Ratenkauf – gut überlegen!
- Die Waren werden erst nach dem Erwerb in mehreren kleinen Teilbeträgen bezahlt.
- Es kann „Notwendiges" angeschafft werden, auch wenn das erforderliche Geld nicht vorhanden ist.
- Es werden schnell Einkäufe getätigt, die vielleicht gar nicht notwendig sind.
- Es fallen Mehrkosten an.
- Der anfallende Prozentsatz an Mehrkosten kann eine Entscheidungshilfe sein.

Sabrina kauft sich eine Nähmaschine und kann wählen zwischen Sofortzahlung von € 615,00 oder 12 Raten je € 59,00.
Berechne die Mehrkosten in Euro und Prozent. Wie soll Sabrina sich entscheiden? Begründe deine Antwort. **H41**

H42 Eine Waschmaschine kostet bei Sofortzahlung € 490,00, bei Ratenkauf € 43,00 in 12 Raten.
Berechne die Mehrkosten in Euro und Prozent.

H43 Alexander will ein neues Fahrrad um € 1 990,00 kaufen, hat aber nicht so viel Geld gespart, daher entscheidet er sich für einen Ratenkauf. Er muss insgesamt 36 Raten zu € 69,00 zahlen.

a) Berechne den Mehrwert in % und den tatsächlichen Preis für das Fahrrad.
b) Überlegt die Sinnhaftigkeit von Alexanders Entscheidung und diskutiert sie.

H44 Beispiel einer Teilzahlungstabelle im Versandkatalog

Bestellwert in Euro	Anzahlung in Euro	Restbetrag in Euro	12 Teilbeträge in Euro	24 Teilbeträge in Euro	36 Teilbeträge in Euro
400	80	320	29,43	16,07	
700	140	560	51,50	28,12	20,41
1 000	200	800	73,57	40,17	29,16
2 500	500	2 000	183,93	100,43	72,91

Berechne jeweils den Gesamtwert und den Mehrwert in %. Diskutiert gemeinsam das Ergebnis und beantwortet folgende Fragen:

a) Gabi bestellt ihre Kleidung aus dem Katalog im Wert von € 400,00 und möchte ihren Einkauf in Raten bezahlen.
Für wie viele Teilbeträge soll Gabi sich entscheiden?
b) Familie Huber braucht neue Küchengeräte und bestellt diese im Wert von € 1 000,00.
Für welche Variante der Ratenzahlung soll Familie Huber sich entscheiden? – Begründet eure Vorschläge.
c) Alfred und Kathi wollen ein neues Schlafzimmer haben, welches € 2 500,00 kostet. Sie haben ein Sparbuch mit € 600,00 und wissen, dass ihr Bausparvertrag in 2 Jahren mit € 1 500,00 fällig wird.
Wie sollen Alfred und Kathi sich eurer Meinung nach entscheiden?

Kalkulationen im Haushalt

Die Kostenrechnung setzt sich zusammen aus:

1. Kapitalkosten (Abschreibung + Zinsanspruch)
   \+
2. Betriebskosten (Instandhaltungs- + Energie- + Hilfsstoffkosten)

Gesamtkosten

1. Kapitalkosten

a) $\text{Jährliche Abschreibung} = \dfrac{\text{Anschaffungspreis}}{\text{Nutzungsdauer}}$

b) Jährlicher Zinsanspruch

$= \dfrac{\text{Anschaffungspreis}}{2}$ mal Prozentsatz Zinsanspruch

2. Betriebskosten

a) Jährliche Instandhaltungskosten
= Anschaffungspreis mal Prozentsatz Instandhaltung

b) Energiekosten = verbrauchte Menge mal Preis je Einheit

c) Hilfsstoffkosten = verbrauchte Menge mal Preis je Einheit

H

H45 Wie viel kostet der Betrieb des Kühlschranks im Jahr?
Der Anschaffungspreis beträgt € 327,00, die voraussichtliche Nutzungsdauer 15 Jahre, die Instandhaltungskosten betragen 2 %, der Zinsanspruch 2 % und der tägliche Stromverbrauch kann mit ca. 0,9 kWh angenommen werden (1 kWh = € 0,19).

H46 Wie hoch sind die Kosten für einen Waschvorgang im Geschirrspüler?
Der Geschirrspüler kostet € 653,00, die Nutzungsdauer wird mit 10 Jahren gerechnet, Zinsanspruch 2 %, Instandhaltung 3 %. Er verbraucht für einen vollständigen Waschgang 1,6 kWh, 22 Liter Wasser, Waschmittel um € 0,10 und Klarspüler um € 0,03. (1 m^3 Wasser kostet € 1,35, 1 kWh Strom € 0,19.)
Der Geschirrspüler wird 1-mal pro Tag eingesetzt.

H47 Berechne die Kosten einer Waschmaschinenfüllung für einen Waschgang bei 60 Grad (Buntwäsche).
Die Waschmaschine hat 5 kg Fassungsvermögen, und 3 Füllungen pro Woche sind notwendig.
Die Waschmaschine hat einen Kaufpreis von € 820,00 und eine Nutzungsdauer von 10 Jahren.
Zinsanspruch: 2 %
Instandhaltung: 3 %
Für eine Waschmaschinenfüllung ist der Stromverbrauch bei 60-Grad-Programm: 0,85 kWh (1 kWh kostet € 0,19)
Wasserverbrauch: 45 Liter, 1 m^3 Wasser kostet € 1,35
Waschmittelverbrauch: 10 dag, 1 kg Waschmittel kostet € 5,40

H48 Was kostet eine Waschmaschinenfüllung (für Waschmaschine Beispiel H47), wenn das Kochprogramm (95 Grad) verwendet wird?
Der Stromverbrauch erhöht sich auf 2,70 kWh, der Wasserverbrauch steigt auf 60 Liter und Waschmittelverbrauch bleibt gleich.

H49 Welche Kosten fallen für eine Waschmaschinenfüllung (für Waschmaschine Beispiel H47) beim Kurzprogramm (40 Grad Feinwäsche) an?
Der Stromverbrauch ist 0,35 kWh und der Wasserverbrauch 35 Liter. Bei diesem Programm kann die Maschine aber nur mit 2,5 kg Wäsche befüllt werden und der Waschmittelverbrauch beträgt 75 ml (1,5 Liter Flüssigwaschmittel kostet € 7,80).

H50 Stellt einen Vergleich der 3 Waschprogramme bei gleicher Wäschemenge an.

a) Berechnet jeweils die Gesamtkosten für 1 Jahr.
b) Berechnet jeweils den Preis für 1 kg Wäsche.
c) Stellt den Wasserverbrauch, den Stromverbrauch und die Kosten in einer Grafik dar. Überlegt euch eine aussagekräftige Darstellungsform der Grafik.

Kostenvergleiche

H51 Familie Berger verbraucht im Monat durchschnittlich 600 g Waschmittel.
Im Angebot stehen eine 1,5 kg Packung zu € 2,70 und eine 3 kg Packung zu € 4,56.

a) Wie hoch ist der Jahresverbrauch an Waschmittel?
b) Berechne die Kosten für ein Jahr für jede Packungsgröße.
c) Wie viel Euro können im Jahr eingespart werden, wenn statt den Kleinpackungen die Großpackungen gekauft werden?

H52 Herbert benötigt einen neuen Kühlschrank. Er vergleicht die Preise verschiedener Händler.
Bei Firma Reiter kostet der Kühlschrank € 378,00 exklusive 20 % Umsatzsteuer, bei Firma Holzer kostet der Kühlschrank € 420,00 inklusive Umsatzsteuer.
Bei welchem Händler soll Herbert nun den Kühlschrank kaufen?

H53 Kostenvergleich bei verschiedenen Gefriertruhen

Energie-verbrauchsstufe	Kaufpreis in €	Norm-Energieverbrauch	Stromkosten im Jahr in €	Gesamtkosten bei 13 Jahren Lebensdauer in €
A 475,00	0,55 kWh/Tag	37,60	963,80	
B 435,00	0,80 kWh/Tag	54,70	1 146,10	
C 306,00	1,25 kWh/Tag	85,50	1 417,50	

a) Um wie viel ist der Kaufpreis des Gerätes in der Stufe A höher als der Kaufpreis des Gerätes der Stufe C?
b) Um wie viel niedriger ist der tägliche Norm-Energieverbrauch bei dem Gerät der Stufe A im Vergleich zum Gerät der Stufe C?
c) Um wie viel ist der jährliche Norm-Energieverbrauch des Gerätes der Stufe A niedriger als der der Stufe C?
d) Wie viel könnte an Gesamtkosten eingespart werden, wenn statt der Gefriertruhe der Stufe C, die Gefriertruhe der Stufe A gekauft würde?
e) Formuliert noch 2 weitere Fragen, welche aus der Tabelle berechnet werden können.

Kapitel I: Pflanzenbau

Boden und Klima

Flächenberechnungen

Berechne die Fläche eines Feldstücks (Acker, Wiese) in der Nähe der Schule. I1

1. Schätze die Fläche des Feldstücks.
2. Versuche aufgrund deiner Schrittlänge die Maße zu erheben und die Fläche zu berechnen.
3. Verwende verschiedene Hilfsmittel (z. B. Maßband, Messrad, 2-m-Holzzirkel ...), um die Maße festzustellen und die Fläche zu berechnen.
4. Vergleiche deine Ergebnisse der Flächenberechnung mit der digitalisierten Fläche (Flächenbogen des Mehrfachantrags).

Ein Feld hat eine Länge von 185 m und eine Breite von 72 m. I2
Wie groß ist der Flächeninhalt in m^2, a und ha?

Ein Feld in der Form eines unregelmäßigen Vielecks hat folgende Maße: I3

$a = 120$ m $\quad h_1 = 43{,}7$ m
$c = 75{,}5$ m $\quad h_2 = 45{,}8$ m

Wie groß ist das Feld in ha? Rechne auf 4 Kommastellen.

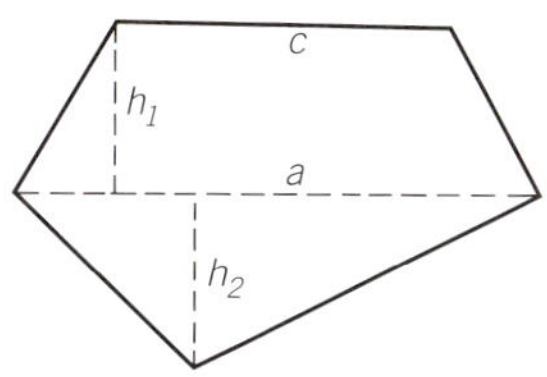

Ein Feld in der Form eines Rechtecks ist 420 m lang und 84 m breit und soll dräniert werden. Die Länge eines Rohrstrangs soll gleich der Flächenlänge sein. Die Entfernung der einzelnen Stränge voneinander beträgt z. B. 12 m. Die Entfernung der beiden äußeren Stränge von den Längsseiten der Fläche beträgt 6 m. I4

a) Wie viele Rohrstränge sind erforderlich? Fertige eine Skizze an.
b) Wie viele Rohre werden benötigt, wenn man unter Einrechnung des Bruchs für den laufenden Meter 3,6 Rohre à 33 cm braucht?

Errechne die reduzierte landwirtschaftliche Nutzfläche (RLN) des Betriebs, wenn einmähdige Wiesen auf $\frac{1}{2}$, Hutweiden auf $\frac{1}{5}$ und Almflächen auf $\frac{1}{7}$ der tatsächlichen Fläche reduziert werden. Betriebsangaben: Ackerland 0,60 ha, Wiesen 2- und 3-mähdig 8,40 ha, Koppelweiden 3,85 ha, Wiesen 1-mähdig 0,80 ha, Hutweiden 0,25 ha und Almen 2,10 ha. I5

Ertragsberechnung

I6 Ein Roggenfeld bringt einen Kornertrag von 3,85 t pro ha.

a) Wie viele t Kornertrag bringt ein Feld mit einer Fläche von 70,19 a?
b) Wie hoch ist der Strohertrag bei einem Korn-Stroh-Verhältnis von 1 : 1,6?

Bodennutzung

I7 Ein bäuerlicher Betrieb hat 24,50 ha Ackerland, 8,20 ha Wiesen, 4,30 ha Weide, 3,45 ha Wald, 0,70 ha Ödland und 0,86 ha Hof- und Gartenfläche. Wie viel % der Gesamtfläche nimmt jede Nutzungsart ein? Runde auf ganze Prozent.

I8 Ein Landwirt hat sein Ackerland mit 2,30 ha Winterweizen, 2,60 ha Winterroggen, 1,10 ha Sommergerste, 2,40 ha Klee, 0,30 ha Kartoffeln, 0,80 ha Futterrüben und 0,70 ha Zuckerrüben bestellt. Wie groß ist der Anteil der einzelnen Feldfrüchte in %? Runde auf ganze Prozent.

Wasserbedarf von Kulturpflanzen

Niederschlag ist ein wichtiger Ertragsfaktor in der Landwirtschaft. Die Niederschlagsmenge wird in mm (Millimeter) angegeben. 1 mm Niederschlag entspricht 1 Liter Wasser pro m². Das Wasser würde 1 mm hoch stehen, wenn nichts abfließt oder versickert.

I9 Wie viel Liter Wasser fallen auf 1 ha, wenn der Niederschlag 25 mm beträgt?

I10 Tau entspricht von der Wassermenge 1 mm Niederschlag. Wie stark wird diese Niederschlagsmenge eine Gülledüngung auf Grünland von 10 m³/ha indirekt verdünnen, wenn der Bauer gegen Abend die Gülle im feinen Schleier ausbringt?

Für die Produktion von einem kg Trockenmasse benötigen Kulturpflanzen verschieden große Mengen an Wasser.

Benötigte Wassermenge (l) zur Erzeugung von 1 kg Trockenmasse

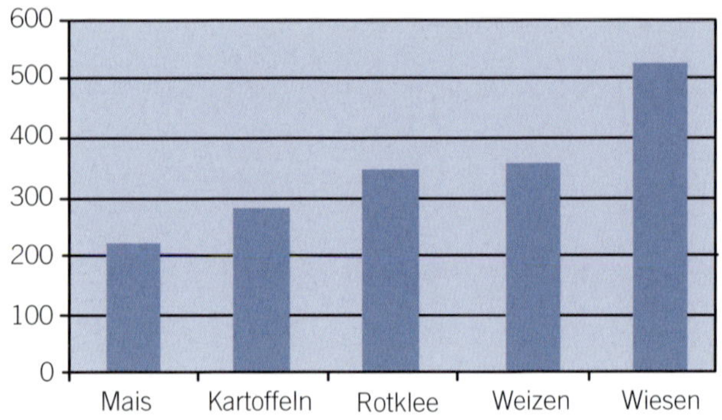

Der Trockenmassegehalt beträgt bei Mais 85 %, Kartoffeln 22 %, Rotklee 21 %, Weizen 86 %, Heu 86 %. I11

a) Stelle aus der Grafik die ungefähr benötigte Wassermenge zur Erzeugung von 1 kg Trockenmasse fest.
b) Wie hoch ist der Wasserbedarf in Liter für folgende Hektarerträge: 6,8 t Mais, 34 t Kartoffeln, 42 t Rotklee, 4,4 t Weizen, 7,5 t Heu?

Düngung

Für eine pflanzengerechte, umweltschonende und wirtschaftliche Düngung unserer Kulturpflanzen soll man sich grundsätzlich an den „Richtlinien für die sachgerechte Düngung" (Fachbeirat für Bodenfruchtbarkeit und Bodenschutz) orientieren. Sie enthalten Tabellen mit Richtwerten und Empfehlungen, die für Düngungsberechnungen zu verwenden sind.

http://www.ages.at/ages/landwirtschaftliche-sachgebiete/boden/fachbeirat-f-bodenfruchtbarkeit/

Bei folgenden Rechenbeispielen werden die Nährstoffe in Verbindungsform (Phosphat P_2O_5 und Kali K_2O) angegeben und berechnet.
Hinweis: Die Umrechnung der Nährstoffe in Elementform (P und K) sowie weitere Düngungsberechnungen werden im Kapitel Weinbau – Düngung behandelt.

Wirtschaftsdünger

Bei ganzjähriger Stallhaltung und vollständiger Sammlung fallen in einem Betrieb je Großvieheinheit (GVE) und Jahr 9 t Stallmist (einstreuarm) an. I12

a) Wie viele t Stallmist fallen bei einem durchschnittlichen Rinderlebendgewicht von 6 840 kg (1 GVE = 500 kg Lebendgewicht) im Jahr an?
b) Welche Fläche kann bei einer Stallmistgabe von 25 t je ha jährlich gedüngt werden?

10 t Rinderstallmist enthalten folgende Nährstoffe: N (feldfallend) 29 kg, P_2O_5 25 kg und K_2O 42 kg. I13
Wie viel kg Nährstoffe stehen den Pflanzen bei einer Stallmistgabe von 25 t je ha zur Verfügung, wenn im Anwendungsjahr die Wirkung von P_2O_5 und K_2O zur Gänze, jene des N aber nur zur Hälfte gerechnet wird?

Die relative Ertragswirkung des N aus dem Stallmist, im Frühjahr ausgebracht, beträgt im Jahr der Ausbringung im Vergleich zum Mineraldüngerstickstoff 40 %. I14
Wie viel kg Ammonsulfat mit 21 % N müssten gestreut werden, um die gleiche Ertragswirkung von 25 t Stallmist (29 kg N feldfallend bei 10 t) zu erzielen?

Ein Landwirt hat folgenden Viehstand: 12 Kühe à 650 kg, 4 Stiere à 500 kg, gehalten im Kurzstand; 8 Stück Jungvieh à 350 kg werden im Laufstall gehalten. I15
Der Strohertrag beträgt 4,6 t je ha. Einstreubedarf: 3 kg für den Kurzstand pro GVE und Tag, 8 kg für den Laufstall pro GVE und Tag (1 GVE = 500 kg Lebendgewicht).

a) Wie groß ist der Jahresbedarf an Stroh für den gegebenen Viehstand?
b) Welche Getreidefläche ist dafür erforderlich?

116 Unverdünnte Jauche enthält je 10 m^3 an Nährstoffen 30 kg N (feldfallend) und 95 kg K_2O. Berechne die Nährstoffmengen in kg einer voll gefüllten Jauchegrube (Quader) im Ausmaß von 5,50 m Länge, 3,80 m Breite und 2 m Tiefe.

117 Eine quaderförmige Jauchegrube kann aus bautechnischen Gründen nur eine Tiefe von 2,20 m und eine Breite von 2,40 m bekommen. Wie lang muss die Jauchegrube werden, wenn 12,5 GVE vorhanden sind und pro GVE 4,5 m^3 Grubenraum gerechnet werden?

118 Ein zylinderförmiger Güllebehälter aus Beton hat einen äußeren Umfang von 26,69 m und eine Tiefe von 3,50 m. Die Wandstärke beträgt 0,25 m.

a) Wie viele m^3 Gülle kann der Behälter fassen?
b) Für wie viele GVE reicht der Behälter, wenn der jährliche Gülleanfall je GVE 15 m^3 beträgt und zweimal pro Jahr die Gülle ausgebracht werden kann?

119 Der jährliche Anfall von unverdünnter Rindergülle beträgt pro GVE 15 m^3. 10 m^3 Gülle von Milchkühen enthalten im Durchschnitt an Nährstoffen 34 kg N (feldfallend), 20 kg P_2O_5 und 65 kg K_2O. Wie hoch ist der Anfall pro Jahr an den einzelnen Nährstoffen bei einem Viehbestand von 14 GVE?

120 Ist der Wirtschaftsdüngerlagerraum des elterlichen Betriebs (oder des Schulbetriebs) ausreichend für den Wirtschaftsdüngeranfall durch das Nutzvieh? Eine Mindestlagerkapazität für 6 Monate ist erforderlich.

a) Fertige zuerst vor Ort eine Handskizze von Gülle-, Jauchegruben, Mistlagerplatz an und trage die entsprechenden Maße ein.
b) In der Schule werden die Düngerlager mit den Abmessungen mittels PC und entsprechendem Zeichenprogramm dargestellt. Unterhalb der Darstellung wird das Volumen des Wirtschaftsdüngerlagers mit Formel berechnet.
   Hinweis: Für den Stallmistplatz muss eine durchschnittliche Stapelhöhe zur Volumenberechnung verwendet werden.
c) Erhebe den durchschnittlichen Viehbestand des elterlichen Betriebs (oder des Schulbetriebs) in Großvieheinheiten (GVE).
   Internet-Tipp www.eama.at: eAMA → Flächen → GVE-Rechner
d) Mit dem durchschnittlichen Viehbestand und einer Richtwerttabelle „Wirtschaftsdüngerlagerkapazität für 6 Monate“ kann der Mindestlagerraumbedarf für Wirtschaftsdünger erhoben werden.
   Internet-Tipp www.eama.at: „Richtlinien für die sachgerechte Düngung“
e) Vergleiche den vorhandenen Wirtschaftsdüngerlagerraum im Betrieb mit dem errechneten Wirtschaftsdüngeranfall aufgrund des Viehbestands. Versuche alle ermittelten Daten auf einem Plakat oder einer PowerPoint-Präsentation übersichtlich und verständlich zusammenzufassen.
f) Die Ergebnisse können abschließend in der Klasse präsentiert werden.

Folgende Fragen sollten geklärt werden:
Ist der Wirtschaftsdüngerlagerraum in dem Betrieb ausreichend?
Ja → In Ordnung
Nein → Welche negativen Auswirkungen hat es für Betrieb, Umwelt …?
Welche Lösung bietet sich an? (Ab- und Regenwasser …)
Diskutiert in der Klasse diese oder ähnliche Fragen.

Mineraldünger

Die Bewertung der Mineraldünger erfolgt nach ihrem Gehalt an Nährstoffen. 121
Ammonsulfat z. B. enthält 21 % Stickstoff, somit sind in 100 kg Ammonsulfat 21 kg Stickstoff enthalten.
Ermittle den Gehalt an Stickstoff (N), Phosphat (P_2O_5) und Kali (K_2O) in kg:

a) 450 kg Nitramoncal mit 27 % N
b) 700 kg Superphosphat mit 19 % P_2O_5
c) 800 kg Patentkali mit 30 % K_2O

Ein ha Weizen wird mit 2,8 dt Nitramoncal (27 % N), 3,6 dt Superphosphat 122
(19 % P_2O_5) und 1,4 dt 60er-Kali (60 % K_2O) gedüngt. Welche Nährstoffmengen (N, P_2O_5, K_2O) werden mit diesen Mineraldüngern ausgebracht?

Ein ha Mais soll bei durchschnittlicher Nährstoffversorgung mit 130 kg Stickstoff, 123
80 kg Phosphat und 150 kg Kali gedüngt werden. Für die Düngung werden verwendet: Nitramoncal (27 % N), Superphosphat (19 % P_2O_5) und 60er-Kali (60 % K_2O). Welche Düngermengen sind zu streuen?

Siehe Kapitel B „Direktes und indirektes Verhältnis" – Mehrnährstoffdünger.

Der Nährstoffgehalt bei Volldünger wird mit einer Verhältniszahl ausgedrückt: z. B. Vollkorn rot 12 : 12 : 17. Die erste Zahl bedeutet den %-Anteil an Stickstoff, die zweite an Phosphat, die dritte an Kali. Diese Reihenfolge ist bei allen Volldüngern gleich und drückt den %-Gehalt des jeweiligen Nährstoffs aus. 100 kg Volldünger 12 : 12 : 17 enthalten demnach 12 kg Stickstoff, 12 kg Phosphat, 17 kg Kali.

Welchen Gehalt an Stickstoff, Phosphat und Kali enthält eine Düngergabe von 124
900 kg eines Volldüngers mit einem Nährstoffverhältnis von 10 : 15 : 20?

Welche Nährstoffmengen werden bei der Düngung eines Kartoffelfeldes, mit einer 125
Fläche von 3,2 ha, mit Vollkorn rot 12 : 12 : 17 von 1 200 kg pro ha, ausgebracht?

Aufgrund einer Düngeempfehlung lt. Bodenuntersuchung wurde ein Roggenfeld, 126
mit einer Fläche von 1,8 ha, mit folgenden Mineraldüngern gedüngt:
300 kg Nitramoncal, 600 kg Superphosphat und 260 kg 60er-Kali. Die Preise pro 100 kg loser Ware sind für Nitramoncal € 21,37, für Superphosphat € 22,67 und für 60er-Kali € 20,06. Was kostet die Düngung insgesamt und je ha?

Berechne die Kosten pro kg Nährstoff für folgende Mineraldünger: 127

Mineraldünger	Nährstoffgehalt	€/100 kg
Nitramoncal	27 % N	€ 21,37
Ammonsulfat	21 % N	€ 23,40
Harnstoff	46 % N	€ 31,39
Superphosphat	19 % P_2O_5	€ 22,67
60er-Kali	60 % K_2O	€ 62,90
Patentkali	30 % K_2O	€ 62,90

Die Abgabepreise enthalten 20 % USt.

Saatgut und Anbau

Saatgut

128 Eine Weizensorte wurde in 3 Proben mit je 100 Körnern auf die Keimfähigkeit untersucht. Von den jeweils 100 Körnern keimten 97, 89 und 94. Wie groß war die Keimfähigkeit in % im Durchschnitt der 3 Proben?

Abdrehprobe

Die Saatmengeneinstellung ist nach der vom Hersteller mitgelieferten Sätabelle möglich. Eine genaue Einstellung erfordert zusätzlich noch eine Abdrehprobe. Dazu schiebt man die Abdrehwanne unter die Säelemente und dreht an einer Kurbel mit einer in der Betriebsanleitung angegebenen Anzahl von Umdrehungen. Die Umdrehungen entsprechen einer Säfläche von 500 m^2. Der 20-fache Wert des abgedrehten Saatgutgewichts ergibt die Saatstärke pro ha. Fehlt die Kurbel oder die Betriebsanleitung, so hilft nur ein Aufbocken der Maschine und Abdrehen am Antriebsrad. Errechnet man sich aus Arbeitsbreite mal Radumfang die Fläche pro Radumdrehung, so ergibt sich die Zahl der zur Abdrehprobe nötigen Radumdrehungen für 500 m^2 aus 500 dividiert durch die Fläche pro Radumdrehung.

$$\text{Anzahl der Radumdrehungen} = \frac{500\ m^2}{\text{Radumfang in m} \cdot \text{Arbeitsbreite in m}}$$

Geforderte Saatstärke 160 kg/ha

$\frac{500}{4 \cdot 2} = 62{,}5$ Radumdrehungen

Radumfang 4 m

Arbeitsbreite 2 m

Zur Abdrehprobe muss das Antriebsrad also 62,5-mal gedreht werden. Bei richtig gewählter Einstellung muss das 20-fache Gewicht des abgedrehten Saatguts die geforderten 160 kg pro ha ergeben.

129 Beim Anbau von Wintergetreide soll eine Saatstärke von 150 kg/ha ausgebracht werden. Die Sämaschine hat einen Radumfang von 5,024 m und eine Arbeitsbreite von 2,5 m.
Wie viele Radumdrehungen sind bei einer Abdrehprobe jeweils für eine Saatfläche von a) 200 m^2, b) 300 m^2 und c) 500 m^2 erforderlich?

130 Ein Landwirt baut $7\frac{3}{4}$ ha Winterweizen, $4\frac{1}{2}$ ha Winterroggen, 3 ha Hafer, $6\frac{1}{4}$ ha Sommergerste, $2\frac{1}{2}$ ha Körnermais, $2\frac{3}{4}$ ha Futterrüben und $3\frac{1}{2}$ ha Wechselwiesen an. Wie hoch ist der Saatgutbedarf, wenn man je ha 170 kg Weizen, 160 kg Roggen, 150 kg Hafer, 180 kg Gerste, 25 kg Körnermais, 32 kg Futterrübensamen und 25 kg Wechselwiesenmischung rechnet? Runde auf ganze kg.

Auf einer Fläche von 0,45 ha sollen Frühkartoffeln angebaut werden. 24 dt Kartoffeln je ha werden benötigt. Die Kartoffeln sollen in Kästen vorkeimen, die 0,6 m lang, 0,4 m breit und 10 cm hoch sind. Wie viele Kästen braucht man, wenn 625 kg je m^3 Platz haben. **131**

Ein Saatgutwechsel spielt besonders bei Kartoffeln eine entscheidende Rolle.

Ertrag im 1. Jahr:	350 dt je ha (aus anerkanntem Saatgut)
Ertrag im 2. Jahr:	240 dt je ha (aus 1. Nachbau)
Ertrag im 3. Jahr:	185 dt je ha (aus 2. Nachbau)

Berechne den Ertragsabfall von Kartoffeln gegenüber der Verwendung von anerkanntem Saatgut in Prozenten (Ertrag im 1. Jahr = 100 %). **132**

Bei Einzelkornsaat (z. B. bei Mais) steht jeder Pflanze folgende Fläche zur Verfügung:

Reihenabstand × Abstand in der Reihe = Flächenbedarf pro Pflanze
Anzubauende Fläche: Flächenbedarf pro Pflanze = benötigte Kornzahl (Saatgutbedarf)
Hinweis: Achte auf die gleiche Maßeinheit.

Auf einem 4,35 ha großen Feld soll Körnermais angebaut werden. Der Reihenabstand soll 70 cm, der Abstand in der Reihe 20 cm betragen. **133**

a) Wie viele Maissaatguteinheiten werden dafür gebraucht? (1 Einheit = 50 000 Körner)
b) Wie hoch sind die Saatgutkosten für 1 ha, wenn eine Saatguteinheit € 88,– kostet?

Wie groß muss der Pflanzenabstand in der Reihe beim Silomaisanbau gewählt werden, wenn man pro ha 80 000 Pflanzen wünscht und der Reihenabstand 65 cm beträgt? **134**

Wie groß ist die Anzahl der Pflanzen pro ha bei der Silomaisernte, wenn bei der Aussaat pro ha 80 000 Körner mit einer 90 %igen Keimfähigkeit verwendet wurden und der Ausfall an Pflanzen während der Vegetation 15 % betrug? **135**

Die Mischung für Sommerzwischenfrüchte besteht z. B. aus $4\frac{1}{2}$ Teilen Saaterbsen, $3\frac{1}{2}$ Teilen Saatwicken und 2 Teilen Ackerbohnen. Wie viel kg Erbsen, Wicken und Bohnen müssen bei einer Aussaatmenge von 200 kg je ha angebaut werden? **136**

Wickroggen wird als Zwischenfrucht im Verhältnis Wicken : Roggen von 2 : 1 mit einer Aussaatmenge von 180 kg je ha gesät. Wie viel kg Saatgut an Wicken und Roggen benötigt man für 2,56 ha? **137**

Bei Zuckerrüben wirken sich Saat- und Erntezeit auf den Zuckergehalt aus. **138**

a) Bei früher Bestellung und später Ernte wurden 510 dt je ha mit 18 % Zucker geerntet.

b) Späte Bestellung und frühe Ernte brachten nur 360 dt mit 16 % Zucker. Wie hoch ist der Zuckerertrag in dt in beiden Fällen?

139 Beim Zuckerrübenanbau soll mit einer Geschwindigkeit von 4 km/h gefahren werden. Wie viele Minuten benötigt man für eine Feldlänge von 535 m?

140 Beim Anbau von Mais werden für eine Feldlänge von 371 m $5\frac{1}{2}$ Minuten gebraucht. Wie hoch ist die Fahrgeschwindigkeit in km/h?

141 Ein Landwirt fährt bei Hackarbeiten mit seinem Traktor mit einer Geschwindigkeit $v = 3$ m/s. Die Maschine arbeitet sechsreihig. Das Feld ist 700 m lang und 91,8 m breit. Der Reihenabstand beträgt 45 cm. Für eine Wende ist 1 Minute zu berücksichtigen.

a) Mit wie viel km/h fährt er?
b) Wie viele Minuten und Sekunden braucht er für eine Feldlänge?
c) Wie oft muss er wenden, und wie lange braucht er für das ganze Feld?
d) Wie hoch ist die ha-Leistung pro Stunde?

Pflanzenschutz

Pflanzenschutzmittelbedarf

$$\text{Pflanzenschutzmittelmenge (l oder kg)} = \frac{\text{Spritzbrühemenge in l} \cdot \text{\% Konzentration}}{100}$$

Erklärungen zu Konzentration und Anwendung von Pflanzenschutzmittel sind im Kapitel Weinbau – Pflanzenschutz enthalten

Beim Pflanzenschutz wird eine Spritzbrühe, bestehend aus Wasser und einem zugesetzten Pflanzenschutzmittel, ausgebracht. Für eine zufriedenstellende Wirkung ist die Menge des beigemengten Pflanzenschutzmittels entscheidend.

142 Berechne die Menge des Pflanzenschutzmittels für folgende Spritzbrühen (Wasser + Pflanzenschutzmittel = 100 %):

a) 800 l Spritzbrühe mit 0,6 % Pflanzenschutzmittel
b) 900 l Spritzbrühe mit 0,04 % Pflanzenschutzmittel
c) 600 l Spritzbrühe mit 0,3 % Pflanzenschutzmittel

143 Vergleiche die Pflanzenschutzmittelmengen und Kosten einer Flächen- und Bandspritzung.

a) Bei einer Flächenspritzung werden 4 l/ha Pflanzenschutzmittel gebraucht. Der Reihenabstand der Kultur ist 50 cm. Die Breite des Spritzbands ist 20 cm. Wie viel Liter Pflanzenschutzmittel werden bei der Bandspritzung gebraucht?
b) Ein Liter dieses Pflanzenschutzmittels kostet € 38,–. Wie viel Euro werden bei der Band- gegenüber der Flächenspritzung je ha an Pflanzenschutzmittelkosten gespart?

Berechne die Kosten und die Wirtschaftlichkeit der Phytophtorabekämpfung bei Kartoffeln. **144**
1 kg Pflanzenschutzmittel kostet € 14,–; Hektaraufwand 2 kg.

a) Was kosten 4 Spritzungen für eine Fläche von 1,75 ha?
b) Welchen Nutzen bringen die 4 Spritzungen, wenn je ha 320 dt Kartoffeln geerntet und zu einem Preis von € 0,10 je kg verkauft werden und einer Nichtbehandlung ein um 25 % geringerer Ertrag zugrunde gelegt wird?

Die Cercosporabekämpfung wird 3-mal durchgeführt. Für eine Bekämpfung benötigt man je ha 0,6 kg Pflanzenschutzmittel. 1 kg kostet € 41,–. **145**

a) Was kostet eine 3-malige Bekämpfung je ha?
b) Der Ertragsausfall ohne Bekämpfung beträgt durchschnittlich 20 %. Wie hoch wäre dieser bei einer Rübenernte von 540 dt/ha Zuckerrübe, die von einer bekämpften Fläche erreicht wurde?
c) Wie viel Euro macht der Mehrbetrag aus, wenn 1 dt Zuckerrübe € 6,70 kostet?

Bei einem Herbizid kostet eine 1-kg-Packung € 9,60 und eine 5-kg-Packung € 6,85 je kg. Bei der Bandspritzung zu Mais braucht man 2,5 kg je ha. Wie viel würde das Herbizid jeweils bei Verwendung von lauter 1-kg-Packungen bzw. lauter 5-kg-Packungen kosten, wenn eine Fläche von $3\frac{1}{2}$ ha zu behandeln ist? **146**

Ernte und Futterkonservierung

Ernte

Korn- und Strohverhältnis

Das Verhältnis Korn : Stroh beträgt bei den Getreidearten:

	Korn : Stroh		Korn : Stroh
Winterweizen	1 : 1,4	Gerste	1 : 1
Winterroggen	1 : 1,8	Hafer	1 : 1,5

Wie hoch sind die Stroherträge, wenn die ha-Kornerträge bei a) Winterweizen mit 44,7 dt, b) Winterroggen 35,0 dt, c) Gerste 38,2 dt und d) Hafer mit 32,5 dt angegeben werden? **147**

Vier Weizenflächen eines landwirtschaftlichen Betriebs ergaben folgende Erträge: **148**

Feldgröße in ha:		Kornerträge in dt:
1,75		77,0
0,85		37,4
2,25		94,6
0,75		31,5

a) Wie hoch war der Hektarertrag der einzelnen Flächen?
b) Wie hoch war der durchschnittliche Hektarertrag aller Flächen?

149 Bei Ablieferung von Getreide mit mehr als 15 % Wassergehalt werden Gewichtsabzüge berücksichtigt und Trocknungskosten verrechnet. Ein Weizenfeld von 1,80 ha Größe brachte einen Ertrag von 79 dt mit 19 % Wassergehalt.

a) Wie hoch ist der Gewichtsabzug für zu hohe Feuchtigkeit, wenn bei 19 % Wassergehalt laut Tabelle 6 % Feuchtigkeitsabzug gerechnet wird?
b) Welche Trocknungskosten ergeben sich, wenn pro dt für zu trocknendes Getreide € 22,50 verrechnet werden?

150 Bei unsachgemäßer Einstellung des Mähdreschers entstehen hohe Kornverluste. Es wurden in einem Betrieb 575 dt Getreide geerntet.

a) Wie hoch war der Gewichtsverlust insgesamt bei angenommenen 12 % Kornverlust?
b) Errechne den Geldverlust bei einem durchschnittlichen Getreidepreis von € 19,81 je dt.

151 Drei Kartoffelfelder erbrachten folgenden Ertrag:

Feld Nr.	Feldgröße in ha	Knollenerträge in dt
1	2,24	686,2
2	1,60	412
3	0,68	187,4

a) Wie hoch war der ha-Ertrag der einzelnen Felder?
b) Wie hoch war der durchschnittliche ha-Ertrag aller Felder?

152 In Versuchen wurden folgende Erträge und Stärkegehalte von Kartoffeln festgestellt:

Sorte	dt je ha	Stärkegehalt in %
Zenit	360	17,5
Hermes	340	16,5

Errechne von jeder Sorte den Stärkeertrag in dt je ha.

153 Ein Landwirt erntet auf 2,3 ha 1 200,6 dt Zuckerrüben in einem Verhältnis Rüben : Blättern mit Köpfen = 3 : 2. Wie viel dt Ertrag an Blättern mit Köpfen kann er insgesamt und je ha annehmen?

154 Ein Landwirt erntet in einem Jahr von

2,5 ha Dreischnittwiese	150 dt TM (= Trockenmasse)
3,2 ha Rotkleegras	272 dt TM
3,0 ha Luzernegras	210 dt TM

a) Berechne den jeweiligen TM-Ertrag in dt/ha.
b) Wie viel MJ NEL werden je ha geerntet, wenn 1 kg TM bei Gras 5,5 MJ NEL, bei Rotkleegras 6,1 MJ NEL und bei Luzernegras 6,2 MJ NEL enthält? (Hinweis: Der Energieertrag von Futter wird in MJ NEL = Megajoule Nettoenergielaktation angegeben.)

Eine Wiese brachte im ersten Schnitt folgende Erträge: **155**

a) Zum Ähren- und Rispenschieben gemäht 28 dt Heu mit 6,1 MJ NEL/kg Heu
b) Ende der Blüte gemäht 33 dt mit 5,0 MJ NEL/kg Heu

Wie hoch ist der jeweilige Qualitätsertrag (Produkt aus MJ NEL/kg · Ertrag)?

Eine Wiese brachte folgende Erträge: **156**

Schnittzeit kurz vor der Blüte:	32 dt Heu je ha mit 106 g Eiweiß je kg Heu
Schnittzeit in der Blüte:	34 dt Heu je ha mit 75 g Eiweiß je kg Heu
Schnittzeit nach der Blüte:	35 dt Heu je ha mit 56 g Eiweiß je kg Heu

a) Ermittle die einzelnen Eiweißerträge.
b) Berechne den Abfall des Eiweißertrags in %, bezogen auf die Schnittzeit vor der Blüte.

Futterkonservierung

Ein Landwirt siliert den ersten Wiesenschnitt im Fahrsilo. Mit dem zweiten Schnitt wird mithilfe des Maschinenringes Rundballensilage produziert. **157**

a) Welches Volumen hat ein (zylinderförmiger) Silagerundballen mit folgenden Abmessungen: $d = 1{,}20$ m, $h = 1{,}25$ m
b) Welches Gesamtvolumen bringen 54 Silagerundballen und welcher Betrag muss dem Maschinenring bezahlt werden, wenn das Pressen und Wickeln eines Rundballens € 16,50 kostet?

Ein Landwirt erwartet von seinem 0,80 ha großen Feld einen Ertrag von 550 dt Silomais. **158**

a) Wie viel m^3 Siloraum ist erforderlich, wenn je m^3 600 kg siliert werden können?
b) Wie hoch wird der Silagestock in einem Rundsilo mit 4 m Durchmesser?

Feststellung des Gesamtvolumens von Heu- und Gärfutterlagerräumen des elterlichen Betriebs (oder des Schulbetriebs). **159**

a) Fertige zuerst vor Ort eine Handskizze von allen Heu- und Gärfutterlagerräumen (Heubox, Fahrsilo, Rundsilo, Rundballen …) an, stelle die Abmessungen fest und trage sie ein.
b) In der Schule werden die Futterlager mit den Abmessungen mittels PC und entsprechendem Zeichenprogramm dargestellt. Unterhalb der Darstellung wird das Volumen des Futterlagers mit Formel berechnet.
c) Die ausgedruckten Ergebnisse können in der Klasse präsentiert, in das Arbeitsbuch für Schüler geheftet und in anderen Fachbereichen (z. B. Tierhaltung – Rationsberechnung) verwendet werden.

Kapitel J: Alm- und Weidewirtschaft

J1 Informiere dich mithilfe des Internets über die Bedeutung und Funktionen der Alm- und Weidewirtschaft in Österreich. Gestalte eine kurze Zusammenfassung der Ergebnisse und besprecht diese in der Klasse.
Internettipp: www.almwirtschaft.com

J2

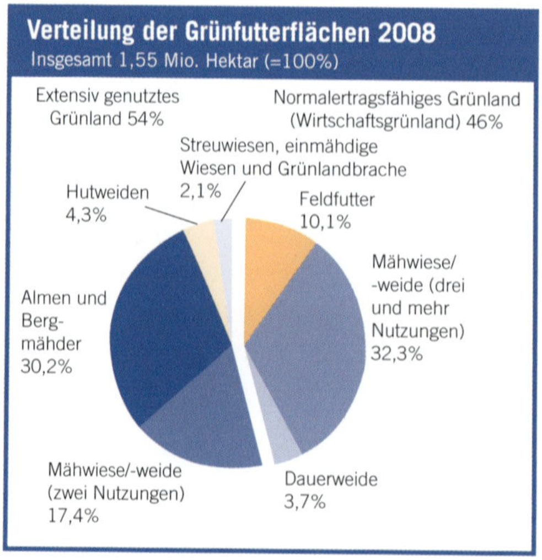

Grünlandnutzung in Österreich
Berechne den Anteil der Almen und Bergmähder in ha mithilfe folgender Grafik:

Internettipp: www.gruenerbericht.at

Quelle: Grüner Bericht 2009

J3 Almwirtschaft in Österreich
Statistische Daten

	Anzahl der Almen	Antworten a)	Anzahl der Tierhalter	Almfutterfläche in ha
Kärnten	1 951		4 735	72 388
Niederösterreich	81		672	4 992
Oberösterreich	208		718	5 219
Salzburg	1 819		4 777	88 628
Steiermark	1 980		4 606	61 657
Tirol	2 153		10 635	184 139
Vorarlberg	582		2 778	43 564
Österreich	**8 774**		**28 921**	**460 587**

Quelle: Grüner Bericht 2009

a) Gib die Anzahl der Almen in den einzelnen Bundesländern in % an. (Runde auf ganze Zahlen.)
b) Wie viel ha Futterfläche hat eine österreichische Alm im Mittel?
c) Stelle die Almfutterflächen in den einzelnen Bundesländern grafisch mit einem Säulendiagramm dar (zeichne händisch und mit Excel).

J4

Gealptes Vieh in Österreich

	Pferde	Rinder und Mutterkühe	Milchkühe	Schafe	Ziegen
Kärnten	1 469	50 294	1 793	15 142	1 124
Niederösterreich	30	4 980	40	–	3
Oberösterreich	72	4 805	83	945	52
Salzburg	2 931	58 966	9 118	19 293	1 458
Steiermark	872	48 509	1 559	7 809	99
Tirol	3 329	77 163	33 299	67 650	4 965
Vorarlberg	1 033	27 329	10 101	5 025	1 087
Österreich	**9 736**	**272 046**	**55 993**	**115 864**	**8 788**

Quelle: Grüner Bericht 2009

a) Gib die Anzahl der gealpten Milchkühe in den einzelnen Bundesländern in % an.
b) Stelle den Anteil der einzelnen gealpten Tierarten in Österreich mithilfe des PC an einem Diagramm deiner Wahl dar.

J5

Ein Bauer treibt 7 Kalbinnen während des Sommers für 95 Weidetage auf die Alm. Ihr Gewicht vor und nach der Alpung wird erhoben:

Kalbin	Gewicht vor der Alpung	Gewicht nach der Alpung
Lilly	520 kg	603 kg
Mella	530 kg	585 kg
Karla	506 kg	591 kg
Sandra	420 kg	477 kg
Lena	324 kg	402 kg
Bluna	318 kg	374 kg
Zitta	547 kg	593 kg

a) Wie hoch ist die durchschnittliche tägliche Gewichtszunahme in g der einzelnen Tiere während der Weideperiode? (Verwende dazu das EDV-Programm Excel.)
b) Wie hoch ist die tägliche Gewichtszunahme im Durchschnitt aller gealpten Kalbinnen zusammen?

J6 Für eine Großvieheinheit (GVE) rechnet man bei gutem Futterertrag 1 a Weidefläche pro Tag. Die Koppeln sollen für 3 Tage reichen.

a) Wie groß macht man Koppeln für 13 Kühe mit durchschnittlich 650 kg Lebendgewicht?
b) Wie groß muss eine aus 14 Koppeln bestehende Weide für die gleiche GVE-Zahl sein?

J7 Für wie viele Großvieheinheiten reicht eine 3,8 ha große Weide, wenn zur Ernährung einer GVE 40 a Weidefläche reichen?

J8 Bei der Beifütterung von 8 kg Weizenkleie pro Tag an das Almvieh reicht der Futtervorrat für 24 Tage. Wie lange würde der Vorrat reichen, wenn 6 kg Kleie pro Tag gegeben werden?

J9 Die Preise für Weizenkleie betragen:

Weizenkleie biologisch	€ 37,50/100 kg	(inkl. 20 % USt.)
Weizenkleie konventionell	€ 24,90/100 kg	

a) Wie hoch ist der Preisunterschied pro kg?
b) Wie hoch sind die Mehrkosten bei Verwendung von biologischer Weizenkleie und einem Bedarf von 400 kg?

J10 Eine Rechnung für Futtermittel lautet:

Bergkern (= Natursalzstein)	50 kg	€ 33,00 (exkl. USt.)
Viehsalz fein jodiert	100 kg	€ 21,10 (exkl. USt.)
Weizenkleie biologisch	500 kg	€ 156,25 (exkl. USt.)

Wie hoch stellt sich die Rechnung (inkl. 20 % USt.), wenn bei Bezahlung innerhalb von 10 Tagen 2 % Skonto gewährt werden?

J11 Der Boden einer Almweide neigt zur Versauerung. Aus diesem Grund sollen 1 500 kg Kohlensaurer Kalk pro ha ausgebracht werden. Der Preis beträgt € 77/t Kohlensaurer Kalk (inkl. 20 % USt. und Leihgebühr für Kalkstreugerät).

a) Wie viel t Kohlensaurer Kalk werden für eine Teilfläche von 580 a benötigt?
b) Wie hoch sind die Kosten?

J12 5 Almbauern brauchen zum „Schwenden" (= Abholzung) von Zwergsträuchern ihrer Weidefläche 14 Stunden.Wie lange würden 7 Arbeiter für dieselbe Arbeit benötigen?

J13 Ein Mähtrac mit Mulchaufsatz wird zur Weidepflege eingesetzt. Bei einer Flächenleistung von 3,5 Stunden pro ha werden die Kosten mit € 60 (inkl. USt.) pro Stunde angesetzt.

a) Wie lange dauert das Mulchen einer Fläche von 240 a?
b) Welche Kosten fallen dadurch an?

J14 Ein durch Viehtritt lückiger Weidebestand im Ausmaß von 4,5 ha soll durch Einsaat regeneriert werden. Dazu wird mit einem Feinsamenstreuer 15 kg Grünlandmischung pro ha ausgebracht.

a) Wie viel kg dieser Grünlandmischung müssen besorgt werden?
b) Wie hoch sind die Saatgutkosten, wenn 1 kg € 5,08 (inkl. 20 % USt.) kostet?

Eine Genossenschaftsweide setzt sich aus drei Teilflächen zusammen: **J15**

$31\frac{1}{2}$ ha $27\frac{3}{4}$ ha $18\frac{1}{4}$ ha

Welche Weidefläche kann insgesamt bewirtschaftet werden?
(Rechne mit Bruchzahlen und im Kopf!)

J16 Bei einer Umzäunung einer rechteckigen Weide im Ausmaß von 64 × 136 m soll alle 4 m ein Pfahl stehen, und es sollen 2 Drähte gespannt werden.

a) Wie viele Pfähle werden gebraucht?
b) Wie viele Meter Draht werden benötigt?

J17 2 Almbauern brauchen für die Weidezaunreparatur im Frühjahr 9 Tage.
Um die Arbeit früher zu beenden, werden nach 3 Tagen zusätzlich 2 Bauern mithelfen.
Um wie viele Tage kann die Arbeit früher beendet werden?

J18 Aus einem undichten Holztränkebecken für Weidevieh tropft je Minute $\frac{1}{8}$ l Wasser. Welche Wassermenge in m³ rinnt dabei in 10 Tagen ungenutzt weg?

J19 Ein Futtertrog hat die Form eines Prismas mit trapezförmigem Querschnitt (Maße in cm).

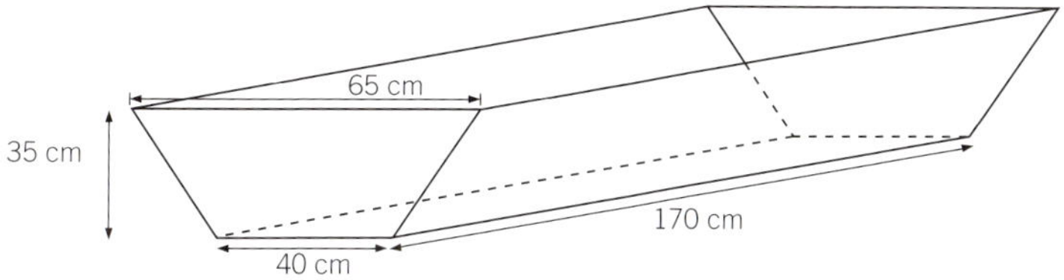

Berechne den Rauminhalt in m³.

J20 Folgende Abbildung stellt den Grundriss einer Weidekoppel dar:
a) Berechne die Fläche der abgebildeten Weidefläche in ha.
b) Wie viel m Zaun wird für den gesamten Umfang der Weide benötigt?

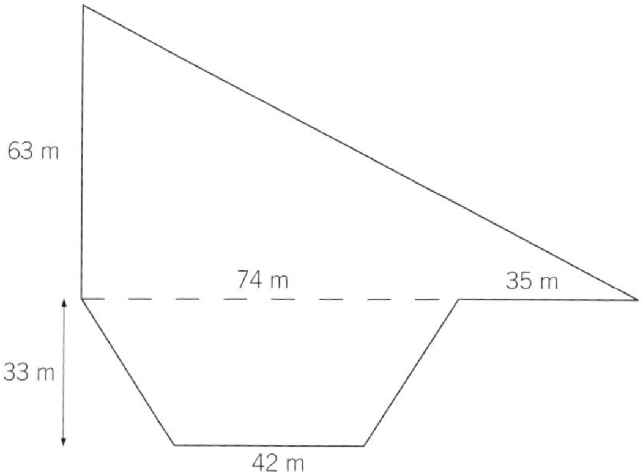

Weitere Beispiele finden Sie unter www.avbuch.net.

Kapitel K: Nutztierhaltung

Grundlegendes über die Fütterung

Futtermittel bewertet man nach dem **Trockenmassegehalt (T)**, nach dem **Gehalt an Rohprotein (XP)** in Gramm, nach dem Gehalt an **nutzbarem Protein im Darm (nXP)** und nach dem Energiegehalt.
Für Milch- und Mutterkühe verwendet man als Energiemaßstab die **Nettoenergie-Laktation (NEL)**, für Jung- und Mastrinder sowie für Schweine die **umsetzbare Energie (ME)**. Die Angabe von Eiweiß erfolgt in g *(Gramm)*, die Angabe von Energie in MJ *(Megajoule)*.

Trockenmasse

Die Trockenmasse ist der vollkommen wasserfreie Teil eines Futtermittels. Welche Menge eines Futtermittels ein Tier aufnehmen kann, hängt vom Trockenmassegehalt ab.

Protein

Da das Eiweiß als Baustoff in der Tierernährung unentbehrlich ist, muss bei der Futterberechnung auch der Gehalt an Protein bekannt sein. Als Maßstab für das Eiweiß verwendet man bei Milch gebenden Wiederkäuern das nutzbare Protein im Darm (nXP), bei Pferden das verdauliche Protein (DXP), bei allen übrigen Tieren das Rohprotein (XP).

Rinderhaltung

Allgemeines

Futtermischungen

K1 Ein Landwirt mischt ein Kälberaufzuchtfutter mit folgender Zusammensetzung: 33 % Weizen, 37 % Gerste, 15 % Sojaschrot, 10 % Leinextraktionsschrot, 4 % vitaminisierte Mineralstoffmischung, 1 % Sojaöl zur Staubbindung. Welche Menge wird von den einzelnen Futtermitteln benötigt, wenn 300 kg gemischt werden sollen?

Aus einem Futtermittel A mit einem Gehalt von 50 % Rohprotein und einem Futtermittel B mit einem Gehalt von 20 % Rohprotein soll eine Futtermischung C mit 30 % Rohprotein hergestellt werden. **K2**

a) Wie viele Teile werden von Futtermittel A und Futtermittel B dazu benötigt?

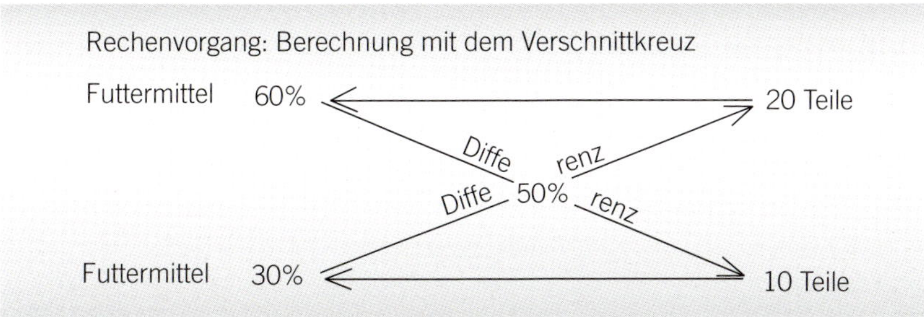

b) Wie viel % von der Futtermischung C machen die einzelnen Teile aus (30 Teile sind 100 %)?

c) Welches Mischungsverhältnis ergibt sich daraus?

d) Überprüfe die Mischungsrechnung, indem du 150 kg einer solchen Mischung auf den Gehalt an Rohprotein berechnest und feststellst, wie viel Rohprotein 1 kg der Futtermischung C enthält!

Aus einem Eiweißkonzentrat für Mastrinder mit 45 % Rohprotein und Getreideschroten mit durchschnittlich 12 % Rohprotein sollen ein Mischfutter I mit 25 % Rohprotein und ein Mischfutter II mit 18 % Rohprotein gemischt werden. Welche Mischungsverhältnisse sind erforderlich? Drücke das Ergebnis auch in Prozenten aus! **K3**

Preiswürdigkeit

Die Preiswürdigkeit kann nur im Vergleichsweg, bezogen auf den Futterwert, festgestellt werden, und zwar mittels errechneten Preisen für 1 000 bzw. 100 Einheiten des wertbestimmenden Bestandteils eines Futtermittels, also 1 000 g Rohprotein oder 100 MJ NEL oder 100 MJ ME.

Führe einen Preisvergleich von Sojaextraktionsschrot, Standard/dampferhitzt, und Rapsextraktionsschrot durch. Welches dieser Eiweißfuttermittel ist preisgünstiger? **K4**
Sojaextraktionsschrot enthält 510 g Rohprotein; 1 kg kostet € 0,34.
Rapsextraktionsschrot enthält 399 g Rohprotein; 1 kg kostet € 0,17.
(Nährstoffgehalt der Futtermittel siehe Tabelle S. 290)

Führe einen Preisvergleich von Futtergerste und Futtermais durch. Welches dieser Energiefuttermittel ist preisgünstiger? **K5**

Futter-(Sommer-)Gerste enthält	8,16 MJ NEL;	1 kg kostet € 0,135
Futtermais enthält	8,39 MJ NEL;	1 kg kostet € 0,139

(Nährstoffgehalt der Futtermittel siehe Tabelle S. 289)

Gewichtsverlust („Masseverlust")

K6 Ein Schlachtrind mit 623 kg Lebendgewicht ergab: 57 % Schlachtgewicht, 4,1 % Blut, 9 % Haut, Hörner, Beine (bis zum Sprunggelenk), 3,2 % Kopf und Zunge, 7,8 % Eingeweide und 18,9 % Sonstiges.
Wie schwer waren die einzelnen Teile?

K7 Beim Transport des Schlachtviehs (bei Entfernungen von ca. 100 km) rechnet man mit einem durchschnittlichen Gewichtsverlust von 4,5 %.
Welchen Verlust in kg erleidet ein Schlachtviehtransport von 8 Rindern mit insgesamt 4 320 kg Lebendgewicht und 12 Schweinen mit insgesamt 1 380 kg Lebendgewicht?

Sonstiges

K8 Eine quaderförmige Jauchegrube hat eine Länge von 12,5 m, eine Breite von 5,5 m und eine Höhe von 3,5 m.
Der Rauminhalt ist zu 90 % nutzbar. Für wie viele GVE (1 GVE = 500 kg) reicht die Grube, wenn für 1 GVE pro Tag 15 l Harn und Wasser anfallen und die Jauche 6 Monate gelagert werden soll?

K9 Die Belichtungsfläche eines Stalls soll etwa ein Fünfzehntel der Stallgrundfläche betragen. Wie groß muss daher die Belichtungsfläche (Fensterfläche) für einen Fressliegeboxenstall mit einer Länge von 40 m und einer Breite von 12 m sein?

Milchviehfütterung

Trockenmassebedarf und Nährstoffbedarf

K10 Die Trockenmasseaufnahme einer 700 kg schweren Kuh mit einer Tagesleistung von 20 kg Milch beträgt ca. 18 kg.
Wie viel kg Gras- und Maissilage muss die Kuh aufnehmen, wenn das Futterverhältnis von Gras- zu Maissilage 2 : 1 beträgt und 13 kg Trockenmasse mit Silagen gedeckt werden sollten? (1 kg Grassilage enthält 350 g T, 1 kg Maissilage enthält 270 g T.)

K11 Wie viel nutzbares Protein im Darm (nXP) und wie viel MJ NEL benötigt eine 700 kg schwere Kuh zur Erzeugung von 25 kg Milch bei 4 % Fettgehalt und 3,4 % Proteingehalt?

Mineralstoffentzug

K12 In einem kg Milch sind 0,7 % Mineralstoffe enthalten. Wie viel dag Mineralstoffe werden einer Kuh bei einer Leistung von 22 kg Milch täglich entzogen?

Rohfasergehalt

Milchvieh benötigt mindestens 18 % Rohfaser in der Trockenmasse der Gesamtfutterration.

Der TM-Gehalt einer Ration beträgt 15,6 kg; der Rohfasergehalt dieser Ration beträgt 3 120 g. Wie viel % Rohfaser sind dies? **K13**

Sommerfutterplan

Auf einer bestimmten Fläche kann man täglich 1 500 kg hochwertiges Grünfutter gewinnen. Hiervon würden 35 kg als Erhaltungsfutter je Kuh und Tag genügen. Füttert man 20 Kühe, so bleiben als Leistungsfutter 800 kg Grünfutter (1,01 MJ NEL/kg), also je Kuh und Tag ca. 40 kg, wovon jede Kuh 12,8 l Milch geben kann; insgesamt würde man somit 256 l Milch erhalten. **K14**

a) Wie viel kg Grünfutter würde man täglich benötigen, wenn man den Kuhbestand auf 45 Kühe erhöht und die durchschnittliche Tagesleistung je Kuh gleich bleiben soll?
b) Wie viel kg Grünfutter würde man täglich benötigen, wenn man den Kuhbestand auf 45 Kühe erhöht und die durchschnittliche Tagesleistung je Kuh auf 13,5 l ansteigen soll?

Winterfutterplan

Für 200 Winterfuttertage rechnet man bei hauptsächlicher Heufütterung ca. 3 000 kg Heu je GVE (je Tag und GVE ca. 15 kg Heu). Bei Heu und Saftfutterbasis rechnet man je GVE ca. 2 000 kg Heu und 5 000 bis 6 000 kg Saftfutter (je GVE und Tag 10 kg Heu und 25 bis 30 kg Saftfutter). **K15**
Erstelle einen Winterfutterplan für 35 Kühe mit einem Durchschnittsgewicht von 650 kg je Kuh und einem Jungviehgesamtgewicht von 7 200 kg. Wie viel t Heu und wie viel t Saftfutter müssen für die Winterfütterung vorrätig sein?

Ein Landwirt hat zwei Heutürme (Zylinderform) mit je 5 m Durchmesser. Ein Turm ist bis zu einer Höhe von 8 m, der zweite Turm bis zu einer Höhe von 9,5 m mit Heu gefüllt. Dieser Heuvorrat soll für 28 Kühe während des Winters (200 Winterfuttertage) reichen. **K16**

a) Wie viel kg Heu kann der Landwirt pro Kuh und Tag verfüttern, wenn 1 m^3 Heu 80 kg wiegt?
b) Der ermittelte Heuvorrat soll in Rundballen gelagert werden. Überlege, wie viele Rundballen das sein könnten.

Wie viele Kühe können in der Winterfutterzeit (200 Winterfuttertage) bei einer täglichen Heugabe von 3 kg je Kuh aus nachstehend angeführtem Heustapel versorgt werden? Länge 8 m, Breite 6,5 m, Höhe 5,5 m; 1 m^3 wird dabei mit 70 kg Gewicht angenommen. **K17**

Rationsberechnung

Eine 650 kg schwere Kuh erhält täglich folgende Ration: **K18**

15 kg Grassilage, 1. Aufwuchs, Beginn der Blüte
15 kg Maissilage, Ende der Teigreife
3 kg Wiesenheu, 1. Schnitt, Beginn der Blüte
2 kg Trockenschnitte

(Nährstoffgehalt der Futtermittel siehe Tabelle S. 285 ff.)

a) Für wie viel kg Milch reicht diese Ration, bei einem Milchfettgehalt von 4,5 % und einem Proteingehalt von 3,4 %?

b) Wie hoch ist der TM-Gehalt dieser Ration?
c) Wie hoch ist der Rohfasergehalt dieser Ration in Prozent?

K19 Die Tagesration besteht aus folgenden Futtermitteln:
5 kg Wiesenheu, 1. Aufwuchs, im Ähren-/Rispenschieben, Bodentrocknung
4 kg Wiesenheu, 2. Aufwuchs, Beginn der Blüte, Bodentrocknung
15 kg Luzerne-Gras-Gemenge-Silage, 1. Aufwuchs
(Die Nährstoffzahlen sind der Tabelle S. 285 ff. zu entnehmen!)

a) Welche Milchleistung kann eine 700 kg schwere Kuh mit dieser Grundfutterration erbringen, wenn der Milchfettgehalt 4 % und der Proteingehalt 3,2 % betragen?
b) Wie hoch ist der Trockenmassegehalt dieser Ration?

Milchviehkraftfutter

K20 Ein Landwirt mischt folgendes Leistungskraftfutter für seine Milchkühe:

40 %	Ackerbohne
40 %	Sommergerste
18 %	Weizen
2 %	Mineralstoffe
100 %	

a) Wie viel g nXP und wie viel MJ NEL enthält 1 kg dieser Mischung?
b) Für wie viele kg Milch reicht 1 kg dieser Kraftfuttermischung bei einem Milchfettgehalt von 4 % und einem Proteingehalt von 3,4 %?

K21 Einem Landwirt stehen für die Milchviehfütterung zwei verschiedene Kraftfuttermischungen zur Verfügung.
Milchleistungsfutter I (1 kg Mischung reicht nach g nXP und nach MJ NEL für 2 kg Milch) oder
Milchleistungsfutter IV (1 kg reicht nach g nXP für 4 kg Milch und nach MJ NEL für 2 kg Milch).

a) Der Nährstoffgehalt einer Tagesfutterration für eine Kuh reicht nach MJ NEL für 12 kg Milch und nach nXP für 9 kg Milch. Die Nährstoffzufuhr soll aber in MJ NEL und in nXP für 15 kg Milch ausreichen. Welches Kraftfutter und wie viel davon ist nötig?
b) Welches Kraftfutter und welche Menge sind nötig, um 20 kg Milch zu erzeugen, wenn das Grundfutter nach MJ NEL und nach nXP für 14 kg Milch reicht?

Kälberaufzucht

Kälberaufzuchtplan

K22 Kälberaufzuchtplan für die Zeit von der 2. bis 12. Lebenswoche für ein Kuhkalb.
Als Kälbertränke wird Milchaustauscher verwendet.
Ermittle die erforderliche Gesamtmenge an Milchaustauschertränke.

Lebenswoche	2.	3.	4.	5.	6.	7.	8.	9.	10.	11.	12.
Milchaustauschertränke in l/Tag	7	6	6	6	5	4	3	3	2	2	–

Erstelle einen Kälberaufzuchtplan nach der Frühentwöhnungsmethode und ermittle die erforderliche Gesamtmenge an Milchaustauschertränke. K23

Für 1 l Milchaustauschertränke braucht man 12,5 dag Milchaustauscherpulver. Wie viel kg Milchaustauscherpulver wären zur Aufzucht eines Kuhkalbes nach dem Tränkeplan im Beispiel K22 erforderlich? K24

Preisvergleich

Der Landwirt bekommt von der Molkerei für 1 kg Vollmilch S-Qualität, mit einem Fettgehalt von 4 %, € 0,31. 1 kg Vollmilchaustauscher kostet den Landwirt € 1,87 (ohne MwSt.). K25
Berechne den Preis von 1 l Milchaustauschertränke bei einer Tränkekonzentration von 12,5 dag pro l Wasser. Vergleiche, welche Milchtränke (Vollmilch oder Vollmilchaustauscher) preisgünstiger ist.

Mastvieh

Tageszunahmen

Berechne die durchschnittlichen Tageszunahmen in g bei einer Mastdauer von K26

a) 457 Tagen b) 417 Tagen c) 387 Tagen
d) 367 Tagen e) 352 Tagen f) 346 Tagen

für den Gewichtsabschnitt von 150 bis 600 kg Lebendgewicht.

Rationsberechnung

Der TM-Gehalt der Maissilage soll 30 % betragen. Wie viel kg Maissilage kann ein Maststier mit 450 kg Lebendgewicht aufnehmen, wenn der Gesamt-Trockenmassebedarf 9 kg beträgt und davon 2,2 kg durch die Trockenmasse aus dem Kraftfutter abgedeckt wurden? K27

Rationsberechnung für Mastvieh mit 400 bis 500 kg Lebendgewicht: K28
22 kg Maissilage, Ende der Teigreife
1,10 kg Sojaextraktionsschrot, Standard, dampferhitzt
Berechne den Gehalt an Trockenmasse, Rohprotein und umsetzbarer Energie dieser Mastration.

Milchwirtschaft

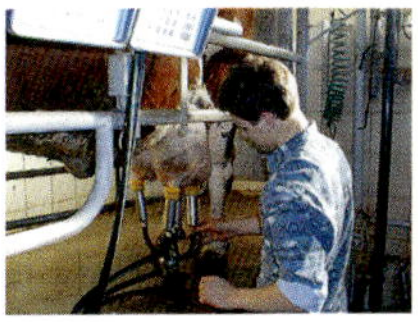

Umrechnung von kg Vollmilch auf l Vollmilch

1 l = 1,03 kg	Wasser: 1 dm^3 = 1 l entspricht 1 kg
1 kg = 0,97 l	Milch: 1 dm^3 = 1 l entspricht 0,97 kg

K29 a) Wie viel kg sind: 35 l, 138,5 l, 658,75 l Vollmilch.
b) Wie viel l sind: 18 kg, 482 kg, 2 188,5 kg Vollmilch.

Zusammensetzung der Kuhmilch

K30 Vollmilch hat durchschnittlich folgende Zusammensetzung:

4,0 % Fett
3,5 % Eiweißstoffe
4,8 % Milchzucker
0,7 % Mineralstoffe

a) Wie viel kg Fett sind in 1 560 l Vollmilch enthalten?
b) Welche Mengen an Mineralstoffen werden einer Kuh bei der durchschnittlichen Melkung von 25 l Milch pro Tag entzogen?

Milch- und Fettleistung

K31 Ermittle die Stalldurchschnittsleistung pro Jahr und Tag von 8 Kühen mit folgenden Standardlaktationen:

Emsa	7 346 kg	Gulli	10 228 kg
Esira	8 922 kg	Rolli	11 346 kg
Lore	8 692 kg	Edelweiß	9 206 kg
Leopra	8 322 kg	Granada	9 856 kg

K32 In einem Versteigerungskatalog werden für eine Kuh an Jahreshöchstleistung 8 585 kg Milch bei 4,39 % Fett angegeben.
Wie hoch ist die Leistung, ausgedrückt in kg Fett?

K33 Vergleiche die Milchfettmengen zweier Kühe bei folgenden Jahresleistungen:
1. Kuh 5 458 kg Milch mit 4,3 % Fettgehalt
2. Kuh 6 176 kg Milch mit 3,8 % Fettgehalt

Mischen mehrerer Milchsorten

Beim Mischen mehrerer Milchsorten kann man den Fettgehalt der vermengten Milch errechnen.

Werden 1 kg Milch mit 3,4 % Fett und 1 kg Milch mit 4,0 % Fett gemischt, erhält man 2 kg Milch mit 3,7% Fettgehalt. Man rechnet folgendermaßen:

1 kg Milch mit 3,4 % Fett enthält 34 g Fett.

1 kg Milch mit 4,0 % Fett enthält 40 g Fett.

2 kg der Mischung enthalten somit 74 g Fett.

1 kg der Mischung enthält daher 74 g : 2 = 37 g oder 3,7 %.

Die Kontrolle der Milchleistung ergab bei 4 Kühen: K34

Milchleistung in kg	22,4	24,8	38,2	29,6
Fettgehalt in %	3,8	4,1	4,0	4,4

Ermittle den Fettgehalt der vermengten Milch.

Butter- und Käseerzeugung

Wie viel kg Butter können aus 100 kg Milch mit 3,8 % (4,3 %) Fett unter der Annahme erzeugt werden, dass das Fett bis auf einen Rest von 0,2 % der Milch entzogen werden kann und die Butter 84 % Fett enthält? K35

Wie hoch ist der Fettgehalt der Milch, wenn man aus 210 kg Vollmilch 11 kg Butter mit 80 % Fett erhält, wobei 0,2 % des Fettes in der Buttermilch verbleiben? K36

Berechne den Fettgehalt des Rahmes, wenn man aus 11 kg Rahm 4 kg Butter mit 82 % Fett gewinnt. K37

Rahm enthält durchschnittlich 30 % Fett. Wie viel kg Milch mit einem Fettgehalt von 4,1 % müssen annähernd zur Herstellung von 10 kg Rahm dienen, wenn die Magermilch noch 1 g Fett im kg enthält? K38

K

Wie viel l Milch benötigt man zur Herstellung von 15 kg Hartkäse mit 45 % Fett in der Trockenmasse, wenn der Fettgehalt der Rohmilch 4,32 % und der Eiweißgehalt 3,46 % beträgt? K39

Schweinehaltung

Allgemeines

Preiswürdigkeit

Beim Futtermittelzukauf muss auf die Preiswürdigkeit Rücksicht genommen werden. Dabei vergleicht man ein Futtermittel nährstoffmäßig mit einem Energiefutter (z. B. Gerste) und einem Eiweißfutter (z. B. Sojaschrot).
Welche Mengen an Energie- und Eiweißfutter benötigt werden, um 1 kg eines bestimmten (Zukauf-)Futtermittels nach Energie und Eiweiß zu ersetzen, bezeichnet man als Nährstoffäquivalenz.

Beispiele für Nährstoffäquivalenz:

1 kg Erbse	=	0,40 kg Sojaschrot	+	0,65 kg Gerste
1 kg Rapsschrot	=	0,73 kg Sojaschrot	+	0,06 kg Gerste
1 kg Weizen	=	0,00 kg Sojaschrot	+	1,09 kg Gerste
1 kg Mais	=	0,10 kg Sojaschrot	+	1,20 kg Gerste

K40 Bis zu welchem Preis ist der Zukauf von Erbsen interessant, wenn der aktuelle Preis von Sojaschrot € 0,34 und der Preis von Gerste € 0,15 beträgt?

Zur Ermittlung des günstigsten Energiefuttermittels vergleicht man den Preis von jeweils 100 MJ ME, zur Ermittlung des günstigsten Eiweißfuttermittels vergleicht man den Preis von jeweils 1 000 g XP.

K41 Kosten der Umsetzbaren Energie (ME) – Wiederkäuer: Wie viel kosten 100 MJ ME in den nachstehend angeführten Futtermitteln bei ortsüblichen Preisen?

1 kg Futtermittel	enthält MJ ME	Preis in EUR pro kg FM	Preis in EUR für 100 MJ ME
Sommergerste			
Mais			
Weizen			
Triticale			
Trockenschnitzel			

K42 Kosten des Rohproteins (XP) – Schweine: Wie viel kosten 1 000 g Rohprotein in nachfolgend angeführten Futtermitteln bei ortsüblichen Preisen?

1 kg Futtermittel	enthält g XP	Preis in EUR pro kg FM	Preis in EUR für 1 000 g XP
Sojaschrot 44			
Magermilchpulver			
Bierhefe getr.			
Ackerbohne			
Erbse			

Zuchtsauenfütterung

Kraftfuttermischung

K43 Berechne den Gehalt an Rohprotein und an MJ ME in 1 kg folgender Futtermischung für Schweine:

25 % Hafer	10,0 % Weizenkleie
20 % Sommergerste	5,3 % Luzernegrünmehl
15 % Weizen	4,7 % Mineralstoffe
18 % Sojaschrot 44	2,0 % Wirkstoffe

Eine Kraftfuttermischung für Zuchtschweine soll zwischen 165 und 170 g XP und zwischen 11,00 und 11,50 MJ ME pro kg enthalten. Erstelle eine Mischung und verwende dazu folgende Futtermittel: Hafer, Sommergerste, Weizen, Mais, Weizenkleie, Sojaschrot 44, Luzernegrünmehl, Mineralfutter. **K44**

Kombinierte Fütterung

> Unter Kombinierter Fütterung versteht man die Fütterung mit Grund- und Kraftfutter.

Berechne den Futterverbrauch für 1 Zuchtsau im Jahr unter folgender Annahme: **K45**

2,2 Würfe im Jahr
12 Ferkel pro Wurf
4 Wochen Säugezeit

a) Grundfutter – nur während der Trächtigkeit
$\frac{2}{3}$ Maissilage, $\frac{1}{3}$ Gehaltsrüben
Tagesgaben
5 kg bis 12. Trächtigkeitswoche
3 kg 13. bis 16. Trächtigkeitswoche
b) Kraftfutter – Tagesgaben
2,5 kg Flushingperiode (= 1 Woche)
1,0 kg bis 12. Trächtigkeitswoche
2,5 kg 13. bis 16. Trächtigkeitswoche
1,5 kg für Sau und 0,5 kg für Ferkel für Säugeperiode

Kraftfutteralleinfütterung

> Es wird kein Grundfutter verabreicht. Allerdings gibt es zwei verschieden zusammengesetzte Kraftfuttermischungen, und zwar eine Mischung, die während der Trächtigkeit verabreicht wird, und eine anders zusammengesetzte für die Säugezeit (Laktationsfutter).
> Als Tagesgabe während einer Produktionsphase (= Zeitraum zwischen dem Absetzen zweier Würfe einer Sau) werden folgende Kraftfuttermengen verabreicht:
> 3,0 kg Säugefutter – Flushingperiode (= 1 Woche)
> 2,2 kg Trächtigungsfutter bis zur 12. Trächtigkeitswoche
> 3,0 kg Trächtigungsfutter von der 13. bis 16. Trächtigkeitswoche
> 1,5 kg Säugefutter für die Sau und 0,5 kg für 1 Ferkel

Ein Betrieb besitzt 30 Zuchtsauen **K46**

2,2 Würfe/Sau/Jahr
10 Ferkel/Wurf
4 Wochen Säugezeit/Wurf

a) Wie viele Ferkel werden in diesem Betrieb pro Jahr geworfen?
b) Wie viel kg Trächtigkeits- und Laktationsfutter (= Säugefutter) wird in diesem Betrieb in einem Jahr verfüttert?

K

c) Wie viel kg Sojaschrot (XP) und Fischmehl (65 bis 70 %) müssen jährlich zugekauft werden, wenn der Anteil im Trächtigkeitsfutter 8 % Soja, 3 % Fischmehl und im Laktationsfutter 15 % Soja, 3 % Fischmehl beträgt?
d) Wie teuer ist diese zugekaufte Menge an Sojaschrot und Fischmehl nach ortsüblichen Preisen?

Ferkelproduktion

Ferkelfütterung

K47 Für die Fütterung eines Ferkels bis zur 10. Lebenswoche (ca. 26–28 kg Lebendgewicht) benötigt man ca. 30 kg Ferkelaufzuchtfutter.
Wie viel kg Ferkelaufzuchtfutter benötigt ein Betrieb:

a) mit 12 Zuchtsauen (12 Ferkel/Sau/Wurf bei 2,2 Würfen/Sau/Jahr)?
b) mit 30 Zuchtsauen (10 Ferkel/Sau/Wurf bei 2,2 Würfen/Sau/Jahr)?

Ferkelgewicht und Gewichtszunahme

K48 Eine Zuchtsau warf 12 Ferkel mit einem Wurfgewicht von 16,8 kg.
Berechne das durchschnittliche Geburtsgewicht eines Ferkels.

K49 Im Durchschnitt beträgt das Gewicht eines Ferkels
nach der 3. Lebenswoche 5,0 kg;
nach der 8. Lebenswoche 18,0 kg.
Berechne die Wurfgewichte für 12 Ferkel nach der 3. und 8. Lebenswoche.

K50 Bei der Trennung der Zuchtläufer von den Mastschweinen (10. Lebenswoche) hatten 5 weibliche Tiere zusammen 140 kg Lebendgewicht.
Bei der ersten Belegung (8. Lebensmonat) hatten sie zusammen 600 kg.

a) Berechne das Lebendgewicht eines Tieres nach der 10. Woche und bei der ersten Belegung.
b) Berechne die durchschnittliche tägliche Zuwachsleistung eines Tiers in diesem Abschnitt (Ende 32. Lebenswoche).

Ferkelverluste

Die Entwicklung der Ferkel nach der Geburt hängt sehr wesentlich vom Geburtsgewicht ab.

Durchschnitts-Geburtsgewicht (G)	Ferkelverluste/Wurf
$G \leq 0{,}9$ kg	49 %
$0{,}9 \text{ kg} < G \leq 1{,}0$ kg	44 %
$1{,}0 \text{ kg} < G \leq 1{,}1$ kg	35 %
$1{,}1 \text{ kg} < G \leq 1{,}2$ kg	16 %

Eine Zuchtsau brachte **K51**

beim 1. Wurf 16 Ferkel mit einem Wurfgewicht von 14,4 kg,
beim 2. Wurf 11 Ferkel mit einem Wurfgewicht von 13,2 kg zur Welt.

Wie hoch ist das durchschnittliche Geburtsgewicht je Ferkel beim

a) 1. Wurf, b) 2. Wurf?

Wie viele Ferkel verendeten frühzeitig beim c) 1. Wurf, d) 2. Wurf?

Schweinemast

Futterverwertung

Unter Futterverwertung versteht man den Futterverbrauch pro kg Lebendgewichtszuwachs.
Ein Energieaufwand von 37,5 MJ ME je kg Aufmast entspricht ca. 2,9 kg Futter (mit 12,93 MJ ME pro kg Futter) je kg Aufmast.

K52

a) Berechne die Futterumwandlungsquote (= Futterverwertung) für eine Mastgruppe von 9 Schweinen bei einer Zuwachsleistung von 711 kg und einem Gesamt-futteraufwand von 2 275,2 kg Futter.
b) Eine Mastgruppe von 36 Tieren hatte eine Futterumwandlungsquote von 3,16. Wie hoch ist der Gesamtfutteraufwand für diese Gruppe, wenn die Zuwachsleistung 82 kg/Tier beträgt?
c) Berechne die Futterverwertung eines Mastschweins:
Mastbeginn 27 kg Lebendgewicht, Mastende 103 kg Lebendgewicht.
Futteraufwand: 46,36 kg Soja, 92,72 kg Mais, 84,38 kg Gerste, 6,02 kg Mineralstoffe.
d) Berechne den %-Anteil der einzelnen Futtermittel bei vorgenannter Futtermischung.

Gewichtszunahme

Eine Gruppe von 18 Ferkeln wird mit einem durchschnittlichen Lebendgewicht von 26 kg/Stück in die Mast gestellt. Nach 110 Tagen wird diese Gruppe verkauft, wobei das Gesamtgewicht 1 890 kg betrug. **K53**

a) Wie schwer war im Durchschnitt ein Tier beim Verkauf?
b) Wie hoch war die durchschnittliche tägliche Zuwachsleistung pro Tier?
a) In der Angabe steht 110 Tage Mast. Wie lang ist die Mastdauer bei einer täglichen Zunahme von a) 690 g, b) 720 g, c) 750 g, d) 780 g, wenn das Ausgangsgewicht von 26 kg auf 105 kg gesteigert werden soll?

Fütterung

Ein Betrieb mit einer Jahreserzeugung von 420 Mastschweinen verfüttert pro erzeugtem Mastschwein: **K54**

a) 260 kg Maiskornsilage + 80 kg Grundstandard folgender Zusammensetzung: 70 % Sojaschrot, 15 % Trockenschnitte, 2 % Weizenkleie, 9 % Mineral-, 4 % Wirkstoffe

Wie hoch ist der Jahresverbrauch an Maiskornsilage, an Grundstandard und an den einzelnen Bestandteilen des Grundstandards?

b) 215 kg Maiskornsilage + 125 kg Grundstandard folgender Zusammensetzung: 45,0 % Sojaschrott 44, 27,5 % Sommergerste, 10,0 % Hafer, 10,0 % Weizenkleie, 5,0 % Mineralstoffe, 2,5 % Wirkstoffe

Wie hoch ist hier der Jahresverbrauch an Maiskornsilage, an Grundstandard und an den einzelnen Bestandteilen des Grundstandards?

c) Berechne das Angebot an MJ ME für ein Mastschwein nach der Methode a) bzw. b), wenn 1 kg Maiskornsilage 9,89 MJ ME enthält.

K55 Flüssigfütterung:
Bei der Tränkebereitung ist zu beachten, dass die Wasserverdrängung der einzelnen Futtermittel unterschiedlich ist: z. B. 1 kg Futter mit 88 % T (Getreideschrot) bewirkt eine Wasserverdrängung von 0,7 l; 1 kg Maiskornsilage mit 60 % T hingegen von 0,85 l.

a) Wie viel l Tränke wird einem Mastschwein während der Mastperiode verabreicht, wenn es 260 kg Futter (T-Gehalt 88 %) bekommt und das Verhältnis von Schrot : Wasser 1 : 2 lautet?
b) Berechne die Inhaltsstoffe je 88 % T (T in g, MJ ME, XP in g, XF in g) von folgender Flüssigfütterungsration: 4,1 % Soja 44, 21 % MKS 35, 5,8 % Gerste, 1,6 % Weizen, 0,8 % Trockenschnitte, 0,7 % Mineralfutter, 66 % Wasser
c) Wie viel kg von dieser Tränke benötigt ein 80 kg schweres Mastschwein pro Tag, wenn der Energiebedarf 32,5 MJ ME beträgt?

MFA „Europreismaske“ Österreichbörse

MFA* %	Preiszu-/-abschläge Cent
63 und mehr	+ 22
62	+ 21
61	+ 19
60	+ 16
59	+ 13
58	+ 9
57	+ 5
56	Basispreis
55	– 5
54	– 9
53	– 13
52	– 16
51	– 19
50	– 21
49 oder weniger	– 22

Qualitätsbezahlung

Handelsklassen		MFA *)
S: 60 %	≤	MFA
E: 55 %	≤	MFA < 60 %
U: 50 %	≤	MFA < 55 %
R: 45 %	≤	MFA < 50 %
O: 40 %	≤	MFA < 45 %
P:		MFA < 40 %
Z … Zuchtsauen, Altschneider		

*) Muskelfleischanteil

Das Gewicht der Schweine ist ein weiterer wichtiger Faktor zur Bestimmung des Preises. Das Normgewichtsband liegt zwischen 80 kg und 104 kg, indem kein Abzug aufgrund des Gewichts als Preisbestimmungsfaktor erfolgt. Der Idealgewichtskorridor liegt zwischen 85 und 94 kg Schlachtgewicht.

K56

Ein Betrieb verkaufte an der Schlachtschweinebörse 26 Schweine mit einem durchschnittlichen Schlachtgewicht von 82 kg und einem Basispreis von € 1,22 pro kg.

2 Stück erreichten die Qualitätsklasse S (durchschn. Muskelfleischanteil 61 %).
7 Stück erreichten die Qualitätsklasse E (durchschn. Muskelfleischanteil 57 %).
6 Stück erreichten die Qualitätsklasse U (durchschn. Muskelfleischanteil 52 %).
6 Stück erreichten die Qualitätsklasse R (durchschn. Muskelfleischanteil 48 %).
3 Stück erreichten die Qualitätsklasse O (durchschn. Muskelfleischanteil 45 %).
2 Stück erreichten die Qualitätsklasse P (durchschn. Muskelfleischanteil 39 %).

a) Berechne den Schlachtpreis pro kg in den einzelnen Qualitätsklassen.
b) Berechne den Gesamterlös für 26 Schweine.
c) Berechne den Preisunterschied, wenn alle 26 Schweine in die Qualitätsklasse S bzw. P gereiht werden.

Geflügelhaltung

Fütterung

K57

Der Futteraufwand in der Legehennenhaltung ist abhängig von der Legeleistung (Eizahl und Eigewicht). Im Durchschnitt rechnet man mit 160 g Alleinfutter/Ei. Ein Landwirt hat 3 500 Legehennen und eine durchschnittliche Eierleistung von 275 Stück/Henne und Jahr.

a) Wie viel Futter wird insgesamt benötigt?
b) Wie hoch sind die Gesamtfutterkosten, wenn 1 kg Futter € 0,39 kostet?

K58 Ein Hühnermastbetrieb erzeugt im Jahr 18 250 Masthühner mit einem durchschnittlichen Endgewicht von 1,5 kg/Stück. Wie viel Futter benötigt dieser Betrieb im Jahr, wenn er zur Erzeugung von 1 kg Zuwachs 1,88 kg Futter benötigt? (Das Geburtsgewicht der Küken wird bei der Berechung nicht berücksichtigt.)

Eierklassifizierung, Eigewicht

Eierklassifizierung

Eier werden in Güteklassen und Gewichtsgruppen eingeteilt.

Gewichtsgruppen:

XL	=	Sehr groß:	73 g und darüber
L	=	Groß:	63 bis unter 73 g
M	=	Mittel:	53 bis unter 63 g
S	=	Klein:	unter 53 g

Güteklassen:

Klasse A	oder „frisch“
Klasse B	oder „2. Qualität oder haltbar gemacht“
Klasse C	oder „aussortiert für Unternehmen der Nahrungsmittelindustrie“

K59 Wie viele Eier ergeben 1 kg, wenn das Durchschnittsgewicht/Stück
a) 50 g, b) 55 g, c) 65 g und d) 70 g beträgt?

K60 Ein Landwirt verkauft 850 Stück Eier der Gewichtsklasse L mit einem durchschnittlichen Eigewicht von 68 g und 1 400 Stück Eier der Gewichtsklasse M mit einem durchschnittlichen Eigewicht von 55 g. Wie viel kg Eier hat der Landwirt verkauft?

Bruteier

K61 Ein Betrieb mit 500 Legehennen liefert die Bruteier selbst an die Brutanstalt. Wie viele Eier müssen geliefert werden, wenn

a) jährlich der gesamte Bestand erneuert wird?

b) jährlich nur $\frac{2}{3}$ des Bestands erneuert werden?

Zu berücksichtigen ist ein Verlust von 30 % (nicht befruchtete Eier, Aufzucht), weiterhin sind nur die Hälfte der Küken weibliche Tiere.

Düngeranfall

K62 Der Frischkot (= unverdünnte Gülle) von Legehennen hat einen T-Gehalt von 10 % und enthält 2,6 % Stickstoff (N), 1,5 % K_2O, 2,5 % P_2O_5, 38 % organische Substanz.
Pro Henne wird mit einem jährlichen Düngeranfall von 5,5 kg gerechnet.
Wie hoch ist der Anteil der einzelnen Nährstoffe bei einem Düngeranfall von

a) 600 bzw.
b) 3 500 Legehennen?

Kapitel L: Weinbau

Erstellung eines Weingartens

Reihenanzahl

Mit den Grundstücksmaßen, speziell der Grundstücksbreite, ergibt sich die Anzahl der möglichen Reihen, um eine gute Bewirtschaftung, speziell mit Maschinen, zu ermöglichen.

Je nach gewähltem Erziehungssystem wird die Grundstücksbreite durch den notwendigen Mindestreihenabstand dividiert. Verbleibt bei der Rechnung ein Rest, so sollte der Rest der Division gleichmäßig auf alle Reihen aufgeteilt werden.

Grundstücksbreite	19 m
19 : 3 = 6,33	sind 6 mögliche Reihen mit mindestens 3 m Reihenabstand
19 : 2,7 = 7,03	sind 7 mögliche Reihen mit mindestens 2,7 m Reihenabstand
19 : 2 = 9,5	sind 9 mögliche Reihen mit mindestens 2 m Reihenabstand – Spaliererziehung

Reihenabstand

$$\text{Tatsächlicher Reihenabstand} = \frac{\text{Grundstücksbreite}}{\text{mögliche Reihenanzahl}}$$

Grenzabstand

Bei Hochkulturen beträgt der Grenzabstand den halben Reihenabstand, mindestens aber 1,20 m (im Burgenland nur 1 m).

$$\text{Grenzabstand} = \frac{\text{errechneter tatsächlicher Reihenabstand}}{2}$$

L

Grundstücksbreite	15,5 m
15,5 : 3 = 5,17 m	mögliche Reihenanzahl bei mindestens 3 m Reihenabstand
15,5 : 5 = 3,10 m	tatsächlicher Reihenabstand
3,10 : 2 = 1,55 m	Grenzabstand

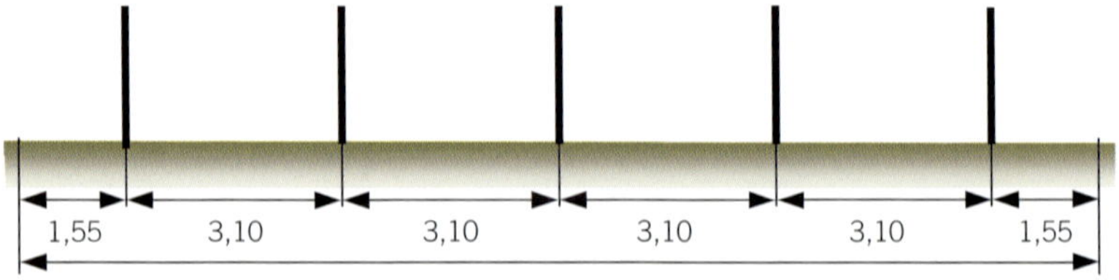

Die beiden gefärbten Flächen in der Abb. sind gleich groß, daher kann man die Standfläche eines Rebstocks folgendermaßen berechnen:

Standfläche eines Rebstocks m^2 = Reihenabstand (m) · Stockabstand (m)

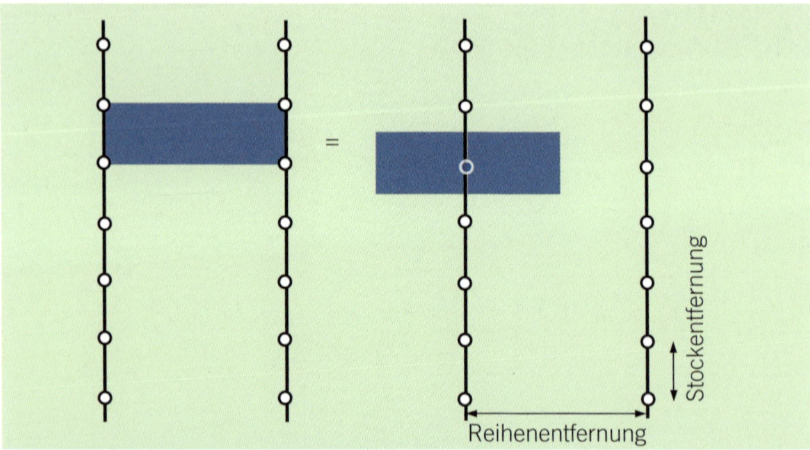

Da sich der Reihenabstand nach den Bearbeitungsgeräten richtet, können wir durch verschiedene Abstände in der Reihe auf die gewünschte Standfläche eines Rebstocks kommen.
Der Stockabstand soll nicht größer als 1,20 m bzw. nicht kleiner als 0,80 m sein.

$$\text{Stockabstand} = \frac{\text{gewünschte Standfläche eines Rebstockes}}{\text{errechneter Reihenabstand}}$$

Gewünschte Standfläche 3,10 m^3
Errechneter Reihenabstand 3,10 m
3,10 : 3,10 = 1 m Stockabstand

Berechne die Stockabstände und trage die Ergebnisse in eine Tabelle ein. **L1**
Aus praktischen Gründen werden die Stockabstände auf 5 cm genau auf- oder abgerundet.

	Gewünschte Standfläche m^2	Reihenabstand m	Stockabstand in m gerundet	Stockabstand in m
a)	3,0	3,0		
b)	3,0	3,2		
c)	2,8	3,2		
d)	2,5	2,1		
e)	2,5	2,9		
f)	2	2,0		

Reihenlänge

L

Zum Wenden mit den Bearbeitungsmaschinen sind in der Regel (je nach Situation) 2 bis 6 m von beiden Enden der Reihe abzuziehen.

Reihenlänge = Grundstückslänge – Ankehr

Berechne die genaue Reihenlänge folgender Weingärten und trage die Ergebnisse in die Tabelle ein. **L2**

	Länge m	Ankehr m	Reihenlänge m
a)	70,7	3 und 4,5	
b)	30,9	2 und 5	
c)	96,3	6 und 6	

Pflanzmaterial

$$\text{Rebensetzlinge/Reihe} = \frac{\text{Reihenlänge}}{\text{Stockabstand}}$$

Der Rebensetzlingsbedarf ergibt gleichzeitig den Steckenbedarf.

L3 Ermittle die notwendige Rebensetzlingsanzahl je Reihe. Trage die praktisch gerundeten Ergebnisse in die nachfolgende Tabelle ein. Halte dabei 3 m Mindestreihenabstand ein.

	Breite m	Länge m	Ankehr m	Gewünschte Standfläche m^2	Stockabstand m	Tatsächlicher Reihenabstand m	Setzlinge Reihe	Reihenanzahl	Setzlinge Weingarten
a)	19,3	70,7	3,5 u. 4,5	2,5					
b)	12,8	56,3	4 u. 4	3					
c)	33	130,5	6 u. 6	3					

Unterstützungsmaterial

Zwischen zwei Unterstützungspfählen stehen je nach Stockabstand 5 oder 6 Rebstöcke.

$$\text{Unterstützungspfähle für Drahtrahmen/Reihe} = \frac{\text{Setzlingsanzahl je Reihe}}{5 \text{ (oder 6)}} + 1$$

30 Setzlinge je Reihe; nach jedem 5. Setzling soll ein Unterstützungspfahl stehen.

30 : 5 = 6 plus ein Pfahl am Ende = 7

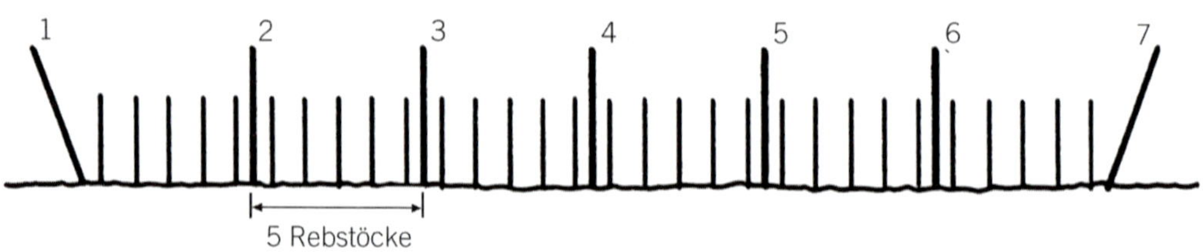

L4 Berechne die Reihenanzahl, den Reihen- und Stockabstand (runden jeweils auf 5 cm +–), die Stockanzahl und den Bedarf an Unterstützungspfählen (nach jedem 5. Rebstock) von den Weingartenflächen (Ankehr an beiden Seiten 5 m).

Bei einem Mindestreihenabstand 3 m:
a) 162 m Länge, 38 m Breite, Standfläche/Rebstock 3 m^2
b) 130 m Länge, 15 m Breite, Standfläche/Rebstock 2,8 m^2
c) 148 m Länge, 78 m Breite, Standfläche/Rebstock 2,8 m^2
d) 60 m Länge, 14 m Breite, Standfläche/Rebstock 2,5 m^2

Bei einem Mindestreihenabstand von 2 m:
e) 162 m Länge, 38 m Breite, Standfläche/Rebstock 2 m^2

Spanndrähte

Dazu wird verzinkter (einfach bzw. doppelt verzinkt oder mit Zink-Alu-Legierung) Weinbergdraht oder nicht rostender Edelstahldraht verwendet. Als Kordondraht werden 1 bis 2 Spanndrähte Nr. 25 (2,5 mm Durchmesser) eines verzinkten Weinbergdrahts verwendet. Für die Drahtbefestigung ist ein Zuschlag von 3 m hinzuzurechnen.
Drähte werden nicht in m, sondern in kg gehandelt. Die Länge muss in kg, mithilfe von Tabellen (siehe Tabellenteil) umgerechnet werden.

L5 Ermittle den Drahtbedarf in Meter und Kilogramm der Beispiele Nr. L4 a), b), c), d). Ein Kordondraht mit 2,5 mm, Zink-Alu-Beschichtung, vier Spanndrähte 2 mm, Zink-Alu-Beschichtung. Ergebnisse auf ganze Zahlen runden. Mache weiter Berechnungen mit anderen Drähten und berechne auch die Kosten mit aktuellen Preisen.

L6 Erhebe den Bedarf der Unterstützungsmaterialien für einen Weingarten mit einer Größe von 1 ha (Länge 200 m, Breite 50 m, Ankehr je 5 m, 3 m Mindestreihenabstand, Standfläche je Rebstock 3 m^2). Berechne die Reihenlänge, die Anzahl der Reihen, den Stockabstand, die Anzahl der Unterstützungspfähle, wenn nach jedem 5. Rebsetzling ein Pfahl benötigt wird, die Anzahl der Endpfähle und die Gesamtlänge des Spanndrahts (6 werden gespannt; verzinkter Nr. 22, Zink-Alu Nr. 22, Niro-Draht 1,2 mm). Trage die Ergebnisse in die Tabelle ein. Zur Umrechnung siehe Tabellen auf Seite 295.

Reihenlänge m	Anzahl der Reihen	Reihenabstand m (Angabe in 5-cm-Abstand)	Genauer Stockabstand (Angabe in 5-cm-Abstand)	Anzahl der Stecken	Anzahl der Unterstützungspfähle (ohne Endpfähle)	Anzahl der Endpfähle	Anzahl der Anker	Gesamtdrahtlänge m

Material		€ je Stück bzw. kg inkl. USt.	Notwendige Anzahl	Kosten je ha in €
Unterstützungspfahl Akazie rund	2,50 m	7,30		
Spalierpfahl Eisen verzinkt	2,65 m	7,20		
Endpfahl Eisen verzinkt	2,75 m	10,00		
Stecken Fichte	1,70 m	0,7		
Stecken Akazie	1,80 m	0,8		
Unistock verzinkt	1,55 m	0,83		
Torstahl (Rundeisen 8 mm nicht verzinkt)	1,50 m	0,41		
Draht stark verzinkt (22, 25, 28, 32)	kg	1,37		
Draht m. Zink-Alu-Leg. Nr. 22	kg	2,00		
Niro-Draht (Edelstahldraht) 1,2–2 mm	kg	6,00		
Schraubanker 90 cm, Scheibe 150	Stück	3,35		

Rebensetzlinge

Als Faustformel dient folgende Formel:

$$\text{Ungefährer Rebensetzlingsbedarf} = \frac{\text{Gesamtfläche } (m^2)}{\text{Standfläche je Rebstock } (m^2)}$$

Ankehrflächen werden hierbei nicht berücksichtigt. Die Berechnung reicht aber vollkommen, wenn es darum geht, die Rebensetzlinge selbst durch Veredlung heranzuziehen.

L7 Berechne den Rebensetzlingsbedarf nach obiger Formel:

a) 90 m Länge, 45 m Breite, Pflanzentfernung 3,10 m · 0,90 m
b) 70 m Länge, 35 m Breite, Pflanzentfernung 2,90 m · 1,10 m
c) 100 m Länge, 100 m Breite, Pflanzentfernung 3,00 m · 1,00 m

Bepflanzungsdichte

Jene Anzahl an Rebensetzlingen für 1 Hektar (= 10 000 m^2) Weingarten bei verschiedenen Pflanzentfernungen wird als Bepflanzungsdichte bezeichnet.

Faustformel

$$\text{Bepflanzungsdichte} = \frac{10\,000}{\text{Standfläche je Rebstock}}$$

L8 Berechne die Bepflanzungsdichte von folgenden Pflanzentfernungen:

a) 2,80 · 0,90 m   b) 3,00 · 1,00 m   c) 3,20 · 1,10 m   d) 3,50 · 1,20 m

Ergebnisse auf ganze Zahlen runden.

Pflanzkosten (Materialkosten)

Ein erstklassiger Rebensetzling kostet zwischen € 1,35 und € 1,50. Wenn zur Pflanzung eine Maschine eingesetzt wird, kommen noch Mehrkosten von € 0,15 je Setzling dazu.

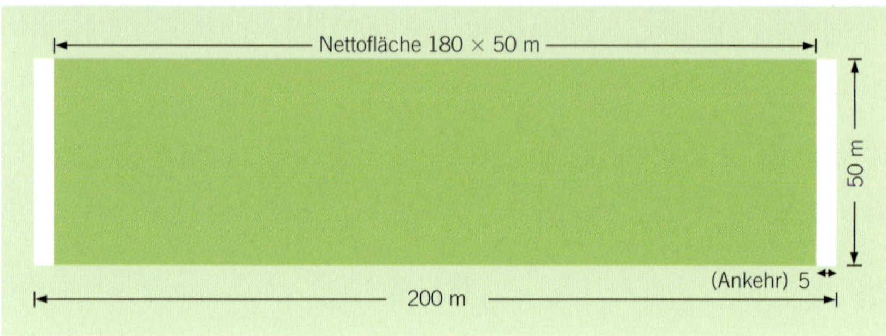

Ein Weingarten hat die Ausmaße von 200 m × 50 m. **L9**

1) Berechne die Nettofläche, wenn von der Fläche 5 % als Ankehr notwendig ist.
2) Wie viele Setzlinge (bei verschiedenen Pflanzentfernungen) können auf der Nettofläche gesetzt werden?
3) Wie hoch sind die Gesamtkosten je ha bei den verschiedenen Pflanzentfernungen, wenn ein Setzling € 1,35 kostet?

Trage alle Ergebnisse in die Tabelle ein.

Pflanzentfernung m	Standfläche m^2	Bruttofläche .... Bepflanzungsdichte	Nettofläche .... Bepflanzungsdichte	Gesamtkosten/ha
a) 2,80 · 0,9				
b) 3,00 · 1,0				
c) 3,20 · 1,1				
d) 2,00 · 1,0				

Traubenertrag

Bei der Angabe des Traubenertrags unterscheidet man zwischen dem Brutto- und Nettoertrag. Je nach Größe und Gelände des Weingartens können sich Brutto- und Nettoertrag mehr oder weniger unterscheiden.

Grüner Veltliner

Nettoertrag	=	Traubenertrag in kg/ha der bepflanzten Fläche
Bruttoertrag	=	Traubenertrag in kg/ha der Gesamtfläche des Weingartens einschl. nicht bepflanzter Flächen (Ankehr, Böschungen).

Eine Weingartenfläche von 0,35 ha (brutto) erbrachte einen Traubenertrag von 3 560 kg. Wie hoch ist der Hektarertrag? **L10**

Von einem Weingarten von 1,4 ha (brutto) wurden folgende Traubenmengen an die Winzergenossenschaft geliefert: **L11**

15. 10.	1 352 kg
15. 10.	1 205 kg
16. 10.	2 435 kg
17. 10.	2 372 kg
18. 10.	2 791 kg

Wie hoch sind die Gesamtliefermenge und der Hektarertrag?

Von einem Weingarten (Größe 85 a) wurden 6 230 l Most gewonnen. Wie hoch war der Hektarertrag, wenn eine Mostausbeute von 75 % angenommen wird? **L12**

Leseleistung (Handlese)

Handlese

> Die Leseleistung/Stunde ist wegen des unterschiedlichen Traubengewichts der Sorten, der Ertragshöhe des Erntejahrs, des Zustands des Leseguts und der Arbeitsgeschwindigkeit der Arbeitsperson unterschiedlieh. Die stündliche Leseleistung bewegt sich zwischen 50–150 kg/Stunde einschließlich der Entleerung des Leseeimers. Eine Lesemaschine benötigt für die Traubenernte eines Hektars ca. 4–6 Stunden.

L13 Wie viele Arbeitsstunden sind für die Lese der Sorte Grüner Veltliner notwendig, wenn stündlich 105 kg (ohne Arbeitspausen) gelesen werden und eine Gesamtmenge von 17 000 kg erwartet wird?

L14 Die gesamte Lese dauerte 250 Stunden. Dabei wurde eine Erntemenge von 16 000 kg eingebracht. Wie hoch ist die stündliche Leseleistung?

Maschinenlese

Ertragsschätzung

> Mit einer Traubenzählung von einigen Rebstöcken kann mithilfe des Traubengewichts der voraussichtliche Ertrag geschätzt werden. Das berechnete Ergebnis ist jedoch nur ein ungefährer Schätzwert.

L15 Eine Rebsorte hat ein durchschnittliches Traubengewicht von 250 g. Die Rebstöcke sind im Weingarten mit einer Entfernung von 3×1 m gepflanzt. Quer durch den Weingarten wurden von 10 durchschnittlichen Stöcken die Anzahl der Trauben gezählt. Folgende Traubenanzahl/Stock wurde festgehalten: 12, 14, 11, 9, 10, 15, 11, 12, 13, 15.

a) Ermittle die durchschnittliche Traubenanzahl/Stock.
b) Ermittle den durchschnittlichen Stockertrag und Ertrag je m^2 in kg.
c) Wie hoch ist der wahrscheinliche Ertrag eines Weingartens von einem Hektar, wenn für Ankehrflächen und Stockausfälle 10 % abzuziehen sind? Ergebnis auf ganze Zahl runden.

Ergänzend kann man den Schwankungsbereich des hochgerechneten Ertrags berechnen (Standardabweichung – siehe Kapitel F „Statistik“).

Düngung

Umrechnung Nährstoffe – Handelsdünger

- Für die Düngung ist eine Bodenuntersuchung des OB und UB eine wichtige Grundlage (OB = Oberboden 0–25 cm, UB = Unterboden 25–50 cm).
- Bei einer Bodenuntersuchung werden die Nährstoffgehalte (Elementform wie Kalium, Phosphor, Magnesium) bestimmt und der Gehalt in mg/1 000 g Feinerde im Bodenuntersuchungszeugnis ausgewiesen. Aus dem Nährstoffgehalt ergibt sich die Gehaltsstufe (A–E).
- Bei der Düngeempfehlung werden die notwendigen Düngemengen der Nährstoffe in Verbindungsform (kg/ha) angegeben.
- Die Umrechnung auf die Gehaltsangaben auf eine gemeinsame Bezugsgröße von Handelsdüngern erfolgt mit einem Umrechnungsfaktor (siehe Tabelle im Anhang). Bei den Düngern können die Nährstoffgehalte in Verbindungsform (P_2O_5 Phosphat, K_2O Kali) oder in Elementform (N, P, K, Mg, S) angegeben werden.
- Tabellen zur Berechnung sind den „Richtlinien für die Sachgerechte Düngung im Weinbau" zu entnehmen. AGES Institut für Bodenwirtschaft (http://www.ages.at/ages/landwirtschaftliche-sachgebiete/boden/fachbeirat-f-bodenfruchtbarkeit/).

Umrechnung der tatsächlichen Inhaltsstoffe auf die gemeinsame Bezugsgröße

Zum Beispiel ist Kalium in Form von K_2SO_4 oder als KCl enthalten. Die übliche Bezugsgröße für alle kaliumhaltigen Dünger, um die Nährstoffgehalte zu vergleichen, ist K_2O. Für eine Umrechnung müssen die Molekülmassen berücksichtigt werden. Das wurde bei den Handelsdüngern bereits gemacht und nur die gemeinsame Bezugsgröße K_2O wird bei allen kaliumhaltigen Düngern angegeben.

Umrechnung Elementform in Verbindungsform

Wie viel kg an Kalium werden ausgebracht, wenn mit 200 kg „Schwefelsaurem Kali" (50 % K_2O) gedüngt wird?
In 200 kg sind 100 kg K_2O enthalten. Umrechnungsfaktor = 0,83 lt. Tabelle
$100 \cdot 0{,}83 = 83$ Es werden 83 kg Kalium ausgebracht.

L16 Die Umrechnung erfolgt mit Umrechnungsfaktoren (Tabelle Seite 296). Berechne die Menge (kg) von Stickstoff, Kalium, Phosphor, Magnesium und Schwefel, wenn 500 kg eines Mehrnährstoffdüngers mit einem Nährstoffgehalt von 15 : 15 : 20 (+ 2 + 8) ausgebracht wird. Die Angabe erfolgt in N, P_2O_5, K_2O, MgO, S.

Berechnung der Düngermenge

$$\text{Düngermenge (kg)} = \frac{\text{Nährstoffempfehlung (kg/ha)} \cdot \text{Fläche (ha)}}{\text{Nährstoffgehalt des Handelsdüngers in \% : 100}}$$

Düngeempfehlung 50 kg N/ha; Düngung mit Nitramoncal (28 % N).
Wie viel kg Nitramoncal (NAC) sind auf 0,7 ha auszubringen?

50 kg sind 28 %
50 : 0,28 = kg Düngemenge (NAC) je ha
178,75 kg NAC/ha
Für 0,7 ha (direktes Verhältnis) braucht man 0,7-mal so viel.
$178{,}75 \cdot 0{,}7 \approx 125$

Mit Formel:
$\frac{50 \cdot 0{,}7}{0{,}28} \approx 125$ (125 kg Nitramoncal auf 0,7 ha)

Organische und mineralische Düngung

Weitere Düngeberechnungsbeispiele sind im Kap. I Seite 167 Pflanzenbau/Düngung enthalten.

Durch Bewirtschaftung werden dem Boden Nährstoffe entzogen.
Dieser Verlust muss dem Boden durch Düngung wieder zugeführt werden.
Liegen bei der Bodenuntersuchung Ergebnisse des Ober- und Unterbodens vor, so sind die Düngeempfehlungen von den Nährstoffen P_2O_5 und K_2O zusammenzuzählen.
Hinweis: Alle Ergebnisse von Düngermengen auf ganze Zahlen runden!

Mineraldüngung

L17 Bestimme die notwendige Handelsdüngermenge für eine begrünte Weingartenfläche von 1,3 ha, mittlere Ertragsmöglichkeit, mittelstarkes Triebwachstum. Bodenuntersuchungsergebnis: Phosphor OB = D und UB = B, Kalium OB = C und UB = A.

a) Wie viele kg Nitramoncal (28 % N), Superphosphat (18 % P_2O_5) und Schwefelsaures Kali (50 % K_2O) sind notwendig?
b) Wie viel kg Stickstoff, Kalium und Phosphor wird auf ein Hektar ausgebracht?

L18 Berechne die notwendige Menge von Nitramoncal (28 % N) für eine Fläche von 2,85 ha (Lage mit mittlerer Ertragsmöglichkeit, mittelstarkes Triebwachstum, offener Boden).

L19 Berechne die notwendige Handelsdüngermenge und kontrolliere die Ergebnisse mit der Umrechnungstabelle:

a) Bei der Stickstoffdüngung sollen 50 kg/ha Stickstoff ausgebracht werden. Wie viel kg der angeführten Stickstoffdünger sind je ha auszubringen (Mengenvergleich): Nitramoncal (28 % N), Ammonsulfat (21 % N), Harnstoff (46 % N)?

b) Bei der Stickstoffdüngung wurden 260 kg Stickstoff auf eine bestimmte Weingartenfläche ausgebracht. Wie viele kg Nitramoncal (28 % N) wurden ausgebracht? Wie groß ist die Weingartenfläche, wenn 40 kg/ha Stickstoff notwendig waren?
c) Bei der Phosphordüngung sollen 10 kg/ha P_2O_5 ausgebracht werden. Wie hoch ist die Menge an Superphosphat (18 % P_2O_5) für eine Fläche von 65 a?
d) Bei der Kaliumdüngung werden 80 kg/ha K_2O empfohlen. Wie hoch ist die Menge an Patentkali (30 % K_2O) für eine Fläche von 85 a?

Mehrnährstoffdünger enthalten mehrere Nährstoffe in einem bestimmten Verhältnis. Wird nach den drei Hauptnährstoffen der Verhältnisangabe noch eine Zahl angegeben, so weist die Zahl auf enthaltene Spurenelemente hin.

Siehe Kapitel B „Direktes und indirektes Verhältnis" – Mehrnährstoffdünger.

L20 Im Spätherbst wird eine Mehrnährstoffdüngergabe (0 : 5 : 18 + 3) ausgebracht, deren Höhe sich nach der notwendigen Kaliumgabe richtet (Gehaltsstufe C, OB und UB; Bodenuntersuchungsergebnisse von beiden Bodenhorizonten vorhanden).

a) Wie viel kg des Mehrnährstoffdüngers ist für eine Fläche von 0,7 ha notwendig?
b) Wie viele kg K_2O und P_2O_5 werden pro ha ausgebracht?
c) Wie viel Stickstoff (NAC 28 %) muss im Frühjahr ausgebracht werden, wenn eine Stickstoffgabe von 50 kg/ha notwendig ist?

L21 Mit einem Volldünger (14 : 7 : 17 + 2 % MgO, 10 % S, 0,02 % B, 0,01 % Zn) sollen 80 kg N auf 1 ha ausgebracht werden.

a) Wie viel kg des Volldüngers sind auszubringen?
b) Wie viel kg der Nährstoffe P, K, Mg, S, B und Zn werden gleichzeitig ausgebracht?

Aufdüngung (Vorratsdüngung) vor der Neuanlage

Bei der Vorratsdüngung wird der Boden bis zu einer Tiefe von 50–60 cm mit Nährstoffen, lt. Bodenuntersuchung, angereichert. Es sind die Bodenuntersuchungsergebnisse des OB und UB zu mitteln.
Hinweis: Die angegebenen Nährstoffe sind in mg/1 000 g Feinerde in Elementform angegeben.

$$\text{Durchschnittsgehalt mg Nährstoff in 1 000 g Boden} = \frac{(\text{mg in OB} + \text{mg in UB})}{2}$$

L22 Eine Weingartenfläche von 0,72 ha (schweren Boden) soll mit Superphosphat (18 % P_2O_5) und Schwefelsaurem Kali (50 % K_2O) vor dem Rigolen gedüngt werden. Stelle die Gehaltsstufen des Bodens von 0–50 der Nährstoffe Phosphor, Kalium und Magnesium fest. Berechne das K/Mg-Verhältnis (Bodentiefe von 0–50 cm) und berechne die erforderlichen Mineraldüngermengen. Ergebnisse auf ganze Zahlen runden. Trage die Ergebnisse in die Tabelle ein.

Untersuchungsergebnisse mg/1 000 g Feinboden	OB	UB
Phosphor	72	4
Kalium	203	59
Magnesium	102	352

	MW OB und OB in mg	Gehalts-stufe	K : Mg-Verhältnis	Änderung der Gehaltsstufe	Nährstoffe in Verbindungs-form/ ha in kg	Nährstoffe in Verbindungs-form für 0,72 ha in mg	Dünger-menge für 0,72 ha in kg
Phosphor	38						Superphosphat
Kalium	131						Schwefelsaures Kali
Magnesium	227						Magnesium-dünger

Organische Düngung

L23 Wie viel Stallmist (einstreuarm) muss ausgebracht werden, um 80 kg N/ha (feldfallend) auszubringen?

L24 Wie viel Nährstoffe (Verbindungsform), organische Substanz (Humus) und Trockensubstanz (TS) werden ausgebracht, wenn 15 000 kg Stallmistkompost (abgedeckt) gestreut werden? Da es sich um Durchschnittswerte handelt, sind alle Zahlen zu runden und nur in ganzen Zahlen anzugeben. Mache auch noch Vergleichsberechnungen mit anderen organischen Düngemitteln.

L25 Berechne die Nährstoffmengen (kg/ha N (feldfallend), P_2O_5, K_2O), wenn je Hektar eine Stallmistgabe (Milchkühe, einstreuarm) von 18 m³ ausgebracht wird.

L26 Ermittle die Düngermenge von Legehennentrockenkot für 1 ha Weingarten, wenn 50 kg N/ha ausgebracht werden sollen. Wie viel kg P_2O_5, K_2O und organische Substanz werden gleichzeitig ausgebracht?

L27 Auf einer Weingartenfläche von 4,5 ha wird Stroh zur Bodenabdeckung (Strohmulch) ausgebracht. Je ha werden ca. 12 000 kg Stroh ausgebracht.

a) Welche Strohmenge ist für die Gesamtfläche notwendig?
b) Wie viel organische Substanz, Stickstoff, Phosphat, Kali und Magnesium (MgO) wird pro ha ausgebracht?

Hinweis: Die ausgebrachten Nährstoffe stehen im Boden erst längerfristig zur Verfügung und können nicht sofort wirksam werden. Vergleiche die Werte mit der Düngeempfehlung (jährliche Erhaltungsdüngung Gehaltsstufe C, offener Boden, mittleres Wachstum und Ertragslage).

c) Welche Menge an organischer Substanz wird vergleichsweise mit einer Stallmistgabe (einstreuarm) von 14 t/ha ausgebracht?

Mit dem Anbau einer Winterbegrünung mit Wintersaatwicke wird eine Trockensubstanzmenge von 49 dt/ha erzeugt. Der Wassergehalt der gesamten Grünmasse betrug 86,5 %.
Wie hoch ist der Trockensubstanzgehalt in % und die Grünmassenproduktion in kg auf einer Fläche von 2,4 ha? Runde auf ganze Zahlen. **L28**

Frühjahrsbegrünung

Bodenpflege

Bodenbegrünung, Gründüngung

Berechne die Saatgutkosten von den in der Tabelle angegebenen Gründüngungssaaten/Hektar und trage die Ergebnisse in die Tabelle ein. Für die Berechnung können auch aktuelle Preise eingesetzt werden. **L29**

Begrünungs-Saatgut	Saatgutmenge kg/ha	Preis je kg*)	Kosten je ha Euro
Perko PVH	10	2,45	
Winterweizen	65	0,55	
Winterroggen	100	0,54	
Futtererbse	100	1,25	
Sommerwicke	75	0,63	
Phacelia	9	7,90	
Gründecken-mischung WB	10	6,55	
Dauerbegrünungs-mischung	40	3,62	
*) Preise 2010			

Berechne die Saatgutkosten einer Gründüngungseinsaat mit Sommerwicke für eine Fläche von 0,75 ha. **L30**

Ermittle die Saatgutkosten einer Dauerbegrünungseinsaat für eine Fläche von 0,75 ha. Die Dauerbegrünungseinsaat erfolgt nur jede zweite Reihe.
Wie hoch sind die jährlichen Saatgutkosten, wenn die Dauerbegrünung nach 10 Jahren neu angelegt wird? **L31**

Wie hoch sind die Saatgutkosten einer Gründungseinsaat mit Weizen und Futtererbsen (jeweils die halbe Saatgutmenge/ha) für eine Fläche von 0,60 ha? **L32**

Bodenbearbeitung

Die Bearbeitungsgeschwindigkeit von Bodenpflegegeräte ist verschieden.

Gerät	Fahrgeschwindigkeit
Stockräumgerät	3 bis 5 km/h
Fräse	3 bis 3,5 km/h
Kultivator	8 bis 10 km/h
Schlegelmulchgerät	5 bis 6 km/h

Der Zeitaufwand wird mit folgender Formel berechnet:

$$\text{Arbeitszeit h/ha} = \frac{\text{Wegstrecke in km}}{\text{Geschwindigkeit km/h}}$$

L33 Berechne die Wegstrecke (km) für einen Weingarten mit 50 × 200 m mit a) 3 m und b) 2 m Reihenabstand (5 m Ankehr auf beiden Seiten).

L34 Wie hoch ist der Arbeitszeitbedarf pro Hektar in Stunden für die Bearbeitung mit einem Stockräumgerät (4 km/h, jede Reihe muss zweimal befahren werden, Weingartenfläche 50 × 200 m mit 3 m und 2 m Reihenabstand (Reihenlänge minus 10 m als Ankehr)?

L35 Wie hoch ist der Arbeitszeitbedarf (ha/h) für die Bearbeitung mit einer Fräse (3 km/h, Weingartenfläche 200 × 50 m mit 3 m und 2 m Reihenabstand (Reihenlänge minus 10 m als Ankehr))?

Pflanzenschutz (Wein- und Obstbau)

Gezogene Gebläsespritze

Applikationsverfahren im Wein- und Obstbau

Zur Ausbringung von Pflanzenschutzmitteln (PSM) können in Raumkulturen verschiedene Verfahren (Applikationsverfahren) angewendet werden.

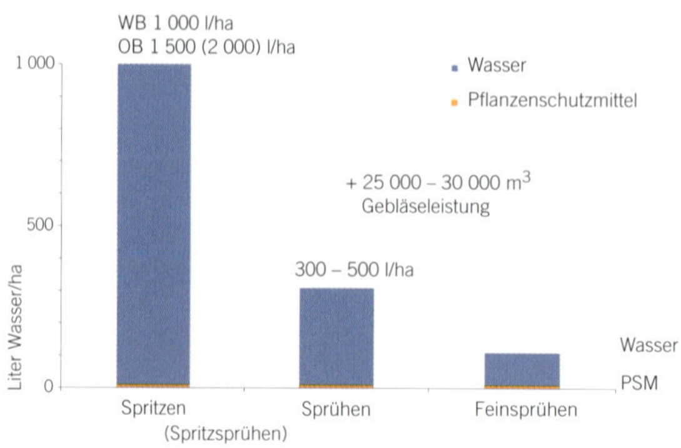

Beim „Spritzen“ wird Wasser zur Verteilung des PSM verwendet. Beim „Sprühen“ (auch „Spritzsprühen“ genannt) und „Feinsprühen“ (im Obstbau häufig angewendet) wird mit weniger Wasser aber mit zusätzlich einem Luftstrom das PSM auf die Zielflächen gebracht. Alle Verfahren bringen die gleiche PSM-Menge aus (= Hektaraufwand).

Bei der Zulassung eines Pflanzenschutzmittels (PSM) wird eine Konzentration in % angegeben, wobei ein Wasseraufwand von 1 000 l/ha (1 500 l/ha Obstbau) zur Berechnung der Pflanzenschutzmittelmenge (für ein Hektar) verwendet wird. Diese Aufwandmenge (Hektaraufwand) ist notwendig, um eine voll entwickelte Laubfläche ausreichend zu schützen. Für die Wirkung eines PSM ist die im Wasser enthaltene Wirkstoffmenge entscheidend und nicht die Konzentration (mit einigen Ausnahmen). Daher wird in der Praxis bei der Konzentrierung der Spritzflüssigkeit nicht exakt nach einer Prozentrechnung vorgegangen (z. B. 99 l Wasser + 1 kg PSM ergeben exakt eine Konzentration von 1 % in 100 l Spritzflüssigkeit), da dies für die Wirkung mit dieser Genauigkeit nicht entscheidend ist. Für den Praktiker ist es wichtig, eine bestimmte Mittelmenge (Hektaraufwand) auf die zu schützenden Pflanzenteile aufzubringen. Dies kann mit verschiedenen Applikationsverfahren erfolgen.

Durchführung in der Praxis

Die rechnerische Ungenauigkeit der Konzentration kann in der Praxis vernachlässigt werden. Die Mittelmenge wird 100 l Wasser zugesetzt.

Fungizid	1,0 %	= 1,0 l bzw. 1,0 kg auf 100 l Wasser
Fungizid	0,3 %	= 0,3 l bzw. 0,3 kg auf 100 l Wasser
Insektizid	0,02 %	= 0,02 l bzw. 0,02 kg auf 100 l Wasser

Ein Pflanzenschutzmittel soll 0,3 %ig angewendet werden. **L36**

a) Wie viele kg des betreffenden Pflanzenschutzmittels sind 650 l Wasser zuzusetzen, damit eine 0,3 %ige Konzentration entsteht?
b) Wie viel Pflanzenschutzmittel wird je ha ausgebracht, wenn die Brühenmenge auf einem Hektar verbraucht wird?

Ein Weinhauer verwendet eine 0,3 %ige Spritzbrühe. Es werden 350 l/ha verspritzt. **L37**

a) Wie viel Pflanzenschutzmittel (kg) ist in der Brühenmenge von 350 l enthalten (= Hektaraufwand)?
b) Welche Hektaraufwandsdifferenz ergibt sich mit dem Beispiel L36?

Ein anderer Weinhauer verwendet zur gleichen Jahreszeit eine 0,3 %ige Spritzbrühe. Bei der Ausbringung verbraucht er 700 l/Hektar. **L38**

a) Wie viel Pflanzenschutzmittel (kg bzw. l) ist in dieser Brühenmenge (= Hektaraufwand) enthalten? Vergleiche den Hektaraufwand mit dem vorhergehenden Rechenbeispiel!
b) Mit welcher Brühenkonzentration müsste der Winzer im vorhergehenden Beispiel spritzen, um mit 350 l Brühe auszukommen?

Wie viel l eines Insektizides muss man in einen 600-l-Spritzbrühenbehälter geben, um eine Konzentration von 0,03 % zu erhalten? **L39**

Die Konzentration spielt bei der Austriebsspritzung eine wichtige Rolle. Bei dieser Spritzung muss der Rebstock bzw. der Baum vollständig mit dem PSM benetzt werden („Waschung").
Für einen Weingarten (3 m Reihenabstand) sind pro ha ca. 400 l, für Obstanlagen bis zu 1 000 l notwendig.

L40 Ein Austriebsspritzmittel ist 2 %ig anzuwenden. Wie viel Liter dieses Mittels sind notwendig, wenn man 240 l Brühenmenge braucht?

L41 Ein Austriebsspritzmittel ist 1,5 %ig anzuwenden. Wie viel l dieses Mittels sind notwendig, wenn man 780 l Brühenmenge benötigt?

Hektaraufwand

Der Hektaraufwand ist jene Menge eines Pflanzenschutzmittels, welcher zu einem bestimmten Entwicklungsstadium je Hektar ausgebracht werden muss, um die Pflanzenoberfläche ausreichend gegen Krankheits- bzw. Schädlingsbefall (bei Herbiziden für eine ausreichende Eindämmung der Entwicklung Beikräutern und -gräsern) für eine bestimmte Zeit zu schützen.
Da in der Vegetationszeit die Blattfläche unterschiedlich groß ist, ist ein der Blattfläche entsprechender Hektaraufwand erforderlich! Der Hektaraufwand wird neben der anerkannten Konzentration im Pflanzenschutzmittelregister (ausgenommen bei älteren Zulassungen) angegeben. Mit welcher Wassermenge/Hektar der Hektaraufwand ausgebracht wird, ist vom Applikationsverfahren und der vegetativen Entwicklung (Laubvolumen) abhängig!
Österreichisches Pflanzenschutzmittelregister:
http://www15.ages.at:7778/pls/psmlfrz/pmgweb2$.Startup?z_user=www

Wenn in der Zulassung des Mittels keine Angabe zum Hektaraufwand angegeben ist, kann dieser mit folgender Formel berechnet werden (Voraussetzung volle Laubentwicklung).

Hektaraufwand = Konzentration · 10

Im Obstbau muss die Konzentration mit 15 multipliziert werden.

Im Pflanzenschutzmittelregister ist eine Konzentration von 1 % angegeben. Wie hoch ist der Hektaraufwand? Bei voller Laubentwicklung gelten 1 000 l für einen Weingarten und für eine Obstanlage 1 500 l Wasser/ha als Berechnungsgrundlage?

1 % = 1 l (oder kg) Pflanzenschutzmittel auf 100 l Wasser.
100 · 10 = 1 000 (= Berechnungsgrundlage)
1 · 10 = 10 l (bzw. kg) beträgt der Hektaraufwand.

Anpassung der Hektaraufwandmenge an die vegetative Entwicklung im Weinbau.

Vor der Rebblüte:	Konzentration · 5	(500 l als Berechnungsgrundlage)
Nach der Rebblüte:	Konzentration · 10	(1 000 l als Berechnungsgrundlage)

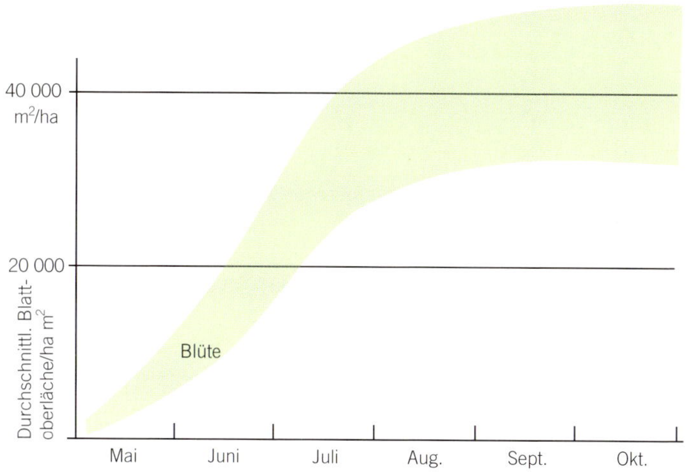

Die Darstellung zeigt die durchschnittliche Blattoberflächenentwicklung während der Vegetationszeit eines durchschnittlichen Weingartens pro Hektar. Der Hektaraufwand ist von der Blattgröße abhängig und ist der Entwicklung der Blätter anzupassen.

Konzentration bei verschiedener Wasseraufwandmenge je Hektar

Um mit einem PSM die gewünschte Wirkung zu erzielen, ist eine bestimmte Mittelmenge notwendig. Bei Verringerung der Wassermenge/ha muss sich die Konzentration erhöhen, damit die notwendige Mittelmenge/ha ausgebracht wird.

L42 Berechne die Konzentration der Spritzbrühe bei unterschiedlichem Wasseraufwand pro Hektar und trage die Werte in die Tabelle ein.

Hektaraufwand l oder kg*)	Wasseraufwand/ Hektar	Konzentration der Spritzbrühe in %
1	1 000 l	
1	330 l	
1	100 l	
5	1 000 l	
5	400 l	
5	150 l	
0,2	1 000 l	
0,2	300 l	
0,2	100 l	

*) Je nachdem ob es sich um ein flüssiges oder pulverfömiges PSM handelt.

L43 Mit einer Gebläsespritze werden in einem Weingarten 300 l Wasser/ha ausgebracht. Berechne die notwendige Menge eines Fungizides (0,2 %), Wassermenge und Brühenkonzentration, wenn eine Fläche von 1,35 ha bei voller Laubentwicklung behandelt werden soll.

L44 Mit einer Gebläsespritze werden 500 l/ha Wasser ausgebracht. Berechne die notwendige Pflanzenschutzmittelmenge (mit Blattdüngung) einer Spritzung für eine Fläche von 2,3 ha (Spritzung nach der Blüte):
1. Insektizid – Traubenwickler 0,1 %,
2. Fungizid – Peronospora 0,3 %,
3. Fungizid – Oidium 0,03 %.

a) Wie viel Wasser ist in den Brühenbehälter für die angegebene Fläche zu geben?
b) Wie hoch ist die Pflanzenschutzmittelmenge für 2,3 ha der einzelnen Pflanzenschutzmittel?
c) Wie hoch ist die Brühenkonzentration der einzelnen ausgebrachten Pflanzenschutzmittel?

Pflanzenschutzmittelkosten

Bei Preisvergleichen unterschiedlicher PSM muss der Hektaraufwand beachtet werden. Ist der Hektaraufwand gleich, so können die Kilogramm- bzw. Literkosten direkt miteinander verglichen werden. Falls der Hektaraufwand zweier Mittel unterschiedlich ist, ermöglichen der Brühenpreis (100 l) oder die Hektarkosten (Kosten des Hektaraufwands) einen Vergleich.

Berechnung des Brühenpreises/100 Liter (Vergleichspreis):

Wie hoch sind die Kosten/ha, wenn Pflanzenschutzmittel A je kg € 60,–, B € 30,–, C € 20,– kostet. Anwendungskonzentration vom Mittel A 0,1 %, B 0,2 % und C 0,3 % (volle Laubflächenentwicklung).

Mittel A: 100 l Brühenpreis A: € 60,– · 0,1 = € 6,–;
Hektarkosten: 6,– · 10 = € 60,–

	Preis € je kg oder l	Anerk. Konz. %	100-l-Brühenpreis	Hektarkosten (× 10)
Fungizid A	€ 60,–	0,1 %	6,0	60,–
Fungizid B	€ 30,–	0,2 %	6,0	60,–
Fungizid C	€ 20,–	0,4 %	6,0	60,–

Ermittle den Brühenpreis von 100 l und die Kosten je Hektar (volle Belaubung) folgender Pflanzschutzmittel und trage sie in die Liste ein. Mache auch Berechnungen mit anderen Pflanzenschutzmitteln. **L45**

Pflanzenschutzmittel (Beispiele)	Anerkannte Konzentration in %	Preis je kg/l*) inkl. USt.	Preis je 100 Liter Brühe	Kosten je Hektar
1 Botrytizid	0,16	76,09		
2 Botrytizid	0,12	111,83		
3 Botrytizid	0,1	138,12		
4 Fungizid gegen Peronospora	0,3	12,71		
5 Fungizid gegen Peronospora	0,05	40,02		
6 Fungizid gegen Oidium	0,1	18,17		
7 Fungizid gegen Oidium	0,02	88,69		
8 Austriebsspritzmittel**)	3	5,98		
9 Austriebsspritzmittel**)	2	5,98		
10 Fungizid gegen Peronospora	0,4	11,81		
11 Fungizid gegen Peronospora	0,25	16,73		
12 Fungizid gegen Peronospora und Oidium	0,3	27,19		
13 Fungizid gegen Oidium	0,025	53,78		
14 Fungizid gegen Oidium	0,1	19,93		
15 Akarizid	0,1	73,06		
16 Insektizid gegen Traubenwickler	0,0125	76,28		
17 Fungizid gegen Oidium	0,025	127,98		
18 Fungizid gegen Oidium	0,018	135,9		
19 Fungizid gegen Oidium	0,06	40,28		
20 Fungizid gegen Oidium	0,2–0,5	2,00		

*) Pflanzenschutzmittel kommen meist als Granulat (Kilogrammpreis) oder als Flüssigkeit (Literpreis ohne Frühbezugsrabatte, Stand 2010) auf den Markt.

**) Wasseraufwand je ha 400 l

L46 Berechne die Kosten der Pflanzenschutzbehandlung eines Weingartens von 1,3 ha Größe. Ausgebrachte PSM: Netzschwefel 0,5 %, Fungizid gegen Peronospora 0,4 %, Botrytizid 0,1 % (bei voller Belaubung, Hektaraufwand berücksichtigen). Wie hoch ist der prozentuelle Kostenanteil (ganze Prozente angeben) der einzelnen Pflanzenschutzmittel bei dieser Spritzung? Mache eine Tabelle, wo der ha-Aufwand, die ha-Kosten, Kosten für 1,3 ha und der %-Kostenanteil enthalten sind.

L47 Stelle die Kosten der Pflanzenschutzbehandlung einer Obstanlage mit einer Fläche von 0,75 ha fest. An PSM wurde ausgebracht: Fungizid (Nr. 4) 0,3 %, Fungizid (Nr. 13) 0,025 % und Insektizid (Nr. 16) 0,0125 %. Die Spritzung wird Anfang August durchgeführt.

Arbeitszeitaufwand

L48 Wie hoch ist der Arbeitsaufwand eines Weingartens (Weingarten 200 × 50 m, 3 m Mindestreihenabstand, insgesamt 10 m Ankehr) für die Pflanzenschutzarbeit mit einer Gebläsespritze (ohne Rüstzeiten)!

a) Berechne die Anzahl der Rebreihen, und wie lang ist die abzufahrende Wegstrecke in km?
b) Wie hoch ist der Arbeitszeitaufwand/ha (Fahrgeschwindigkeit von 7 km/h)?
c) Berechne a) und b) mit einem Reihenabstand von 2 m.

Unkrautregulierung in Wein- und Obstanlagen (Streifenbehandlung)

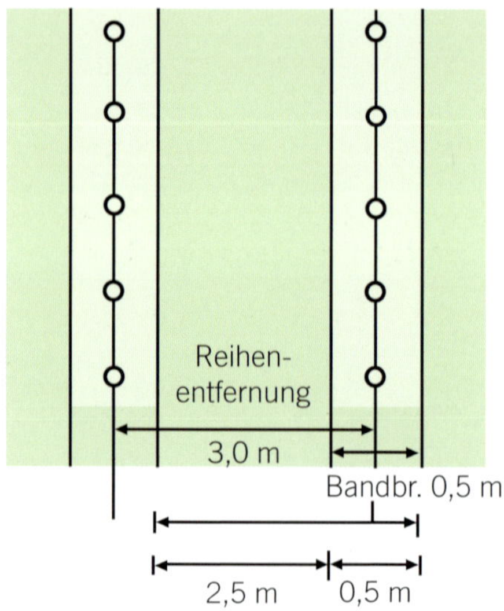

Die Angabe des Herbizidaufwands in der Zulassung des Herbizids bezieht sich auf ein Hektar. Zur Berechnung des tatsächlichen Aufwands darf jedoch nicht die Gesamtfläche des Weingartens herangezogen werden, sondern nur die Fläche der behandelten Stockreihen.

Der zu behandelnde Anteil (in %) der Gesamtfläche kann mit folgender Formel berechnet werden:

$$\text{Behandelte Fläche in Prozent} = \frac{\text{Bandbreite (m)} \cdot 100}{\text{Reihenabstand (m)}}$$

Reihenentfernung 3,0 m
Bandbreite 0,5 m

$$\frac{0{,}5 \cdot 100}{3} = 16{,}6$$

Das heißt, nur 16,6 % der Grundfläche eines Weingartens müssen mit dem Herbizid bespritzt werden. Der Hektaraufwand eines Herbizids ist auf diesen Prozentsatz zu reduzieren.

Formel für Streifenbehandlung:

Herbizid für Streifenbehandlung (in kg oder l pro ha) =

$$\frac{\text{Bandbreite (m)} \cdot \text{Hektaraufwand}}{\text{Reihenabstand (m)}}$$

Reihenentfernung 3,0 m
Bandbreite 0,5 m
Herbizid/ha 10 kg

$$\frac{0{,}5 \cdot 10}{3} = 1{,}6$$ (kg bzw. l Herbizid für die Streifenbehandlung)

Wie hoch ist die Herbizidmenge für einen Weingarten mit einer Fläche von 1,4 ha? Reihenentfernung 3,2 m, Bandbreite 60 cm, Herbizid/ha 8 kg. **L49**

Berechne die notwendige Herbizidmenge für einen Weingarten mit einer Fläche: **L50**

a) 0,7 ha, Reihenentfernung 3,0 m, Bandbreite 50 cm, Herbizid/ha 5 l.
b) 1,35 ha, Reihenentfernung 4,0 m, Bandbreite 100 cm, Herbizid/ha 9 l.

Wie hoch ist der Arbeitszeitaufwand für eine Unkrautregulierung mit einem beidseitig arbeitenden Herbizidspritzbalken? Jede Reihe wird nur von einer Seite behandelt. Der Weingarten ist 1 ha groß (200 · 50 m, Ankehr auf beiden Seiten je 5 m, 3 m Mindestreihenabstand, Fahrgeschwindigkeit 5 km/h). **L51**

a) Wie viele Weingartenreihen sind zu behandeln?
b) Welche Wegstrecke in km muss zurückgelegt werden?
c) Wie viele Durchfahrten sind notwendig?
d) Welcher Zeitaufwand (Stunden und Minuten) ist für die Unkrautregulierung notwendig?

L52 Wie lange braucht man für eine Unkrautregulierung mit einem einseitig arbeitenden Stockräumgerät? Jede Reihe muss von beiden Seiten bearbeitet werden. Der Weingarten ist 1 Hektar groß (200 · 50 m, Ankehr auf beiden Seiten je 5 m, 3 m Mindestreihenabstand, Fahrgeschwindigkeit 4 km/h). Beanworte die Fragen wie im vorhergehenden Beispiel a bis d.

Bewässerung (WB, OB)

Tropfbewässerung

L53 Auf einem ha Weingarten stehen 3 000 Rebstöcke. Wie groß ist der Wasserverbrauch (m^3) bei einer Bewässerungsgabe, wenn je Rebstock 15 l Wasser ausgebracht werden?

L54 In einer Bewässerungsgenossenschaft wird ein Beregnungsturnus eingeschaltet. Die Genossenschaft hat eine Weingartenfläche von 15,5 ha. Es werden 15 l Wasser/Stock (3 000 Rebstöcke/ha) bewässert. Wie hoch ist der gesamte Wasserbrauch bei dieser Turnusgabe?

Beregnung

L55 Mit Langsamregnern werden 6 mm Niederschlag je Stunde verregnet. Wie hoch ist der Wasserverbrauch/ha in m^3, wenn die Anlage 3,5 Stunden in Betrieb ist?

L56 Eine Überkronenberegnungsanlage wird für die Frostschutzberegnung im Obstbau 5 Stunden eingeschaltet (Langsamregner mit 4 mm/Stunde/m^2). Die Anlage hat eine Größe von 76,6 ha. Wie hoch ist der Wasserverbrauch (m^3)?

Kreisregner

Kapitel M: Kellerwirtschaft

Pneumatische Horizontalpresse

Traubenpresse, Mostausbeute, Mosterwärmung, Mostuntersuchung

Traubenpresse

M1 Berechne den Inhalt folgender Pressen:

a) Der Presskorb einer Spindelpresse hat einen Durchmesser (innen) von 145 cm und eine Höhe von 15 dm.
b) Eine pneumatische Horizontalpresse hat einen Durchmesser von 110 cm und eine Länge von 2,1 m.

M2 Der Presskorb einer alten Steinpresse hat einen Durchmesser (innen) von 165 cm und eine Höhe von 110 cm. Wieviel Liter Maische können in diesen Presskorb gefüllt werden?

Mostausbeute

Durchschnittliche Ausbeute aus 100 kg Trauben. Die Mostausbeute ist abhängig von der Sorte, dem Jahrgang und vom Pressdruck. Sie liegt zwischen 75 und 80 %.

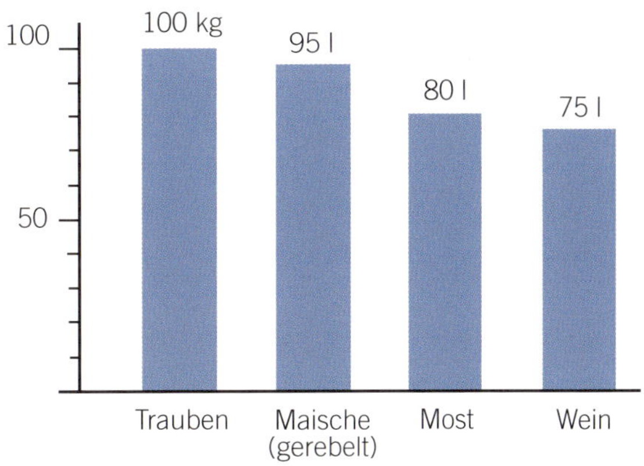

M3 Wie viel l Most erhält man aus einer Traubenmenge von 3 200 kg bei einer Ausbeute von 80 %?

M4 Wie viel l Most erhält man aus einer Traubenmenge von 7 600 kg bei einer Ausbeute von 75 %?

M5 Wie viel kg Trauben (Mostausbeute 75 %) sind notwendig, um einen Tank mit 20 500 l Inhalt mit Most für die Gärung zu füllen? Halte einen Steigraum von 5 % des Tankinhalts ein, damit der Most bei der Gärung nicht überläuft.

M6 Aus 9 600 kg Trauben wurden 7 600 l Most gepresst.

a) Wie hoch ist die Mostausbeute in %?
b) Wie groß muss das Fass zur Vergärung mindestens sein? Halte einen Steigraum von 5 % des Fassinhalts ein.

Mosterwärmung

Errechnung der notwendigen Einsatzzeit eines Edelstahlmosterwärmers:

$$\text{Einsatzzeit } (h) = \frac{\text{Gesamtmostmenge } (l) \cdot (\text{gewünschte Temperatur} - \text{Anfangstemperatur in °C}) \cdot 1{,}16}{\text{Leistung des Tauchsieders in Watt}}$$

M7 1 600 l Most sollen von 10 °C auf 18 °C erwärmt werden. Wie lange muss der Tauchsieder mit einer Leistung von 1 kW im Fass bleiben?

Mostuntersuchung

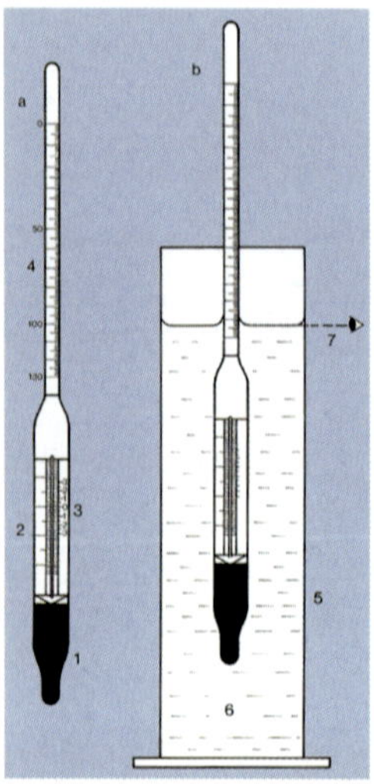

Mostgewichtsermittlung

a Mostwaage
b Ablesen des Mostgewichts

1 Bleischrotfüllung
2 Temperaturskala
3 Mostgewichtskorrektur-Tabelle
4 Spindel
5 Standzylinder
6 Most
7 Ablesung unten

Umrechnung °KMW (Klosterneuburger Mostwaage) auf °Oe (Oechsle Mostwaage) und °Oe auf °KMW.
Umrechnung mit vereinfachter Formel:

$$1\,°\text{Oe} \approx 5\,°\text{KMW} \qquad \text{bzw.} \qquad 1\,°\text{KMW} \approx \frac{°\text{Oe}}{5}$$

Wie viel °Oe sind 15 °KMW und umgekehrt?

15 °KMW · 5 = 75 °Oe

75 °Oe : 5 = 15 °KMW

Umrechnung mit Tabelle (Seite 296)

Führe folgende Umrechnungen mit der Formel durch und vergleiche die Ergebnisse mit den Werten aus der Tabelle:

a) 16,2 °KMW sind wie viel °Oe?
b) 18,3 °KMW sind wie viel °Oe?
c) 93 °Oe sind wie viel °KMW?
d) 82 °Oe sind wie viel °KMW?

Lesegutanreicherung

Anreicherung mit Zucker

- Der Anteil des Alkohols wird in Volumprozent (Vol.-%) angegeben.
- Je °KMW*) sind 1,3 kg Zucker/hl erforderlich (einschließlich Volumsvergrößerung).
- Je °Oe sind 0,25 kg Zucker/hl erforderlich (einschließlich Volumsvergrößerung).
- Jedes zugesetzte kg Zucker erhöht das Volumen eines hl um 0,6 l.
- Maximal darf um 2,0 Vol.-% angereichert werden. Das entspricht etwa 2,4 °KMW.
- Die Höchstmenge für weiße Moste liegt bei ca. 3,6 kg, bei Rotweinmaische bei ca. 3,9 kg/hl Rübenzucker.
- In Ausnahmefällen darf bis zu 2,5 Vol.-% angereichert werden. Das entspricht maximal 4,25 kg Zucker je hl. Vorsicht: nur nach Genehmigung!
- Anreicherungsberechnung mittels der OIV-Tabellen siehe: www.bundeskellereiinspektion.at
- Bei der Berechnung wird es zu gewissen Abweichungen kommen, da meist eine exakte Mengenfeststellung von Most oder Maische (Tank wird für die Gärung nicht voll gefüllt) nicht möglich und durch die Gärung die Alkoholausbeute unterschiedlich ist.

*) KMW (Klosterneuburger Mostwaage), 15 °KMW entsprechen ca. 150 g/Zucker/kg. Most mit 15 °KMW hat eine Dichte von 1,075 (= 75 °Öchsle), d.h. 1 l Most wiegt 1,075 kg. 1 Grad KMW entspricht 4,98 °Oe.

700 l Most mit einem Zuckergehalt von 17,0 °KMW soll auf 18,0 °KMW angereichert werden. Wie viel Zucker ist dafür notwendig?

Lösung 1: Berechnung nach Formel

  18,0 °KMW
– 17,0 °KMW
  1,0 °KMW   Anreicherung

°KMW Anreicherung · 1,3 · Hektoliter = Zuckermenge
1 · 1,3 · 7 = 9,1 kg Zucker

9,1 kg Zucker · 0,6 = 5,46 l   Volumsvergrößerung durch den Zuckerzusatz

700 l Most + 5,46 l = 705,46 l   Gesamtmenge nach der Anreicherung

Alkoholerhöhung (maximal 2,0 Vol.-%)- Umrechnung siehe „Umrechnung vom Zuckergehalt auf den Alkoholgehalt der Weine".

1 °KMW · 0,67 = 0,67 Vol.-% Alkoholerhöhung durch die Anreicherung.

Lösung 2: Berechnung mithilfe der Tabelle der Bundeskellereiinspektion
Je hl Most sind 1,42 kg Zucker lt. Tabelle zu entnehmen.

°KMW-Anreicherung · 1,42 · Hektoliter = Zuckermenge
1 · 1,42 · 7 = 9,94 kg Zucker

Die gesetzlichen Höchstgrenzen sind zu beachten!

M9 900 l Most sollen von 15,4 °KMW auf 17,8 °KMW angereichert werden. Wie viel Zucker ist dafür notwendig?

M10 In einer Zisterne sollen 38 500 l Most von 16,5 °KMW auf 18 °KMW angereichert werden.

a) Wie viel Zucker ist dafür notwendig (Formel, Tabelle, BKI-Formelsammlung)?
b) Um wie viel l erhöht sich das Volumen durch die Anreicherung?
c) Wie viel Most ergibt sich aus der Anreicherung?

M11 7 820 l Most soll von 16,1 °KMW auf 18 °KMW angereichert werden.

a) Wie viel Zucker ist dafür notwendig (Formel)?
b) Um wie viel l erhöht sich das Volumen durch die Anreicherung?
c) Wie groß muss der Behälter für die Vergärung mindestens sein, wenn mit 5 % Gärraum gerechnet wird? (+5 % zur Gesamtmostmenge nach der Anreicherung; auf ganze hl aufrunden)

M12 10 500 l Most sind von 80 °Oe auf 18 °KMW anzureichern.

a) Wie viel Zucker ist dafür notwendig? (Formel, BKI-Formelsammlung)
b) Um wie viel l erhöht sich das Volumen durch die Anreicherung?
c) Wie viel Most ergibt sich aus der Anreicherung?

Bei einer Maischegärung ist es wichtig, dass nur der Most, der in der Maische vorliegt, angereichert wird. Deswegen muss bei der Maischegärung auch die Mostausbeute berücksichtigt werden.

M13 700 l Rotweinmaische (85 % Ausbeute) soll von 17,0 °KMW auf 19,0 °KMW angereichert werden. Wie viel Zucker muss der Maische zugesetzt werden? (Berechnung mit Formel und der BKI-Formel)

M14 1 600 l Rotweinmaische (85 % Ausbeute) soll von 16,7 °KMW auf 19 °KMW angereichert werden. Wie viel Zucker muss der Maische zugesetzt werden? (Berechnung mit Formel und der BKI-Formel)

Anreicherung mit Mostkonzentrat

Bei der Verwendung von Mostkonzentrat oder rektifiziertem Traubenmostkonzentrat (RTK) muss der Zuckergehalt (meist 65 °Brix*) berücksichtigt werden. Die Berechnung der Konzentratmenge erfolgt mithilfe von Tabellen.
Die OIV-Tabellen findet man auf der Homepage der Bundeskellereiinspektion (BKI) www.bundeskellereiinspektion.at.
Die Berechnung erfolgt genauso wie die Feststellung der Zuckermenge aus der Tabelle (nur unter Verwendung der Tabellen ab II).

* °Brix sind Gewichtsprozente Zucker, 1 °Brix = 1 °Oe : 4,25

Berechne von den Beispielen M10 bis M14 mithilfe der Tabellen die erforderlichen RTK-Mengen. **M15**

Umrechnung vom Zuckergehalt auf den Alkoholgehalt des Weins

Die alkoholische Gärung ist ein komplizierter biochemischer Prozess, bei dem Zucker im Most in Alkohol umgewandelt wird. Aus einem Teil des Zuckers entsteht Kohlendioxid und weitere Gärungsnebenprodukte. Auch durch die entstehende Wärme kommt es zu Alkoholverlusten von 0,2 Vol.-% bis 1,5 Vol.-%. Das bedeutet, dass ein nicht exakt berechenbarer Teil des vorhandenen Zuckers verbraucht wird und **eine Anreicherung oder die Alkoholausbeute nicht exakt berechnet werden kann.**

Alkoholausbeute (Tabellen OIV und Stierschneider): Bei einer unkontrollierten Gärung kann eine Alkoholausbeute von höchstens 45 % erwartet werden. Bei scharfer Mostvorklärung und gekühlter Gärung mit Reinzuchthefen können Alkoholausbeuten von 48–50 Vol.-% erreicht werden.

M

Einfache Umrechnungsformel *

$$\text{Vol.-\% Alkohol} = \text{°KMW} \cdot 0{,}67$$

Der Umrechnungsfaktor F = 0,67 ändert sich jährlich.

Umrechnungsformeln nach Schneyder *

$$\text{Für Weißwein: Vol.-\% Alkohol} = \frac{47 + \text{°KMW}}{100} \cdot \text{°KMW}$$

$$\text{Für Rotwein: Vol.-\% Alkohol} = \frac{43 + \text{°KMW}}{100} \cdot \text{°KMW}$$

* Die Formeln gelten nur für Weine mit einem Extraktgehalt von etwa 20 g/l.

M16 Wie viel Vol.-% Alkohol ergeben Moste mit 13, 15, 17, 19 und 21 °KMW bei vollständiger Vergärung des Zuckers? Berechne mit der einfachen Umrechnungsformel bzw. der Formel von Schneyder und entnehme die Werte aus der OIV-Tabelle (45 und 49 % Alkoholausbeute) und trage die Ergebnisse in eine Tabelle ein.

M17 Welchen Alkoholgehalt (Unter- und Obergrenze) wird ein Kabinettwein der Sorte Grüner Veltliner erreichen, wenn man davon ausgeht, dass der Zucker vollständig vergärt?

a) Alkoholgehalt lt. OIV-Tabelle (Anlage VII) bei 45 und 49 % Alkoholausbeute
b) Umrechnungsformel nach Schneyder
c) Einfache Umrechnungsformel

Alkoholische Gärung – Gärgas

Bei der alkoholischen Gärung entsteht aus 100 g Glucose ca. 47–48 g Alkohol und 48 g Kohlendioxid (CO_2).
Das Gärgas eines Mostes mit 18 °KMW würde etwa das 55-fache Volumen des Mostes einnehmen. Das bedeutet, dass bei der Vergärung von einem Liter Most ca. 50–55 l Gärgas entstehen.

Dichte von Kohlendioxid: 1,98 kg/m³ (0 °C, 1 013 hPa)

M18 Ein Tank mit einem Inhalt von 10 000 l gärt. Wie viel kg bzw. m³ Kohlendioxid wird bei vollständiger Vergärung des Zuckers entstehen?

Einfache Entsäuerung

Um 1 l Most (bzw. Wein) um 1 ‰ (Promille) zu entsäuern, werden 0,67 g Entsäuerungskalk benötigt. Da bei der Entsäuerung nur die Weinsäure ausgefällt wird, muss darauf geachtet werden, dass der gesetzliche Mindestgehalt von 0,4 g/l Weinsäure im Wein nicht unterschritten wird.

Abkürzungen

$T1$	Titrierbare Gesamtsäure vor der Entsäuerung (vorhandener Säuregehalt)
$T2$	Titrierbare Gesamtsäure nach der Entsäuerung (gewünschter Säuregehalt)
E	Entsäuerung (= $T1 - T2$)
E_{max}	Maximal mögliche Entsäuerung
W	Weinsäuregehalt g/l (‰)
w	Gesetzlich erforderlicher Restweinsäuregehalt 0,4 g/l (in den Beispielen mit 0,5 g/l gerechnet, damit der gesetzliche Wert nicht unterschritten wird)
M	Gesamtmenge l Wein oder Most

Berechnung der Höhe der Entsäuerung

$E = T1 - T2$

Ein Wein hat einen Gesamtsäureanteil von 11,5 ‰. Durch Entsäuerung soll der Gehalt auf 10‰ reduziert werden.

Entsäuerung = 11,5 – 10 = 1,5 ‰

Berechnung der maximal möglichen Entsäuerung

Dafür muss der Weinsäureanteil (Untersuchung) bekannt sein.

$E_{max} = (W - w)$

Ein Wein hat einen Gesamtsäuregehalt von 11‰. Davon sind 3 g/l Weinsäure.

$E_{max} = (3 - 0{,}5) = 2{,}5$ g/l (bzw. ‰)

Dieser Wein darf maximal um 2,5‰ Gesamtsäure auf 8,5‰ entsäuert werden. Wird eine niedrigere Säure gewünscht, muss mittels Doppelsalzentsäuerung (DS) entsäuert werden.

M

Berechnung der Kalkmenge

Kalk (g) = $E \cdot M \cdot 0{,}67$ Kalk (kg) = $(E \cdot M \cdot 0{,}67) : 1\,000$

500 l Wein soll um 2‰ entsäuert werden.
Wie viel Entsäuerungskalk ist notwendig?

Kalk (g) = $E \cdot M \cdot 0{,}67 = 2 \cdot 500 \cdot 0{,}67 = 335$ g Entsäuerungskalk

54 l Most sollen von 12,5‰ auf 10‰ entsäuert werden. Wie viel Entsäuerungskalk (in g) ist dazu notwendig? **M19**

4 200 l Rotweinmaische (Mostausbeute 80 %) soll von 13,1‰ auf 10‰ entsäuert werden. Wie viel Most ist zu entsäuern und wie viel Entsäuerungskalk ist dazu notwendig? **M20**

M21 12 320 l Most sollen von 13,2‰ auf 10‰ entsäuert werden. Wie viel Entsäuerungskalk ist dazu notwendig?

M22 24 700 l Most sollen von 12,8‰ auf 9,5‰ entsäuert werden. Der Wein hat einen Weinsäuregehalt von 3,2 g/l. Wie viel Promille darf höchstens entsäuert werden? Wie viel Entsäuerungskalk (in kg) ist dazu notwendig? Eine Doppelsalzentsäuerung ist nicht gewünscht.

M23 84 200 l Most sollen von 12,3‰ auf 9,5‰ entsäuert werden. Der Most hat einen Weinsäuregehalt von 3,6 g/l. Wie viel Promille darf höchstens entsäuert werden? Wie viel Entsäuerungskalk (kg) ist dazu notwendig?

Säuerung von Wein

Falls der Säuregehalt in einem Jahr geringer ausfällt, kann er durch Zusatz von Säure angehoben werden. Die verschiedenen zugelassenen Säuren weisen unterschiedliche Stärken auf. Die Tabelle zeigt, wie sie in Weinsäure umgerechnet werden. Diese Umrechnung ist wichtig, da die Gesamtsäure als Weinsäure ausgedrückt wird.

Zugelassene Säuerungsmittel und Aufwandmengen für Wein

Erhöhung der Gesamtsäure um 1,0 g/l		Maximaler Aufwand**
Weinsäure	1,00 g/l	2,50 g/l
Äpfelsäure	0,89 g/l	2,23 g/l
Milchsäure (80 %*)	1,5 g/l (= 1,25 ml/l)	3,75 g/l (= 3,13 ml/l)
Zitronensäure	0,85 g/l	0,6 g/l***

* Milchsäure ist nur als 80 %ige Lösung erhältlich.
** Maximal 2,5 g/l, berechnet als Weinsäure
*** Bis maximal 1,0 g/l Endgehalt, Zusatz aus rechtlichen Gründen auf 0,6 g/l beschränkt

M24 38 hl Wein sollen um 0,5‰ (berechnet als Weinsäure) gesäuert werden. Wie viel Zitronensäure muss zugesetzt werden?

M25 1 500 l sollen um 0,3‰ (berechnet als Weinsäure) gesäuert werden. Wie viel Weinsäure, Äpfelsäure, Milchsäure oder Zitronensäure muss zugesetzt werden?

Restsüßeverleihung (Süßung) von Wein

Österreichischer Qualitätswein und Landwein darf bis zu einem Gehalt von 15 Gramm unvergorenem Zucker je l gesüßt werden (mit Traubenmost, Traubendicksaft oder rektifiziertem Traubenmostkonzentrat (RTK). Eine Süßung von Kabinett und Prädikatsweinen ist verboten. Bei der Anwendung von Traubenmost zur Restsüßeverleihung kommt es jedoch zu einer Verringerung des Alkoholgehalts.

Der Restzuckergehalt von 3 000 l Qualitätswein, mit einem Alkoholgehalt von 12,5 Vol.-%, soll um 3 g/l erhöht werden.

a) Restsüßeverleihung mit Most

Der zur Verfügung stehende Traubenmost hat 15 °KMW.
Die Gesamtmenge an Wein benötigt
3 000 · 3 = 9 000 g = 9,0 kg Zucker.

1 kg Most enthält 15 % Zucker = 0,15 kg. Für 3 000 l Wein sind daher 9 000 : 0,15 = 60 000 g = 60,0 kg Most notwendig. Das entspricht 55,81 l Most bei einer Dichte von 1,075 (60 : 1,075).

Um wie viel verringert sich der Alkoholgehalt durch den Zusatz von 55,8 l Most?

$$(3\,000 \cdot 12{,}5) + (55{,}8 \cdot 0) = 3\,055{,}8 \cdot x$$
$$37\,555{,}8 = 3\,055{,}8 \cdot x$$
$$\approx 12{,}3$$

Der Alkoholgehalt des Weins wird durch die Zugabe von 3 Gramm Restzucker/l mit Süßmost auf 12,3 Vol.-% verringert.

b) Restsüßeverleihung mit Traubensaftkonzentrat

Das Konzentrat hat einen Zuckergehalt von 65 % Zucker (RTK mit 65 ° Brix, Dichte 1,3). Wie viel Konzentrat wird benötigt?

Die Gesamtmenge an Wein benötigt
3 000 · 3 = 9 000 g = 9,0 kg Zucker
1 kg Konzentrat enthält 65 % Zucker = 0,65 kg. Für 3 000 l Wein sind daher 9 000 : 0,65 = 13 846 g = 13,85 kg Konzentrat notwendig.

Alkoholabnahme

$$(3\,000 \cdot 12{,}5) + (10{,}6 \cdot 0) = 3\,010{,}6 \cdot x$$
$$37\,510{,}6 = 3\,010{,}6 \cdot x$$
$$= 12{,}45$$

Der Alkoholgehalt des Weins wird durch die Zugabe von 3 Gramm Restzucker/l mit Konzentrat auf 12,45 (≈12,5) Vol.-% verringert.

M

10 500 l Wein sollen 4 g Restzucker/l verliehen werden. Das Konzentrat hat einen Zuckergehalt von 63 %. Wie viel Konzentrat wird benötigt? **M26**

10 500 l Wein (12,3 Vol.-%) sollen 4 g Restzucker/l mit Traubenmost verliehen werden. Der Traubenmost hat eine Gradation von 16 °KMW. **M27**

a) Wie viel Traubenmost ist dafür notwendig?
b) Wie groß ist nach der Restzuckerverleihung die gesamte Weinmenge?
c) Um wie viel verringert sich der Alkoholgehalt des Weines?

Wein- und Mostbehandlung, Schönungen

Diese Behandlungen dienen zur Stabilisierung, Klärung oder Fehlerbehebung von Most oder Wein.

750 l Wein sind mit 80 g Bentonit pro hl zu behandeln. Welche Bentonitmenge muss der gesamten Weinmenge zugesetzt werden?

$80 \cdot 7{,}5\ (\text{hl}) = 600$ g Bentonit

M28 15 700 l Wein sollen mit 120 g/hl Bentonit geschönt werden. Wie viele kg Bentonit sind hierfür notwendig?

M29 600 l Wein sollen mit 60 g/hl Bentonit geschönt werden. Wie viele Gramm Bentonit müssen zugesetzt werden?

M30 Berechne die Menge (in g) von Aktivkohle, die für die Schönung von 1 750 l Wein notwendig ist, wenn je hl 60 g Aktivkohle benötigt werden.

Inhalt von Lagerbehältern

M31 Eine Betonzisterne in Form eines Quaders hat folgende Maße: Länge 3,20 m, Breite 2,80 m, Höhe 1,80 m. Berechne das Volumen dieser Zisterne in Hektoliter.

M32 Berechne den Inhalt (hl) eines stehenden Tanks mit folgenden Abmessungen:

$D = 3{,}50$ m
$h = 5{,}20$ m

Fassinhaltsberechnung siehe Kapitel Geometrie

Der Tank kann als Zylinder betrachtet werden, die abgerundeten Bodenflächen müssen nicht berücksichtigt werden.

M33 Berechne das Fassvolumen in l: $D = 131$ cm, $d = 104$ cm, $l = 115$ cm.

Nasskonservierung von Holzfässern

Barriquefässer

Sie besteht im Vollhalten der Fässer mit einer 0,05 %igen wässrigen SO_2-Lösung (0,5 g SO_2 pro l, das sind 50 g/hl). Zur Herstellung dieser milden Konservierungslösung sind 4- bis 6 %ige wässrige Lösung und gasförmiges SO_2 aus der Stahlflasche geeignet.

Ein Fass von 2 000 l Inhalt soll nass konserviert werden.

a) Wie viel l 5 %ige schwefelige Säure wird benötigt?
b) Wie viel Gramm SO_2-Gas wird benötigt?

a) Man braucht pro hl Fassraum 1 l 5 %ige schwefelige Säure (1 l 5 %ige schwefelige Säure enthält 50 g SO_2, 50 g SO_2 ergeben in 1 hl die gewünschte Konzentration von 0,05 %). Für 2 000 l werden daher 20 l 5 %ige schwefelige Säure benötigt.
b) Pro l Wasser benötigt man 0,5 g gasförmiges SO_2.
2 000 l Wasser erfordern daher $0{,}5 \cdot 2\,000 = 1\,000$ g = 1 kg SO_2-Gas.

Wie viele l 4 %ige schwefelige Säure werden zur Nasskonservierung eines Holzfasses mit einem Volumen von 3 700 l benötigt? **M34**

Wie viele l 6 %ige schwefelige Säure werden zur Nasskonservierung eines Holzfasses mit einem Volumen von 390 l benötigt? **M35**

Wie viele Kilogramm SO_2-Gas werden für die Nasskonservierung eines Holzfasses mit einem Volumen von 1 750 l benötigt? **M36**

Wie viele Kilogramm SO_2-Gas werden für die Nasskonservierung eines Holzfasses mit einem Volumen von 3 400 l benötigt? **M37**

Weinschwefelung (Most, Maische)

Durch Zusatz von schwefeliger Säure in geringer Menge werden wilde Hefen und Bakterien gehemmt; die Beigabe wirkt als Oxidationsschutz, hemmt die Aktivität von sauerstoffübertragenden Enzymen und durch Abbindung von Gärungsnebenprodukten wirkt die Zugabe geschmacksverbessernd.

Weißweinglas

Schwefelung mit Kaliumpyrosulfit (KPS)

KPS besteht zur Hälfte aus wirksamem SO_2, der Rest ist Ballastmasse. KPS ist in Säckchen (oder gepressten Tabletten) zu 10 g KPS (= 5 g SO_2) oder in loser Form erhältlich.
1 Säckchen zu 10 g KPS/hl ergibt einen SO_2-Gehalt von 50 mg/l

1 500 l Wein soll mit 15 mg/l SO_2 geschwefelt werden.

$1\,500 \cdot 15 = 22\,500$ mg = 22,5 g SO_2
22,5 : 5 = 4,5 Säckchen KPS

Wie viele Säckchen KPS braucht man, um 214 l Wein von 18 mg/l SO_2 auf 33 mg/l SO_2 zu schwefeln? **M38**

Wie viele Tabletten KPS braucht man, um 128 500 l Wein von 18 auf 40 mg/l SO_2 zu schwefeln? **M39**

M40 9 240 l Wein mit 17 mg/l SO_2 sollen für die Flaschenfüllung (mit KPS) auf 35 mg/l SO_2 aufgeschwefelt werden. Wie viele Säckchen KPS sind in der angegebenen Weinmenge beizumengen?

M41 16 000 l Wein sind pro l mit 15 mg/l SO_2 aufzuschwefeln. Wie viele Säckchen KPS sind notwendig?

M42 980 l Most sind pro l mit 40 mg SO_2 zu versetzen. Wie viele Säckchen KPS sind notwendig?

M43 Eine Weinmenge von 42 Eimern (1 Eimer = 56,6 l) hat einen SO_2-Gehalt von 17 mg/l. Der Wein soll auf 35 mg/l SO_2 aufgeschwefelt werden.
Wie viele Säckchen sind notwendig?

Schwefelung mit verflüssigtem SO_2-Gas

M44 12 800 l Wein sind von 18 mg/l SO_2 auf 35 mg/l SO_2 mit verflüssigtem SO_2 aufzuschwefeln. Wie viel Gramm (bzw. kg) verflüssigtes SO_2 sind notwendig?

M45 482 000 l Wein sind von 16 mg/l auf 35 mg/l SO_2 mit verflüssigtem SO_2 aufzuschwefeln. Wie viel kg verflüssigtes SO_2 ist notwendig?

Herstellung einer 1,5 %igen SO_2-Lösung

Für die Sterilisierung von Korken, Flaschen, Filtern und dgl. ist eine 1,5 %ige SO_2-Lösung notwendig (nicht für die Schwefelung von Wein, Most oder Maische geeignet). Im Handel ist eine 4- bis 6 %ige Lösung (40–60 g/l SO_2) erhältlich. Diese 4- bis 6 %ige Lösung ist durch Wasserzusatz auf 1,5 % zu verdünnen.

Wie viel Wasser muss zu 1 l 6 %iger SO_2-Lösung dazugegeben werden, um eine 1,5 %ige Lösung zu erhalten?

$$\frac{0{,}06}{0{,}015} - 1 = 3$$

D. h., zu 1 l 6 %iger SO_2-Lösung müssen 3 l Wasser zugesetzt werden, um eine 1,5 %ige Lösung zu erhalten.

M46 Wie viel Wasser müssen 7,5 l einer 6 %igen SO_2-Lösung zugesetzt werden, um eine 1,5 %ige Lösung zu erhalten?

Weinflaschen

Verschnitt von Weinen

Gesamtverschnitt

Mehrere Weine mit unterschiedlichen Mengen mit verschiedenem Säure-, Alkohol- und SO_2-Gehalt sowie Zuckerresten werden verschnitten – welche Werte enthält der Verschnitt?

Diese Berechnung ist nur dann notwendig, wenn die Mengen der Weine, die verschnitten werden sollen, unterschiedlich groß sind. Bei gleich großen Mengen ergeben sich die Werte aus dem Mittelwert der einzelnen Werte.

Drei Weine mit verschiedenem Säuregehalt werden verschnitten.
Wie hoch ist der Säuregehalt des Verschnitts?

a) 800 l	mit 7,5‰	$800 \cdot 0{,}0075 =$	6,0 g Säure
b) 1 200 l	mit 6,0‰	$1\,200 \cdot 0{,}0060 =$	7,2 g Säure
c) 2 000 l	mit 4,2‰	$2\,000 \cdot 0{,}0042 =$	8,4 g Säure
4 000 l	Verschnittwein		21,6 g Säure

21,6 : 4 000 = 0,0054 g = 5,4‰ Säure

Zwei Weine sollen miteinander verschnitten werden: **M47**

	hl	‰	mg/l SO_2	Vol.-% Alkohol	g Restzucker
Wein A	40	8,0	45	12,5	12
Wein B	52	5,7	25	10,7	3

Berechne den durchschnittlichen Säuregehalt, SO_2-Gehalt, Alkoholgehalt und den Restzuckergehalt des Gesamtverschnitts!

Drei Weine werden verschnitten. Berechne den SO_2-Gehalt und den Säuregehalt des Gesamtverschnitts. **M48**

Wein C) 55 mg/l SO_2, 5,2‰, 3 400 l
Wein D) 18 mg/l SO_2, 7,4‰, 18 hl
Wein E) 22 mg/l SO_2, 6,1‰, 2 400 l

Verschnitt nach Alkoholgehalt

Es sollen zwei Weine mit 9 Vol.-% und 14 Vol.-% Alkohol verschnitten werden. Wie viel Anteile Wein müssen vom Wein A und B verschnitten werden, um einen Alkoholgehalt von 12 Vol.-% zu erhalten?
Mache mithilfe eines Kalkulationsprogramms eine Eingabe für die Ausgangswerte und gib in einem Feld die Formel ein. Überprüfe die Ergebnisse mit den BKI*-Mischungsrechnungen
(Weinformelsammlung auf www.bundeskellereiinspektion.at).

A) 9 Vol.-% → 2 Teile vom Wein A
12 Vol.-%
B) 14 Vol.-% → 3 Teile vom Wein B
5 Teile

* BKI – Bundeskellereiinspektion

Mithilfe des Mischungskreuzes ergibt sich, dass vom Wein A 2 Teile und vom Wein B 3 Teile zu nehmen sind. So beträgt z. B. bei 60 hl 12 vol%igem Verschnittwein ein Anteil
12 hl (60 : 5 = 12).

Demnach benötigt man:
$2 \cdot 12$ hl = 24 hl 9-vol.-%igen Wein A und
$3 \cdot 12$ hl = 36 hl 14-vol.-%igen Wein B

M49 Zwei Weine mit 13,6 Vol.-% (A) und 11,3 Vol.-% (B) sollen durch Verschnitt auf 12,4 Vol.-% gebracht werden. Wie viel l jedes Weines braucht man, um 5 750 l Verschnitt zu erhalten?

M50 8 000 l Wein (A) mit 12,1 Vol.-% sollen mit einem Wein (B) mit 10,3 Vol.-% verschnitten werden. Wie viele l Wein sind vom zweiten Wein notwendig, damit der Alkoholgehalt im Verschnitt 11,5 Vol.-% beträgt? Wie viel Verschnitt erhält man insgesamt?

M51 2 350 l Wein (A) mit 8‰ Säure soll mit einem Wein (B) mit 6‰ Säure so verschnitten werden, dass der Verschnitt 7,3‰ Säure enthält. Wie viel l vom Wein B sind zuzusetzen? Wie viel Verschnittwein erhält man?

Verschnitt nach dem SO_2-Gehalt

Um einen überhöhten Schwefelgehalt eines Weins zu korrigieren, wird er am besten mit einem anderen Wein gemischt, der einen niedrigeren SO_2-Gehalt aufweist.
Der Rechenvorgang ist der gleiche wie beim Verschnitt nach dem Alkoholgehalt.

M52 1 600 l Wein (A) mit 65 mg/l SO_2 sollen mit einem Wein (B), der nur 15 mg/l SO_2 enthält, derart verschnitten werden, dass der Verschnitt 35 mg/l SO_2 enthält. Wie viele l Verschnittwein sind notwendig?

M53 Ein überschwefelter Wein soll durch geeigneten Verschnitt wieder verkehrsfähig gemacht werden. Wein A: 5 000 l mit 72 mg/l SO_2 und Wein B mit 18 mg/l SO_2. Der Verschnitt soll 36 mg/l SO_2 enthalten. Wein A ist vollständig zu verbrauchen. Wie viel wird vom Wein B für den Verschnitt benötigt?

Verschnitt nach dem Gesamt-SO_2-Gehalt

M54 Ein Wein (A, 60 hl) hat 240 mg Gesamt-SO_2. Der maximale Gehalt an Gesamt-SO_2 darf bei Weißwein 200 mg und bei Rotwein 150 mg/l betragen. Durch Verschnitt soll der Wein auf 170 mg Gesamt-SO_2 reduziert werden.
Wie viel l Wein (B), mit einem Gesamt-SO_2-Gehalt von 90 mg, muss zugesetzt werden, damit der Verschnitt nur 170 mg Gesamt-SO_2 enthält?

Verschnitt nach dem Säuregehalt

Zwei Weine mit 9‰ (A) und mit 5‰ Säure (B) sollen verschnitten werden zu einem Wein mit 6‰ Säure. Es sollen 120 hl Verschnittwein hergestellt werden. Wie viele l Wein sind jeweils zu nehmen, um den gewünschten Verschnitt zu erhalten? **M55**

Verschnitt nach dem Restzuckergehalt

Zwei Weine mit 14 g/l und 2 g/l Restzuckergehalt sollen verschnitten werden zu einem Wein mit 5 g/l Zuckerrest. Es sollen 3 000 l Verschnitt hergestellt werden. Wie viele l der beiden Weine sind dazu notwendig? **M56**

Zwei Weine sollen durch Verschnitt auf einen Restzuckergehalt von 6 g/l eingestellt werden. Wie viel hl müssen vom Wein A zugesetzt werden, damit der Verschnitt einen Restzuckergehalt von 6 g/l aufweist? **M57**
Wie viel hl Verschnitt mit 6 g/l entstehen?

A) 13 g/l Zuckerrest
B) 70 hl 1 g/l Zuckerrest

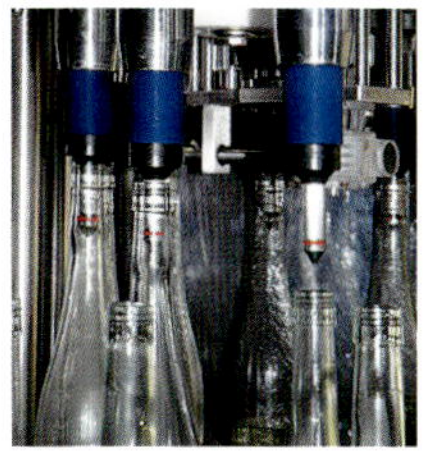

Flaschenfüllung

Flaschenfüllung

Es sollen 2 Fässer Wein von je 1 850 l in Flaschen gefüllt werden. Der Wein des einen Fasses soll in Einliterflaschen und der Wein des anderen Fasses (Kabinett) in Bouteillen (0,75 l) gefüllt werden. **M58**
Wie viele 1-l-Flaschen und Bouteillen sind notwendig?

15 000 l Wein sollen in Bouteillen gefüllt werden. **M59**
Wie viele 0,75-l-Flaschen sind anzuschaffen und welche Gesamtkosten entstehen durch den Flaschenkauf, wenn eine Flasche € 0,38 kostet?

Eine 1,5-l-Flasche kostet € 2,20 und wird um € 12,50 (inkl. USt.) verkauft. **M60**
Welchen prozentuellen Kostenanteil verursachen die Flaschenkosten?

Eine 0,75-l-Flasche wird um € 4,50 (inkl. USt.) verkauft.
Welchen prozentuellen Kostenanteil verursachen die Flaschenkosten?

Kapitel N: Obstbau

Baumbedarf

Die Berechnung der Anzahl der möglichen Standplätze von Bäumen auf einer bestimmten Fläche erfolgt genauso wie die Berechnung der Anzahl der möglichen Setzlinge im Weinbau. Bei Obstanbauflächen muss aber oft ein größerer Reihenabstand zur Grundstücksgrenze eingehalten werden (Zaun meistens vorhanden, Bearbeitung des Bodens, Pflanzenschutzarbeiten).

Standfläche eines Baums = Reihenabstand · Baumabstand

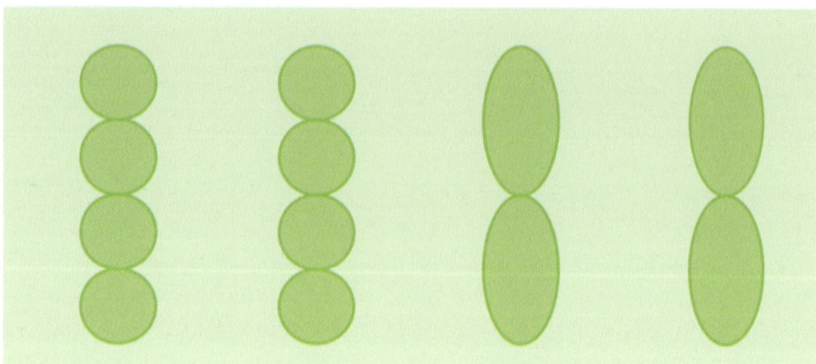

Pflanzenentfernung	$4 \cdot 1{,}5$ m	$4 \cdot 3$ m
Standfläche/Baum	6 m^2	12 m^2
Bäume	8 St.	4 St.

$$\text{Bäume für bestimmte Fläche} = \frac{\text{Grundstücksfläche} - \text{Ankehrfläche}}{\text{Standfläche/Baum}}$$

N1 Ergänze die nachfolgende Tabelle. Ermittle die Standfläche eines Baums und die Bepflanzungsdichte bei den verschiedenen Pflanzenentfernungen. Verwende für die Berechnungen ein Kalkulationsprogramm.

Gebräuchliche Pflanzentfernungen:

Pflanzentfernung Obstart, Kronenform		Reihenabstand (m)	Abstand in der Reihe (m)	Standfläche/ Baum m^2	Bepflanzungsdichte/ha
Apfel	Pyramidenkrone	7	5		
	Hecke	4	3,5		
	Spindel einreihig	4	1,5		
Birne	Pyramidenkrone	6	5		
	Hecke auf Sämling	4	4		
Kirsche	Pyramidenkrone	7	6		
	Hecke	5	4,5		
Weichsel	Hecke	5	4		
Zwetschke	Pyramidenkrone	6	5		
	Hecke	4	4		
Marille	Pyramidenkrone	7	6		
Pfirsich	Trichterkrone	6	5		
Nuss		10	8		

Berechnung der Reihenanzahl

$$\left(\frac{\text{Grundstücksbreite (m)} - (\text{Abstand zur Grenze (m)} \cdot 2)}{\text{gewünschter Reihenabstand (m)}}\right) + 1 = \text{Anzahl der möglichen Reihen}$$

Falls das Ergebnis der Formel keine ganze Zahl ist, muss man den Abstand von der ersten bis zur letzten Reihe durch die errechnete Anzahl der Reihen dividieren, um den tatsächlichen Reihenabstand zu bekommen.

N2 Wie viele Bäume können auf einem 120 × 35 m großen Grundstück gepflanzt werden? Es wurde eine Pflanzentfernung von 4 × 1,5 m gewählt. Zur Ankehr werden an beiden Seiten 5,5 m benötigt. Der Abstand von der Grundstückgrenze zur ersten Reihe muss zwecks Bearbeitung 3,5 m betragen.
Wie groß ist dieses Grundstück in ha? Zeichne einen einfachen Plan dieser Anlage.

N3 Berechne den Baumbedarf für eine Birnenhecke (4 × 4 m) mit folgenden Maßen: Länge 85 m, Breite 32 m, Ankehr an beiden Seiten 6,5 m. Der Abstand zur Grundstückgrenze muss 4 m betragen (zwecks Bearbeitung).
Wie groß ist die Grundstücksfläche in ha? Zeichne einen einfachen Plan dieser Anlage.

Obstertrag

Der Ertrag einer Obstanlage kann durch diese Kennzahlen gemessen werden:
- Hektarertrag (brutto oder netto)
- Ertrag kg/m^2
- Einzelbaumertrag

Apfelernte in der Steiermark

N4 Eine Apfelanlage brachte einen Hektarertrag von 35 600 kg. Wie hoch ist der Einzelbaumertrag, wenn die Pflanzentfernung 4 × 1,5 m beträgt?

N5 Eine Apfelanlage brachte einen Hektarertrag von 35 600 kg. Wie hoch ist der Einzelbaumertrag, wenn die Pflanzentfernung 4 × 2,5 m beträgt?

N6 Eine Apfelanlage brachte einen Einzelbaumertrag von 21,5 kg. Die Pflanzentfernung beträgt 3,80 × 1,60 m. Wie hoch ist der Ertrag je m² und Hektar (ohne Berücksichtigung von Ankehrflächen)?

N7 Eine Apfelanlage brachte einen Einzelbaumertrag von 21,5 kg. Die Pflanzentfernung beträgt 4 × 3 m. Wie hoch ist der Ertrag je m² und Hektar?

Fruchtausdünnung

Ein Fruchtausdünnungsversuch mit der Sorte Golden Delicious brachte folgende Ergebnisse:

Variante	Fruchtgröße in mm						Summe
	<60	%	60–75	%	75<	%	
Ohne Fruchtausdünnung	85 kg		28 kg		12 kg		kg
Chemische Fruchtausdünnung	12 kg		75 kg		22 kg		kg
Handausdünnung	2 kg		88 kg		20 kg		kg

N8 Berechne den Anteil (in %) der einzelnen Fruchtgrößen je Ausdünnungsvariante aus den Versuchsergebnissen. Fülle die Tabelle aus und stelle die Ergebnisse grafisch dar (PC, Excel, Säulendiagramm).

Düngung

Grundlegendes zu Mineraldüngern findet sich im Kapitel L „Weinbau"/Düngung.

Die Berechnungen erfolgen auf gleiche Art wie die Berechnungen des Düngeraufwands im Weinbau. Empfehlungen zur Düngung findet man in der Broschüre „Richtlinien für die sachgerechte Düngung im Garten- und Feldgemüsebau" der AGES (Institut für Bodenwirtschaft) im Internet (www.ages.at)

N9 Bei der Stickstoffdüngung sollen 80 kg N/ha ausgebracht werden. Wie viel Nitromoncal (28 % N) ist für eine Fläche von 0,75 ha notwendig?

N10 Bei der Stickstoffdüngung sollen 90 kg N/ha ausgebracht werden. Wie viel Harnstoff (46 % N) ist auf eine Fläche von 0,75 ha auszubringen?

N11 Bei der Herbstdüngung wird ein Mehrnährstoffdünger verwendet (0 : 5 : 18 + 3).

a) Wie viel kg des Mehrnährstoffdüngers ist auf eine Fläche von 1,35 ha auszubringen, damit 30 kg P_2O_5/ha und 120 kg K_2O/ha ausgebracht werden?
b) Wie viele kg Nitramoncal (28 % N) sind im Frühjahr noch auszubringen, damit die Nährstoffmenge von 80 kg/ha erreicht wird?

Lagerung von Obst

Bei der Lagerung von Obst verdunstet Wasser aus den Früchten, was einen Gewichts- und Qualitätsverlust zur Folge hat. Durch besondere Lagermethoden kann dieser Verlust gering gehalten werden. Der Gewichtsverlust in einem Kühllager kann von September bis Januar bis zu 4 % ausmachen. Im Gaskühllager bis 2 %.

Wie hoch ist der Gewichtsverlust (%, kg), wenn im September 35 050 kg Äpfel bis in den Januar im Kühlhaus gelagert werden? **N12**

Wie hoch ist der Gewichtsverlust von einer Kernobstmenge von 111 500 kg, wenn diese Menge von Anfang Oktober bis in den Februar in einem Gaskühllager aufbewahrt wird? **N13**

Sortierausbeute

Bei der Sortierung einer Apfelsorte wurden folgende Mengen der einzelnen Handelsklassen abgewogen:

	mm	kg	%
Handelsklasse Extra	75–85	820	
Handelsklasse I	65–75	7 950	
Handelsklasse II	55–65	3 870	
Pressobst		130	
	Summe		

Berechne die prozentuale Verteilung der einzelnen Handelsklassen (Sortierausbeute) und trage die Werte in die Tabelle ein. **N14**

Gezogene Gebläsespritze

Pflanzenschutz Obstbau

Siehe Kapitel Pflanzenschutz im Weinbau, Seite 208.

Bewässerung

Siehe Kapitel Bewässerung im Weinbau Seite 216.

Kreisregner

Kapitel O: Gartenbau

Gewächshaus

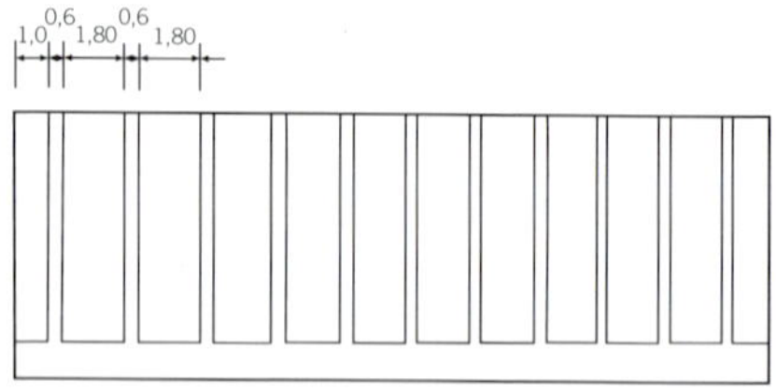

O1 Ein Gewächshaus ist 12 × 26,6 m groß. Ermittle entsprechend der obigen Darstellung die Brutto- und Nettofläche des Gewächshauses (in m^2 und in %).

O2 Ein Gewächshaus hat folgende Maße: $l = 40$ m, $b = 12$ m, $h = 2{,}2$ m (seitliche Stehwand), $h_F = 4{,}8$ m (First).

a) Berechne die Grundfläche (brutto),
b) die Oberfläche,
c) das Volumen.
d) Wie viel Niederschlagswasser (m^3) kann auf der Dachfläche während eines Jahres gesammelt werden, wenn es durchschnittlich 515,7 mm pro Jahr regnet?
e) Berechne, wie viel Regenwasser auf der Dachfläche gesammelt werden könnte, wenn das Glashaus in der Nähe deines Wohnorts stehen würde. Verwende dazu die Jahresniederschlagssumme von deiner nächstgelegenen Wetterstation.

Niederschlag siehe Kapitel Bewässerung/Gartenbau. (Seite 241)

O3 Berechne die Grundfläche, Oberfläche und das Volumen eines Folientunnels mit halbkreisförmiger Giebelwand.

a) $b = 6$ m, $l = 50$ m
b) $b = 4{,}5$ m, $l = 30$ m

Düngung

Grundlagen zu Mineraldüngern befinden sich im Kapitel L „Weinbau/Düngung“.

> Empfehlungen zur Düngung findet man in der Broschüre „Richtlinien für die sachgerechte Düngung im Garten- und Feldgemüsebau“ der AGES (Institut für Bodenwirtschaft) im Internet (www.ages.at).

O4 Vor dem Anbau von Buschbohnen soll eine Stickstoffdüngung mit 125 kg N/ha durchgeführt werden. Wie viel Nitramoncal (28 % N) muss auf 250 m^2 ausgebracht werden?

O5 Für die Tomatenkultur in einem Gewächshaus soll der Boden mit je ha 80 kg N, 10 kg P_2O_5, 110 kg K_2O und 10 kg MgO gedüngt werden.
Wie viele kg Harnstoff (46 % N), Superphosphat (18 % P_2O_5), Schwefelsaures Kali (50 % K_2O) und Bittersalz (16 % MgO) müssen auf 400 m^2 Gewächshausfläche ausgebracht werden?

Eine Fläche von 4 000 m^2 soll vor dem Anbau von Kraut mit 150 kg N/ha gedüngt werden. Wie viel Nitramoncal (NAC enthält 28 % N) muss ausgebracht werden? **O6**

Bei einer Blattdüngung muss eine Konzentration von 0,3 % eingehalten werden. Wie viel Wasser ist notwendig, um 2 kg Dünger auszubringen? **O7**

Ein Düngeplan sieht im Frühjahr für 100 m^2 Kohlgemüse 16 kg Volldünger 14 : 7 : 17 + 2 (Mg) + 10 (S) vor. Wie viel Nährstoffe an N, P_2O_5 und K_2O werden bei einer Gartenfläche von 150 m^2 gedüngt? Wie viel Nährstoffe werden bei gleicher Düngeintensität auf einem ha ausgebracht? **O8**

Für einen Garten, der im Frühjahr gedüngt werden muss, braucht man durchschnittlich 30 dag Nitramoncal, 70 dag Superphosphat und 80 dag Patentkali auf einer Fläche von 10 m^2. Wie viel der einzelnen Düngerarten ist notwendig, um einen Garten von 180 m^2 Fläche zu düngen? **O9**

Eine Gartenfläche von 280 m^2 soll mit 1,8 kg Kalk je 10 m^2 gekalkt werden. Wie viel Mischkalk wird benötigt? **O10**

Kalkstickstoff enthält 20 % Stickstoff. Als rasch wirkender Dünger wird er zur Grund- und Startdüngung verwendet. Auf 10 m^2 gibt man 30 dag Kalkstickstoff. Wie viel Stickstoff wird dem Boden zugeführt, wenn das Beet eine Länge von 10 m und eine Breite von 1,20 m hat? **O11**

Um einen schönen Rasen zu erhalten, sollte man im Frühjahr zweimal auf 100 m^2 Rasenfläche 5 kg Ammonsulfat geben. Wie viel N wird dem Rasen zugeführt, wenn Ammonsulfat 21 % Stickstoff enthält? **O12**

Vollhumon ist ein organisches Düngemittel aus Hochmoortorf, der mit Nährstoffen angereichert ist. Es ist eine nachhaltig wirkende Humusquelle und durch die Nährstoffanreicherung gleichzeitig ein Volldünger. Seine Zusammensetzung: 50 % organische Substanz, 2 % Stickstoff, 0,4 % P_2O_5 und 1 % K_2O. Auf 10 m^2 Gartenfläche braucht man etwa 40 kg.

Wie viel Vollhumon braucht man für ein Gurkenbeet von 5 m Länge und 1,20 m Breite? Wie groß ist dieses Beet? Wie viele der einzelnen Nährstoffe werden dem Boden zugeführt? **O13**

Bei Düngungen mit Stallmist (Rottemist) werden für eine Fläche von 100 m^2 etwa 400 kg Mist gebraucht. Ein Garten von 450 m^2 Größe soll damit gedüngt werden. Eine Tonne Rindermist hat ein Volumen von 1,2 m^3 bzw. 0,83 t/m^3. Nährstoffgehalte siehe „Richtlinien zur sachgerechten Düngung (Gemüse)“. **O14**

a) Wie viel Stallmist (kg, m^3) braucht man jährlich, wenn jeweils der halbe Garten gedüngt werden soll?
b) Wie viel Stickstoff (feldfallend), P_2O_5, K_2O und org. Substanz werden ausgebracht?

Durch die Zugabe von 1 kg kohlensaurem Düngekalk zu 1 m^3 torfhaltiger Kulturerde, erhöht sich der pH-Wert um 0,6.

015 Wie viel m³ torfhaltige Kulturerde kann mit 50 kg Düngekalk von pH 3,8 auf pH 5,0 eingestellt werden?

016 Ein Flüssigdünger soll mit einer Konzentration von 0,15 % angewendet werden. Wie viel Flüssigdünger muss in 10 l Wasser gegeben werden, um eine 0,15 %ige Lösung zu erhalten?

Saatgut, Pflanzenbedarf, Pflanzsubstrat

017 Wie viele Pflanzen können auf einer Fläche von 750 m² gesetzt werden, wenn der Pflanzabstand

a) 25 × 30 cm,
b) 30 × 15 cm

beträgt?

018 Wie viele gute Jungpflanzen erhält man von 8 000 Samen Glashausgurken (Gebrauchswert 95 %)?

019 Wie viele Gramm Saatgut werden für 20 000 Jungpflanzen benötigt? 1 000 Körner wiegen 4 g, der Gebrauchswert liegt bei 93 % und es ist mit einem Ausfall von 10 % zu rechnen.

020 Ein 8-cm-Topf enthält 0,22 l Substrat (13-cm-Topf – 1 l, 15-cm-Topf – 1,45 l).

a) Wie viele m³ Substrat werden für jeweils 1 000 Töpfe (Größe 8, 13 und 15 cm) benötigt?
b) Wie viele Töpfe (8, 13, 15 cm) können mit 1 m³ Substrat gefüllt werden?

Bodenpflege

021 Eine Fläche mit den Abmessungen von 150 × 32 m wird mit einer Fräse bearbeitet. Das Gerät hat eine Arbeitsbreite von 80 cm.

a) Wie groß ist die Fläche in ha?
b) Welche Wegstrecke in m muss der Gärtner mit der Fräse gehen?
c) Wie lange braucht der Gärtner für die Bearbeitung der gesamten Fläche, wenn er mit einer Geschwindigkeit von 0,2 m/s arbeitet?

022 Ein trapezförmiges Beet soll mit Blumen im Abstand von 15 × 15 cm bepflanzt werden. Die Pflanzen stehen in Paletten zu je 24 Stück bereit. Beetmaße: lange Grundlinie 15,8 m, kurze Grundlinie 9,5 m, Breite 3,4 m.
Wie viele Paletten mit Pflanzen werden benötigt?

023 Ein kreisrundes Beet wird mit Rosen bepflanzt. Um das Rosenbeet herum wird ein Sommerblumenbeet gelegt, das zur Hälfte mit Zinnia und zur Hälfte mit Tagetes bepflanzt wird. Durchmesser des Rosenbeets ist 2,6 m. Breite des Sommerblumenbeets ist 60 cm. Runde auf eine Dezimalstelle.

a) Wie groß sind die einzelnen Pflanzflächen in m²?
b) Wie groß ist der äußere Umfang der Sommerblumenfläche?

Für die Bepflanzung von Fensterkistchen sollen 700 l Kultursubstrat aus Ton und Komposterde im Verhältnis 4 : 6 gemischt werden. Wie viel Liter Ton und Komposterde werden benötigt? **O24**

Garten- und Landschaftsbau

Regelmäßiger Erdkörper (Quader, Würfel)

Berechnung siehe Kapitel Geometrie.

Der Schotterbedarf für den Unterbau einer Hauszufahrt soll ermittelt werden. Die Zufahrt ist 2,5 × 12,5 m groß. Das Rohplanum liegt 60 cm unter dem Erdniveau. Es soll eine 25 cm starke Schotterpackung auf das Rohplanum als Frostschutzschichte eingebracht werden (gerechnet in verdichtetem Zustand). Der Materialbedarf ist aufgrund der Setzung durch Verdichtung mit 20 % höher zu berechnen.

Der Grobschotterbedarf errechnet sich:

$12{,}5 \cdot 2{,}5 \cdot 0{,}25 = 7{,}8125\ m^3$

$(l \cdot b \cdot h)$

$+20\,\% = 1{,}5625\ m^3$

Grobschotterbedarf = $9{,}375\ m^3$

Die Zufahrt zu einem Haus hat eine Länge von 7,50 m und eine Breite von 2,30 m. Das Rohplanum liegt 65 cm unter dem Erdniveau. Wie groß ist der Grobschotterbedarf für eine 30 cm starke Schotterlage zum Frostschutz? **O25**

Unregelmäßige Erdkörper

Für die Berechnung von unregelmäßigen Erdkörpern sind Näherungsformeln erlaubt!

Berechne die Erdmasse eines Komposthaufens mit einer Grundfläche von 9 × 5 m, $h = 1{,}50$ m, Deckfläche 2 × 4 m. **O26**

a) Wie viele m^3 Kompost enthält der Komposthaufen?
b) Wie vielen Scheibtruhen (80 l) entspricht diese Menge?

Floristik

Zum Binden eines Kranzes mit 60 cm Durchmesser werden 3 kg Nordmannstanne gebraucht. Ein Bund Tanne wiegt 5,5 kg und kostet € 16,36. Etwa 20 % der Nordmannstanne können dabei nicht verwendet werden. **O27**

a) Wie viel kg Tanne kann von einem Bund verwendet werden?
b) Wie viel Euro kostet die Tanne für den Kranz?

Der Materialwert für einen Adventskranz beträgt € 22,50. Es werden 35 Minuten Arbeitszeit verrechnet. Eine Betriebsstunde kostet € 36,–. Auf die Gesamtkosten muss zusätzlich noch 10 % USt. aufgeschlagen werden. **O28**
Mit welchem Preis muss der Kranz zumindest verkauft werden, dass sowohl Material- und Arbeitskosten abgedeckt werden (auf ganzen Eurobetrag runden)?

O

O29 Für eine Tischdekoration bei einer Hochzeit werden mehrere Gestecke zum Nettopreis von € 163,60 gefertigt. Für das Arrangieren werden 45 Minuten verrechnet. 1 Betriebsstunde kostet € 37,00.
Wie viel hat der Kunde zu zahlen (netto = ohne USt.)?

O30 Ein Blumenstrauß misst über der Vase 35 cm. Wie hoch soll die Vase nach der Regel des Goldenen Schnitts sein? Das Verhältnis Vase : Strauß entspricht nach dem Goldenen Schnitt 3 : 5.

O31 Der äußere Durchmesser eines Kranzes beträgt 88 cm (runde auf ganze cm).

a) Wie dick wird der Kranz bei einer Proportion von 1 : 1 bzw. von 3 : 1?
b) Welchen Durchmesser hat die Kranzöffnung?
c) Welchen Umfang haben Kranz und Kranzöffnung?

O32 Ein Kreuz soll mit Moos belegt werden. Maße: 60 cm breit, 90 cm lang, Balkenbreite 15 cm. Für die Seitenflächen werden 40 % zugeschlagen. Wie viel m² Moos sind erforderlich (auf ganze dm² runden)?

Flüssigdüngung

O33 Ein flüssiger Blumendünger für Topfpflanzen enthält 6 % N (als NO_3), 4 % P_2O_5, 5 % K_2O und einige Spurenelemente.
Wie viel N, P und K sind in 1,5 Liter Blumendünger enthalten? Trage die Ergebnisse und die Umrechnungsfaktoren in die Tabelle ein.

O34 In einer Woche werden 120 l fertige Düngerlösung verbraucht. In jedem l Wasser werden 2 ml Dünger aufgelöst. 1 l Blumendünger kostet € 5,09.
Wie viel kostet der Dünger für eine Woche?

O35 240 Rosen werden zur besseren Haltbarkeit in Wasser mit einem Frischhaltemittel eingestellt. Konzentration 1,2 %. Es stehen 5 Kübel mit je 8 Liter Wasser bereit. Preis des Frischhaltemittels € 4,09 je halbem Liter.

a) Wie viel ml Frischhaltemittel kommen in einen Kübel?
b) Wie viel Cent kostet das Frischhaltemittel je Rose?

O36 Ein Topfpflanzendünger wird flüssig mit 5 Promille Konzentration ausgebracht. Wie viel g Dünger sind in 12,5 l Wasser aufzulösen?

Pflanzenschutz

Berechnungsbeispiele und Hinweise siehe auch im Kapitel „Weinbau“ unter „Pflanzenschutz“.

O37 Ein Pflanzenschutzmittel ist mit einer Konzentration von 0,3 % anzuwenden. Wie viel cm³ des Mittels braucht man, um 25 l Spritzbrühe zu erhalten?

O38 Zur Schildlausbekämpfung an Oleander wird ein Insektizid eingesetzt. Die Packung enthält 100 ml, kostet € 7,15 und reicht für 40 l Wasser.

a) Wie viel ml Mittel müssen 15 l Wasser beigemischt werden?
b) Wie teuer ist das Mittel für 15 l?
c) Wie hoch ist die Konzentration in %?

Kalkulationen

039 Der Rechnungsbetrag ohne USt. für eine Kerzenlieferung beträgt € 113,38.
Der Lieferant hat 8 % Rabatt und 3 % Skonto gewährt.
Wie hoch war der Listenpreis ohne USt.?

040 Folgende Materialien wurden eingekauft (Preise ohne USt.):

10 Bund Rosen (je 20 Stück)	per Stück € 0,40
3 Bund Lederfarn	per Bund € 7,00
100 Stück Tulpen	per Stück € 0,30
5 Bund Mimosen (je 10 Stück)	per Stück € 1,80

Ihr Lieferant bietet 5 % Sonderrabatt und bei Barzahlung 3 % Skonto.
Wie viel ist zu bezahlen (inklusive 10 % USt.)?

041 Berechne den Durchschnittspreis je Stück für diese Blumen:
Gesamtpreise:
100 Stück zu € 74,– 110 Stück zu € 66,– 35 Stück zu € 24,50

042 Ein Blumengeschäft hat Schnittblumen für € 745,– eingekauft. Der Kalkulationsfaktor dazu beträgt 195,74 %. Wie hoch ist der Detailverkaufspreis für diese Ware?

043 Der Nettopreis für Keramik beträgt € 395,–. Es werden 37 % Gemeinkosten (Fertigungskosten, Betriebskosten etc.) kalkuliert und dann noch 25 % für den Gewinn. Wie hoch ist der Endpreis dieser Ware inkl.der USt. von 20 %?

044 Es ist ein gepflanztes Arrangement zu gestalten. Die benötigten Materialien sind mit ihren Nettopreisen zu kalkulieren: Schale € 35,50 (inkl. 20 % USt.), Pflanzen € 53,50 (inkl. 10 % USt.), Zubehör € 10,00 (inkl. 20 % USt.), Gemeinkosten: 35 %, Gewinn: 25 %. Kalkuliere den Endverkaufspreis. Nachdem die Ware mit 10 % USt. wertmäßig höher ist, sind für das Arrangement 10 % USt. zu verrechnen (auf ganze Euro runden).

O

045 Ein Brautstrauß wird nach den Detailverkaufspreisen kalkuliert: 10 Rosen à € 2,50), 2 Phalaenopsis à € 7,–, 3 Stämme Schleierkraut à € 3,–, 1 Bund Bellis à € 3,–, Schnittgrün gesamt € 5,–, 2,5 lfm Band à € 1,10, Arbeitszeit: 0,5 Stunden à € 35,– und 0,5 Stunden à € 25,–. Wie hoch ist der Endverkaufspreis für diesen Brautstrauß?

Bewässerung

Die Durchschnittswerte der Niederschläge der letzten 30 Jahre sind der Homepage der Zentralanstalt für Meteorologie und Geodynamik (ZAMG) zu entnehmen www.zamg.ac.at.

Hinweis:
siehe Bewässerung
Kapitel Weinbau

046 Der Inhalt einer 12-Liter-Gießkanne wird unter ein Frühbeetfenster (150 × 100 cm) gegossen. Welcher Regenmenge (mm bzw. l/m²) entspricht diese Wassermenge?

047 Wie viele m³ Wasser fallen durchschnittlich auf eine Dachfläche in den Monaten April bis Oktober? Das Gebäude hat eine Länge von 25 m. Das Dach hat eine Firsthöhe von 3 m und eine Dachschräge von 6 m. Verwende den 30-jährigen Mittelwert von deiner nächstgelegenen Wetterstation.

Kapitel P: Forstwirtschaft

Der Wald in Österreich

P1 Suche aus dem Internet folgende Daten über die Flächenverteilung der Land- und Forstwirtschaft:

a) Landwirtschaftliche Nutzfläche Österreichs
b) Forstwirtschaftliche Nutzfläche Österreichs

Berechne die einzelnen Prozentanteile der land- und forstwirtschaftlichen Nutzfläche und stelle sie mithilfe des EDV-Programms Excel anhand eines Kreisdiagramms dar!

Aufforstung

Reihenverband: $Z = \frac{F}{a \cdot b}$

Quadratverband: $Z = \frac{F}{a^2}$

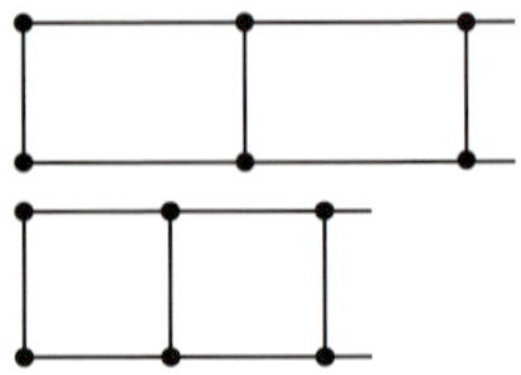

a, b = Pflanzenabstand in m
Z = Pflanzenzahl
F = Größe der aufzuforstenden Fläche in m²

P2 Pflanzenbedarf. Ermittle den Pflanzenbedarf pro ha bei einem Abstand von
a) 2 × 1,5 m im Reihenverband
b) 2 × 2 m im Quadratverband

P3 Im Frühjahr soll eine vergraste Schlagfläche von 1,7 ha aufgeforstet werden, wozu ca. 5 600 Forstpflanzen benötigt werden. Mit wie vielen Arbeitskräften muss aufgeforstet werden, wenn pro Arbeitskraft täglich 800 Pflanzen versetzt werden und die Arbeit in 3,5 Tagen erledigt werden soll?

P4 Eine Hutweide von 1,28 ha, die schon zu ca. 30 % einen natürlichen Anflug von Fichte und Kiefer aufweist, soll bis zur vollen Bestockung (100 %) mit Fichte und Laubholz aufgeforstet werden.

a) Wie viel ha beträgt die reduzierte Aufforstungsfläche?
b) Wie viele Pflanzen werden bei einem Pflanzenbestand von 2 × 2 m benötigt?

Aufforstung und Kosten

P5

Die Fläche mit nebenstehenden Maßen soll mittels Ballenpflanzung aufgeforstet werden.

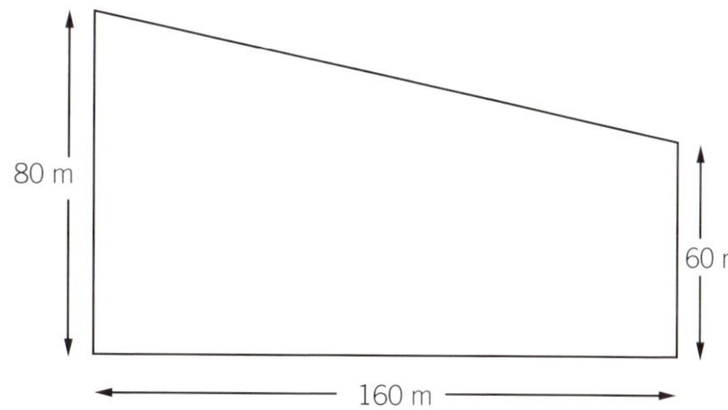

a) Wie viele Forstpflanzen werden benötigt, wenn auf 1 ha 2 500 Stück entfallen? (Runde auf ganze Zehner!)
b) Wie viele entfallen hiervon auf die einzelnen Holzarten, wenn 60 % Fichte, 20 % Kiefer und 20 % Schwarzerle verwendet werden?
c) Wie teuer kommt das benötigte Pflanzenmaterial, wenn die

Fichten (4-jährig, verschult)	€ 462,–
Kiefern (3-jährig, verschult)	€ 363,–
Erlen (3-jährig, verschult, 100 cm)	€ 605,–

pro 1 000 Stück kosten?

P6

Bei einer im Vorjahr durchgeführten Schlagaufforstung wurden nachweislich 4 700 Forstpflanzen verwendet. Da die Kulturpflege im Sommer und im Herbst versäumt wurde, sind schätzungsweise 15 % der Pflanzen durch Unkraut vernichtet worden. Wie viele Pflanzen sind zur Nachbesserung erforderlich?

P7

Eine Kultur wird mit einem Kulturschutzzaun eingezäunt.
Die Kosten pro laufenden Meter betragen € 7,90.
Wie teuer kommt die Einzäunung für 1 ha, wenn

a) die Fläche 100 × 100 m im Quadrat ist,
b) die Fläche 50 × 200 m im Rechteck ist?

Raummaße für Holz

1 Festmeter (fm) ist die Maßeinheit für einen Kubikmeter feste Holzmasse ohne Luftzwischenräume.

1 Raummeter (rm) ist die Maßeinheit für geschichtetes Holz, das unter Einschluss der Luftzwischenräume ein Gesamtvolumen von einem Kubikmeter füllt.

1 Schüttraummeter (Srm) ist die Maßeinheit für zerkleinertes, geschüttetes Holz (z. B. Hackgut, Sägespäne, Stückholz), das unter Einschluss der Luftzwischenräume ein Gesamtvolumen von einem Kubikmeter füllt.

Beispiel: 1 fm Rundholz = 1,4 rm Scheitholz = 2,5 Srm Hackgut

Umrechnungsfaktoren

Umrechnung verschiedener Mengeneinheiten, Richtwerttabelle	… fm Rundholz	… rm Scheitholz	… rm Stückholz	… Srm Stückholz	… Srm Hackgut fein
1 fm Rundholz	1,00	1,40	1,20	2,00	2,50
1 rm Scheitholz geschichtet	0,70	1,00	0,85	1,40	1,80
1 rm Stückholz geschichtet	0,85	1,20	1,00	1,67	2,00
1 Srm Stückholz geschüttet	0,50	0,70	0,60	1,00	1,25
1 Srm Hackgut fein	0,40	0,60	0,50	0,80	1,00

Quelle: Waldverband Österreich, LFI, LK Österreich
Internettipp: www.waldverband.at

P8 Rechne um:

a) 12 fm Rundholz entsprechen ______ rm Scheitholz
b) 23 rm Scheitholz entsprechen ______ Srm Hackgut
c) 75 Srm Hackgut entsprechen ______ fm Rundholz

P9 Wie viel muss 1 rm Schleifholz ab Straße kosten, wenn 1 fm Schleifholz € 46,– ab Straße kostet?

Volumsberechnung bei Rundholz

Der Baumstamm stellt geometrisch die Form eines Kegelstumpfs dar. In der Praxis erfolgt die Volumsberechnung des Rundholzes als Zylinder. Zur Berechnung werden die Länge und der Mittendurchmesser des Stammes festgestellt.

$V = \frac{d^2 \cdot \pi \cdot L}{4}$ oder $V = r^2 \cdot \pi \cdot L$

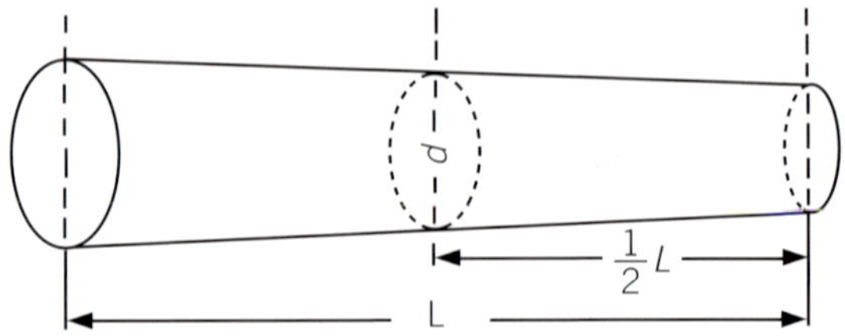

Ein Stammstück einer gefällten Tanne hat eine Länge von 6 m und einen Mittendurchmesser von 42 cm. Wie viele Festmeter (fm) hat das Tannenbloch?

$V = r^2 \cdot \pi \cdot L = 0{,}21^2 \cdot \pi \cdot 6 = 0{,}831 \text{ m}^3 = 0{,}831 \text{ fm}$

Wie viele fm hat ein Kiefernstamm von 6 m Länge und 34 cm Mittendurchmesser? **P10**

a) Versuche das Volumen des Kiefernstammes zu schätzen bzw. überschlagsmäßig im Kopf zu rechnen.
b) Berechne nun das exakte Volumen in fm.

Rauminhalt von Rundhölzern. Anhand einer Exceltabelle soll der Kubikinhalt (fm) folgender Rundhölzer ermittelt werden: **P11**

Länge m	Durchmesser cm	Länge m	Durchmesser cm
8	32	5	27
12	26	7	36
14	25	13	28
11	28	19	29
9	34	6	25

Waldbestandsaufnahme

Volumen eines stehenden Baums

Das Volumen eines stehenden Baums wird in Vorratsfestmeter (Vfm) angegeben.

P

Schätze das Volumen eines stehenden Baums mit dem Brusthöhendurchmesser (Messung des Baumdurchmessers 1,3 m über dem Boden) von 40 cm! **P12**

Es gilt hierbei folgende Näherungsformel:

$$V = \frac{d^2}{1\,000}$$

d = Brusthöhendurchmesser in cm

V = Baumvolumen in Vfm (Vorratsfestmeter)

Standfeste Bestände durch Beachtung der H/D-Werte

$$H/D\text{-Wert} = \frac{\text{Baumhöhe in cm}}{\text{Brusthöhendurchmesser in cm}}$$

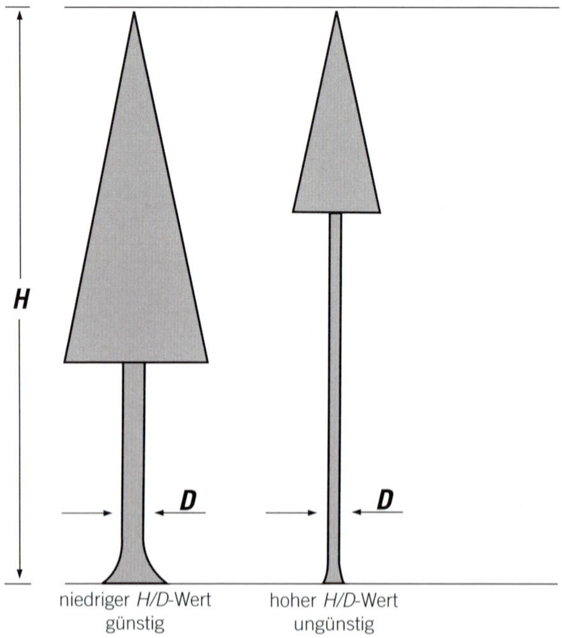

Die Sicherheit der Bestände hängt von der Standfestigkeit der verbleibenden Bäume ab.
Ein gutes Maß für die Standfestigkeit eines Baums ist sein *H/D*-Wert.

P13 Wie ist die Standfestigkeit eines Fichtenholzbestands einzustufen, wenn die durchschnittliche Höhe des Bestands 14 m und der durchschnittliche Brusthöhendurchmesser 16 cm beträgt? Vergleiche dazu die unten stehende Tabelle.

Richtwerte für die Standfestigkeit der Nadelbäume in Schneebruchgebieten:

H/D-Wert bis 80 (grüne Krone mehr als $\frac{1}{2}$): z. B. 18 m hoch und mehr als 22 cm BHD (Brusthöhendurchm.)	Standfest, mögliche Wipfelbrüche heilen aus
H/D-Wert 80 bis 90: z. B. 18 m hoch und 20 bis 22 cm BHD	Weniger standfest, nicht ausheilende Wipfelbrüche möglich
H/D-Wert 90 und mehr (grüne Krone weniger als $\frac{1}{3}$): z. B. 18 m hoch und bis 20 cm BHD	Zunehmend labil, geringe Chancen, in den Endbestand zu kommen

P14 Wählt in der Umgebung der Schule einzelne Waldbäume aus und führt in Gruppen die vorhin genannten Ermittlungen und Berechnungen der Waldbestandsaufnahme durch:

a) Schätzung des Volumens eines stehenden Baums (Näherungsformel)
b) Beurteilung der Standfestigkeit eines Waldbestands (*H/D*-Wert)

Im Anschluss werden die Ergebnisse der einzelnen Gruppen präsentiert, verglichen und diskutiert.

Holzernte und -verkauf

P15 Aus einem 1,5 ha großen Altholzbestand werden im Wege eines Kahlhiebes 300 Stämme mit einem mittleren Stockdurchmesser von 40 cm entnommen. Aus Nachlässigkeit werden die Stöcke anstatt 20 cm 50 cm hoch, also um 30 cm zu hoch belassen.

a) Welcher Ernteverlust (fm) tritt durch diese Nachlässigkeit ein?
b) Wie groß ist der finanzielle Schaden, wenn der fm mit € 73,60 zu bewerten ist?

P16 Überprüfe bei nachstehenden Rundhölzern, wie groß die Abmaßdifferenz in fm ist, wenn durch eine fehlerhafte Messkluppe ein um 2 cm geringerer Durchmesser abgelesen wird.

Länge m	Durchmesser cm		Länge m	Durchmesser cm	
	Falsch	Richtig		Falsch	Richtig
12	35	37	10	36	38
13	34	36	14	38	40
11	33	35	11	37	39

Ermittle den finanziellen Schaden des Waldbesitzers, wenn 1 fm € 73,60 kostet.

P17 Mit wie vielen fm trockener Buchenbloche kann man einen $5\frac{1}{2}$ t-Wagen beladen, wenn 1 fm 750 kg wiegt?

P18 Beim Schnitt von Rundholz fallen je nach Stärke an:

60 bis 70 % Bretter, Pfosten, Staffeln
20 bis 70 % Schwartlinge und Spreißel
10 bis 20 % Sägespäne

Wie viele m^3 Bretter werden von 6,25 fm Rundholz bei 70 %iger Ausbeute anfallen?

Kapitel Q: Energie

Elektrische Energie

Leistungsbedarf und Belastbarkeit

Leistungsbedarf der häufigsten elektrischen Einrichtungen, die an Stromversorgungsanlagen angeschlossen werden:

Glühlampen	25 Watt bis 100 Watt	Geschirrspüler	2 000 Watt bis 4 500 Watt
Energiesparlampen	5 Watt bis 20 Watt	Waschmaschine	2 200 Watt bis 3 300 Watt
Leuchtstofflampen	15 Watt bis 60 Watt	Bügelmaschine	2 200 Watt bis 3 100 Watt
Rundfunkgeräte	10 Watt bis 60 Watt	Bügeleisen	500 Watt bis 1 000 Watt
Fernsehgeräte	30 Watt bis 250 Watt	Warmwasser-spender	1 000 Watt bis 4 000 Watt
Kühlschränke	80 Watt bis 200 Watt	Futterdämpfer	2 000 Watt bis 3 000 Watt
Gefriergeräte	100 Watt bis 250 Watt	Staubsauger	300 Watt bis 1 000 Watt
Küchenmaschine	200 Watt bis 500 Watt	Bohrmaschine	300 Watt bis 600 Watt
Elektroherd	5 000 Watt bis 10 000 Watt	Badezimmer-Heizgerät	1 000 Watt bis 200 Watt
Brotbackofen	2 500 Watt bis 4 000 Watt		

Leitungen sind gegen zu hohe Erwärmung durch Schmelzsicherungen oder Sicherungsautomat zu schützen; die gebräuchlichsten Sicherungen sind:

bis 6 Ampere Farbkennzeichnung grün
bis 10 Ampere Farbkennzeichnung rot
bis 16 Ampere Farbkennzeichnung grau
bis 20 Ampere Farbkennzeichnung blau
bis 25 Ampere Farbkennzeichnung gelb
bis 35 Ampere Farbkennzeichnung schwarz

Bei einphasigen Verbrauchern errechnet sich die Leistung mit folgender Formel:

Leistung P = Spannung $U \cdot$ Strom I

Watt = Volt · Ampere

Werden mehrere Verbraucher, die in einem Stromkreis hängen, gleichzeitig eingeschaltet, so liegt an allen die gleiche Spannung, aber in der Zuleitung mit der Sicherung addieren sich ihre Stromstärken.

Mit wie viel Watt kann ein einphasiger, mit 16 Ampere abgesicherter Stromkreis bei einer Spannung von 230 Volt belastet werden?

$P = U \cdot I$
$P = 230 \cdot 16$
$P = 3\,680$ W

Berechne die Belastbarkeit (Leistung) der folgenden Stromkreise: einphasig 230 V, 6 A; 230 V, 10 A **Q1**

Ist eine 6-A-Sicherung für den einphasigen Anschluss einer Waschmaschine ausreichend, wenn deren Anschlussspannung 230 V und die Leistung 2 200 W beträgt? **Q2**

Auf dem Leistungsschild eines Bügeleisens steht 230 Volt – 1 000 Watt. Welche Absicherung reicht für dieses Bügeleisen? **Q3**

An einen Stromkreis, der bereits mit 1 400 W belastet ist, sollen noch ein Gefriergerät mit 200 W und ein Bügeleisen mit 1 000 W angeschlossen werden. Welche Sicherung ist erforderlich, wenn alle Einrichtungen gleichzeitig in Betrieb genommen werden ($U = 230$ V)? **Q4**

Ein einphasiger Stromkreis ist mit 16 A abgesichert. Mit welcher Leistung kann diese Sicherung bei einer Spannung von 230 V belastet werden? **Q5**

Ermittle den Leistungsbedarf der wichtigsten Geräte aus deinem Wohnbereich und errechne den Leistungsbedarf, wenn nur 25 % der Gesamtleistung gleichzeitig gebraucht werden. **Q6**

Ein dreiphasig abgesicherter Stromkreis hat eine Spannung von 400 Volt (+/– 10 %).

Einem dreiphasig abgesicherten Stromkreis liegt folgende Formel zugrunde:

$P = U \cdot I \cdot \sqrt{3}$

Watt = Volt · Ampere · $\sqrt{3}$

Berechne die Belastbarkeit in Kilowatt (kW) der folgenden Stromkreise: **Q7**

dreiphasig	400 Volt	16 Ampere
	400 Volt	25 Ampere
	400 Volt	35 Ampere

Q8 Ein älterer Elektromotor hat auf dem Leistungsschild 12 PS angegeben; wie hoch ist der Leistungsbedarf in kW (1 PS = 0,736 kW)? Welche Sicherung ist bei dreiphasigem Anschluss erforderlich?

Q9 Der Anschlusswert eines Elektroherds mit drei Kochplatten und einem Backrohr ist insgesamt 7 700 W. Bekannt ist nur die Leistung der Kochplatten, und zwar:

Platte mit 14,5 cm Durchmesser	1 500 W
Platte mit 18 cm Durchmesser	2 000 W
Platte mit 22 cm Durchmesser	2 000 W

Wie groß ist die Leistung des Backrohrs?

Stromverbrauch

Da die Spannung aus den Steckdosen immer gleich groß ist, ist die Größe der Stromstärke (Stromverbrauch) für die entnommene Leistung verantwortlich. Für Geräte, deren volle Leistung während der Einschaltdauer durchgehend in Anspruch genommen wird (Beleuchtung, Fernsehgerät etc.), ergibt sich die aus dem Stromnetz entnommene Energie (Arbeit) als Leistung (in Watt) × Zeit (in Stunden). Sie wird in Kilowattstunden gemessen und dafür bezahlen wir.

Leistung = Arbeit (Energie) : Zeit, daraus folgt:

Arbeit (Energie) = Leistung × Zeit

Energieverbrauch = Leistung · Einschaltdauer

$$\text{kWh} = \text{kW} \cdot \text{h}$$

1 Kilowatt (kW) = 1 000 Watt (W)

Eine Glühbirne mit 25 W Leistung verbraucht in der Stunde 25 Wattstunden (Wh) = 0,025 Kilowattstunden (kWh), d. h. diese Lampe verbraucht in 40 Stunden eine Kilowattstunde.

Leistung Energiesparlampen – Glühlampen

3 Watt Energiesparlampen	≈ 15 Watt
5 Watt Energiesparlampen	≈ 25 Watt
7 Watt Energiesparlampen	≈ 40 Watt
9 Watt Energiesparlampen	≈ 50 Watt
11 Watt Energiesparlampen	≈ 75 Watt
15 Watt Energiesparlampen	≈ 75 Watt
20 Watt Energiesparlampen	≈ 100 Watt
23 Watt Energiesparlampen	≈ 110 Watt
25 Watt Energiesparlampen	≈ 120 Watt

a) Wie viele Stunden kann eine Glühlampe mit 40, 60 oder 100 W eingeschaltet werden, bis 1 kWh verbraucht ist? **Q10**

b) Wie viele Stunden kann eine Energiesparlampe mit 11 oder 20 W eingeschaltet werden, bis 1 kWh verbraucht ist?

Ein Elektromotor mit einer Leistung von 3 PS läuft $3\,\frac{1}{2}$ Stunden. Wie viel kWh verbraucht er? (1 PS = 0,736 kW) **Q11**

Temperaturgeregelte Geräte (Reglerbügeleisen, Kühlschrank, Gefriergeräte etc.) brauchen während der Benutzungsdauer nur zeitweise Strom. Es kann die Einschaltdauer über den Stromverbrauch ermittelt werden. Einschaltdauer = tatsächlicher Energieverbrauch (kWh) : Leistung (kW)

$$\text{Einschaltdauer (h)} = \frac{\text{kWh}}{\text{kW}}$$

Ein Reglerbügeleisen hat einen Anschlusswert von 1 000 W, ist aber sparsam in der Verwendung, da es für die jeweilige Stoffart eingestellt werden kann und die Heizleistung dementsprechend vom Temperaturregler nur in Intervallen eingeschaltet wird.
Nach einer Bügelarbeit von $2\,\frac{1}{2}$ Stunden am Zähler wird ein Verbrauch von 0,9 kWh abgelesen. Wie lange war das Bügeleisen ausgeschaltet, und wie lange wurde Strom verbraucht?

Lösung:

$$\frac{0{,}9\ \text{kWh}}{1\ \text{kW}} = 0{,}9\ \text{Stunden} = 54\ \text{Minuten}$$

$$\frac{1{,}6\ \text{kWh}}{1\ \text{kW}} = 1{,}6\ \text{Stunden} = 1\ \text{Stunde}\ 36\ \text{Minuten}$$

In $2\,\frac{1}{2}$ Stunden würden bei unterbrechungsloser Einschaltung ($2{,}5 \times 1\,000$ W) 2,5 kWh verbraucht werden. Da jedoch tatsächlich nur 0,9 kWh verbraucht wurden, war das Heizelement während der $2\,\frac{1}{2}$-stündigen Bügelzeit nur 54 Minuten ein- und demgemäß 1 Stunde und 36 Minuten ausgeschaltet.

Ein Backrohr hat einen Leistungsbedarf von 2 200 W. Diese Leistung wird von einem Temperaturregler gesteuert, d. h. sie ist nur während des Anheizens unterbrechungslos eingeschaltet. Berechne den Stromverbrauch in kWh für 45 Minuten Backzeit, wenn die Heizleistung insgesamt 70 % von der Backzeit in Anspruch genommen wird. **Q12**

Auf einer 18-cm-Blitzkochplatte mit 2 000 W Heizleistung brauchen Kartoffeln zum Ankochen $4\,\frac{1}{2}$ Minuten, dann muss auf Stufe I (230 W) 40 Minuten weitergedämpft werden. Wie hoch ist der Stromverbrauch in kWh? **Q13**

Q14 Die Stufenschaltung eines Elektroherds erlaubt ein sparsames Kochen. Der Leistungsbedarf der einzelnen Platten bzw. Stufen ist folgender:

Plattendurchmesser in cm	Leistungsbedarf in Watt		
	Stufe III	Stufe II	Stufe I
14,5	1 500	500	165
28	2 000	850	220
22	2 000	950	305

Um wie viel % verringert sich der Stromverbrauch, wenn die einzelnen Platten von Stufe III auf Stufe II bzw. auf Stufe I geschaltet werden?

Q15 Auf der 22-cm-Kochplatte brauchen 1 kg Kartoffeln mit $\frac{1}{4}$ l Wasser auf Stufe III $4\frac{1}{2}$ Minuten zum Ankochen, anschließend muss auf Stufe I 40 Minuten weitergedämpft werden. Wie hoch ist der Stromverbrauch in kWh?

Q16 Im Druckkochtopf beträgt die Ankochdauer auf der gleichen Kochplatte für 1 kg Kartoffeln und $\frac{1}{4}$ l Wasser ebenfalls $4\frac{1}{2}$ Minuten, wonach aber zum Fortkochen auf Stufe I nur noch 8 Minuten erforderlich sind. Vergleiche den Stromverbrauch mit dem im vorgehenden Beispiel.

Stromkosten

Die Stromkosten insgesamt errechnen sich aus Energiepreis plus Netzgebühren (inkl. Messpreis), Steuern und Abgaben. Die Höhe des Energiepreises ist vom jeweiligen Energielieferanten, dem Anteil an Netzgebühren, Steuern und Abgaben vom jeweiligen Netzbetreiber abhängig.

	Energiepreis (Arbeitspreis)	Netzgebühren, Steuern und Abgaben	Stromkosten exkl. USt. je kWh*)
Hoch(Haushalts-)tarif [Normalstrom]	€ 0,065	€ 0,079	€ 0,144
Nieder(Warmwasser-)tarif [Heizstrom]	€ 0,048	€ 0,059	€ 0,107

* Die aktuellen (exakten) Stromkosten können beim jeweiligen Energielieferanten erfragt werden oder der Energie-Jahresabrechnung entnommen werden.

Verwende zur exakten Berechnung der Stromkosten einen Tarifkalkulator, z. B. der E-Control http://tarifkalkulator.e-control.at

Q17 Ein Haushalt hat einen Jahresstromverbrauch von 4 389 kWh. Berechne die Jahresstromkosten brutto.

Q18 Der Jahresstromverbrauch beträgt 11 683 kWh, davon entfallen 3 890 kWh auf Warmwasserbereitung. Berechne die Stromkosten netto.

Berechne den Jahresstromverbrauch und die Jahresstromkosten (ohne Rabatt) für einen Dreipersonenhaushalt mit elektrischer Warmwasserbereitung. Der Haushalt ist mit einem E-Herd, Gefrierschrank, Geschirrspüler, Waschmaschine und anderen Elektrogeräten ausgestattet. Der Jahresstromverbrauch dafür beträgt einschließlich Beleuchtung 4 562 kWh zuzüglich 1 140 kWh für die Warmwasserbereitung. Für die Wasseraufbereitung wird der Niedertarif (Heizstrom) verrechnet. Vergleiche die Preisunterschiede der jeweiligen Energielieferanten und gib diese in Prozent an. Der Niedrigstanbieter ist gleich 100 %. Verwende den Tarifkalkulator! **Q19**

Vor dem Kochen wurde ein Zählerstand von 123,2 kWh abgelesen, nach dem Kochen 124,6 kWh. Was hat die Zubereitung der Mahlzeit gekostet, wenn für 1 kWh € 0,144 verrechnet wird? **Q20**

Ein Bügeleisen hat einen Anschlusswert von 1 000 W. Wie hoch sind die Stromkosten, wenn bei einer Einschaltzeit von 30 % 1 Stunde und 40 Minuten gebügelt wurde und 1 kWh € 0,144 kostet? **Q21**

Der Antriebsmotor einer elektrischen Nähmaschine hat einen Anschlusswert von 70 W, das Nählicht von 15 W. Eine Bäuerin näht monatlich 10 Stunden. Sie will ausrechnen, wie hoch die Stromkosten für Nähmaschine plus Nählicht pro Monat sind, wenn die kWh mit € 0,144 verrechnet wird. **Q22**

Ein Kühlschrank mit 160 l Inhalt hat einen Anschlusswert von 120 W. Wie hoch sind die täglichen Stromkosten, wenn bei 24-stündigem Betrieb infolge der automatischen Temperaturregelung das Kühlaggregat nur 25 % der Betriebszeit läuft? **Q23**

In den Räumen, in welchen eine besonders gute Beleuchtung nötig ist, wie Küche, Wirtschaftsraum, Garage, ist es zweckmäßig, die weitaus sparsamere Leuchtstofflampe zu verwenden. Wie groß ist die Geldersparnis, wenn in einem Haushalt zuerst ausschließlich Glühlampen verwendet und jährlich 1 210 kWh für die Beleuchtung verbraucht wurden und im folgenden Jahr, durch Verwendung von Energiesparlampen, nur noch 250 kWh? Es ist ein kWh-Preis von € 0,144 anzunehmen. **Q24**

Warmwasserbereitung

Ein Warmwasserspeicher mit 150 l Inhalt hat durch schlechte Isolierung einen Jahresstromverbrauch von 2 500 kWh; ein isolierter Speicher einen Stromverbrauch von 2 200 kWh. **Q25**
Errechne den Kostenunterschied mit dem Warmwassertarif von € 0,107 pro kWh.

Im elektrisch beheizten Speicher können mit einer kWh z. B. 30 l Wasser von 10 °C auf 38 °C oder 25 l Wasser von 10 °C auf 44 °C oder 20 l Wasser von 10 °C auf 53 °C erwärmt werden. **Q26**
Für ein Duschbad werden etwa 25 l Warmwasser mit 38 °C und für ein Vollbad 125 l mit 44 °C benötigt.
Berechne den Kostenunterschied bei einem Strompreis von € 0,107 je kWh.

Berechne die Jahresstromkosten für die elektrische Warmwasserbereitung, wenn 70 000 l Warmwasser, das von 10 °C auf 44 °C erwärmt wurde, gebraucht werden und für die kWh € 0,107 verrechnet wird. **Q27**

Elektroheizung

Q28 In gut wärmegedämmten Gebäuden ist eine Elektroheizung wirtschaftlich, wobei die großflächige Abgabe der Strahlungswärme bevorzugt werden soll, wie sie beispielsweise von Elektro-Heizpaneelen abgegeben wird. Bei sehr guter Wärmedämmung sind etwa 75 W/m² Nutzfläche als Heizleistung zu installieren. Der Jahresheizstromverbrauch beträgt etwa 100 kWh je m² Nutzfläche.
Zu berechnen ist die erforderliche Heizleistung für eine Wohnung mit 80 m² Nutzfläche. Ebenfalls sind die Jahresheizkosten zu errechnen. Der Arbeitspreis wird mit € 0,107 je kWh angenommen (die jeweilige Messung erfolgt mit dem vorhandenen Zähler).

Q29 Die Hausheizung mit Wärmepumpen kann unter bestimmten Voraussetzungen ebenfalls eine interessante Alternative darstellen. Besonders wirtschaftlich kann dieses System sein, wenn z. B. die Abwärme aus der Stallentlüftung (nur bei großen Ställen) genützt werden kann. In solchen Fällen kann der zu bezahlende Energieverbrauch für die Raumheizung bis auf 30 kWh je m² Wohnfläche gesenkt werden.
Berechne die Jahresstromkosten für ein Wohnhaus mit 200 m² Wohnnutzfläche, wenn der Stromverbrauch der Wärmepumpe 40 kWh je m² und Jahr betragen und der Arbeitspreis sich zu 60 % aus Hochtarif und zu 40 % aus Niedertarif zusammensetzt.

Kontrollierte Raumlüftung ist ein wichtiger Beitrag zum Energiesparen.

Bei der Berechnung der notwendigen Lüftungshäufigkeit in einer Klasse wird nach folgendem Rechenmodell vorgegangen:

$$\text{Luftwechselrate} = \frac{\text{Frischluftbedarf pro Stunde}}{\text{Klassenvolumen}}$$

Frischluftbedarf pro Stunde =
Anzahl der Schüler/-innen (Personen) · Luftwechselzahl lt. Norm

Die Schülerinnen erkennen die Wichtigkeit frischer Luft für unsere Gesundheit und unser Wohlbefinden. Sie setzen sich mit den richtigen Lüftungsregeln auseinander. Dabei stellen sie sich die Frage zur notwendigen Lüftungshäufigkeit in der Klasse.

Die Klasse hat eine Grundfläche von 62 m² und ist 3,5 m hoch.
Die Luftwechselrate beträgt lt. Norm 30 m³/h.

In welchen Zeitabständen ist in dieser Klasse, mit 21 Schülerinnen und Schülern, eine Stoßlüftung notwendig?

Frischluftbedarf pro Stunde = 21 Schüler/-innen · 30 m³ = 630 m³

Klassenvolumen = 62 $m^2 \cdot 3{,}5$ = 217 m^3

Luftwechselrate = 630 m^3 : 217 m^3 = 2,9

60 Minuten : 2,9 = 20,68 Minuten

Soll es bei den Schülerinnen und Schülern zu keiner Beeinträchtigung ihrer Leistungsfähigkeit auf Grund von Sauerstoffmangel kommen, muss im gegebenen Fall alle 20,68 Minuten, also zwei Mal in der Stunde, die gesamte Klassenzimmerluft durch gründliche Stoßlüftung ausgetauscht werden.

Berechne, in welchen Zeitabständen in deiner Klasse eine Stoßlüftung notwendig ist, unter der Annahme einer normgerechten Luftwechselrate von 30 m^3/h. **Q30**

Erneuerbare Energie

Erneuerbare Energieträger werden als solche bezeichnet, wenn sie nachhaltig sind. Betrachtet muss hierfür Zeit und Ort der Entstehung und des Verbrauchs werden.
Zu diesen umweltfreundlichen erneuerbaren Energieträgern gehören: Sonne, Wind, Wasser, Biomasse und Erdwärme.

Heizwertäquivalente

1 000 l Heizöl	5–6 Srm Laubholz (Hartholz)
	7–8 Srm Nadelholz (Weichholz)
	10–15 Srm Hackgut
	2 300–3 200 kg Stroh
	1 800–2 500 kg Getreide
	1 300–1 400 kg Ölsaaten
	2 000 kg Holzpellets
1 kg Heizöl	3,0 kg Holz
	3,0–4,0 kg Stroh

Srm = Schüttraummeter (= m^3)

Ein bäuerlicher Betrieb hat eine Zentralölheizung und benötigt für eine Heizperiode 7 000 l Heizöl. **Q31**
Wie viel kg Stroh werden benötigt, wenn die Heizung auf Stroh umgestellt wird?

10 kg Pflanzenbiomasse ≈ 3 kWh Strom + 4 kWh Wärme

Zur Erzeugung von Strom und Wärme sind grundsätzlich alle Pflanzen von Mais, Getreidearten, Sonnenblume, Luzerne und Gras geeignet. **Q32**

a) Wie viel Strom und Wärme kann je ha landwirtschaftlicher Nutzfläche erzeugt werden, wenn der Biomasseertrag 48 t beträgt?
b) Wie viel Prozent des gesamten Heizwärmebedarfs können mit dem Biomasseertrag von einem ha gedeckt werden, wenn der Heizwärmebedarf des Einfamilienhauses 12 000 kWh beträgt?

Q33 Mit modernen Holzkesseln können Holzhackschnitzel umweltfreundlich verfeuert werden. Landwirtschaftsbetriebe benötigen etwa 6 000–9 000 l Heizöl pro Saison.
Dies entspricht einer Hackschnitzelmenge bei 6 000 l von 60–90 Srm,
bei 9 000 l von 90–1 350 Srm.

Stelle Berechnungen an!

Die **Heizlast** ist die Wärmemenge, die einem Gebäude bei der örtlichen Normaußentemperatur zugeführt werden muss, damit eine Raumlufttemperatur von 20 °C gehalten wird (also die Wärmeverluste ausgeglichen werden).
Die Heizlast wird nach Vorgaben des österreichischen Norminstituts (ÖNORM H 7500 und EN 12831) berechnet und ist maßgeblich für die Auslegung des Heizkessels.

Q34 Für ein Einfamilienhaus mit 12 kW Heizlast werden pro Jahr ca. 31 Srm Hackschnitzel (Weichholz) benötigt oder 2,6 Srm/kW.
Wie hoch sind die Heizkosten pro Jahr, wenn der Energiepreis 3,31 Cent/kWh und das Schüttgewicht 210 kg/m³ (180–240 kg/m³ in Abhängigkeit von der Feuchte) beträgt? Der Heizwert kann mit ca. 3,6 kWh pro kg Hackgut angenommen werden.
Recherchiere im Internet und stelle Vergleiche zu anderen festen Brennstoffen an.

Der **Heizwärmebedarf** (Heizenergiebedarf) ist jene Energiemenge, die das Heizsystem für die beheizten Räume in einem Jahr bereitzustellen hat. Die Energie für die Warmwasserbereitung ist darin nicht enthalten.
Einheit: kWh/a (Kilowattstunden pro Jahr)

Der **Jahresnutzungsgrad** (Jahreswirkungsgrad oder Betriebswirkungsgrad) gibt an, wie viel Brennstoffenergie als Wärmeenergie während einer Heizperiode in die Wohnräume gelangt. Er berücksichtigt Abgasverluste, Abstrahlungsverluste des Kessels, Bereitschaftsverluste (z. B. Gluterhaltung) und Verteilverluste im Rohrnetz. Bei neuen Kesseln liegt der Jahresnutzungsgrad bei 80 %.

$$\text{Brennstoffmenge} = \frac{\text{Heizwärmebedarf}}{\text{Heizwert} \cdot \text{Jahresnutzungsgrad}}$$

Nach der Renovierung inklusive Wärmedämmung des Wohnhauses beträgt der Heizwärmebedarf 10 000 kWh pro Jahr. Das renovierte Haus soll mit einer Holzpelletsheizung ausgestattet werden. Der Jahresnutzungsgrad neuer Pelletskessel beträgt ca. 85 %.
Ermittle den Heizwert von Holzpellets und berechne die notwendige Brennstoffmenge für ein Jahr. **Q35**

Ermittle die gesamten Heizkosten im Anwesen deiner Eltern (Wohnhaus, etc.) und überprüfe, ob es günstigere Möglichkeiten zur Deckung des Heizwärmebedarfs gäbe.
Besprich dein Vorhaben auch mit einem/einer Energieberater/-in. **Q36**

Kostenlose Beratung: z. B. Energieberatung Niederösterreich, http://www.energieberatung-noe.at

Q

Kapitel R: Maschinen und Geräte; Verkehrserziehung

Maschinen und Geräte

Übersetzungsverhältnis und Drehzahl

Übersetzungsverhältnisse für Riemenscheiben. Die treibende Scheibe des Motors hat den Durchmesser d_1 und die Drehzahl pro Minute n_1; die angetriebene Scheibe den Durchmesser d_2 und die Drehzahl pro Minute n_2.

R1 Ermittle die Übersetzungsverhältnisse bei folgenden Angaben (setze die treibende Scheibe gleich der Zahl 1):
Der Durchmesser der Motorscheibe misst 25 cm, der Durchmesser der getriebenen Scheibe 90 cm. Die Drehzahl der treibenden Scheibe beträgt 980, die der getriebenen Scheibe 350 Umdrehungen pro Minute.

Die Scheibendurchmesser sind verkehrt proportional zu der Anzahl ihrer Umdrehungen.

Daraus ergibt sich folgende Formel:

$$i = d_2 : d_1 = n_1 : n_2$$

Um **Drehzahl und Scheibendurchmesser** der treibenden Scheibe (Motorscheibe) zu ermitteln, gelten folgende Formeln:

$$d_1 = \frac{d_2 \cdot n_2}{n_1} \text{ und } n_1 = \frac{d_2 \cdot n_2}{d_1}$$

d_1 = Durchmesser der treibenden Scheibe
d_2 = Durchmesser der getriebenen Scheibe
n_1 = Drehzahl der treibenden Scheibe
n_2 = Drehzahl der getriebenen Scheibe
i = Übersetzungsverhältnis

Um **Drehzahl und Scheibendurchmesser** der getriebenen Scheibe zu ermitteln, gelten folgende Formeln:

$$d_2 = \frac{d_1 \cdot n_1}{n_2} \text{ und } n_2 = \frac{d_1 \cdot n_1}{d_2}$$

Eine Motorscheibe hat 20 cm Durchmesser und macht 1 100 Umdrehungen pro Minute. Von diesem Motor soll eine Häckselmaschine mit einer Umdrehungszahl von 275 Umdrehungen pro Minute angetrieben werden. **R2**
Wie groß muss der Scheibendurchmesser der Häckselmaschine sein?

Ergänze Drehzahl und Scheibendurchmesser in der Aufstellung der Riemenbetriebe. Der Durchmesser ist in cm und die Drehzahl in Umdrehungen pro Minute angegeben. **R3**

	d_1	d_2	n_1	n_2
a)	50	200	2 000	?
b)	150	300	?	1 500
c)	300	?	1 200	1 800
d)	?	140	700	2 100
e)	160	100	1 400	?
f)	120	400	?	600

Riemenschlupf

Das Riemenstück verlässt die Riemenscheibe auf der abtreibenden Seite in viel weniger gedehntem Zustand. Daher wird sich der Riemen vom Punkt, wo er mit einer Zugspannung auf das Rad aufläuft, bis zum Punkt, wo er es ohne Zugspannung wieder verlässt, verkürzen.
Diese Verkürzung geschieht unter Gleitreibung und kennzeichnet den Schlupf. Damit ist klar, dass der Riemen um 3 % kürzer wird.

www.wikipedia.org

R

Für die Berechnung des Durchmessers der getriebenen Scheibe, unter Berücksichtigung von 3 % Schlupfverlust, lautet die Formel:

$$d_2 = \frac{d_1 \cdot n_1 \cdot 0{,}97}{n_2}$$

Für eine Häckselmaschine mit 400 Umdrehungen pro Minute soll eine Riemenscheibe bestellt werden. Der vorhandene E-Motor hat eine Scheibe von 18 cm Durchmesser und laut Typenschild eine Drehzahl von 1 450 Umdrehungen pro Minute. **R4**
Wie groß muss der Durchmesser der Scheibe der Häckselmaschine sein, wenn ein Riemenschlupf von 3 % zu berücksichtigen ist?

R5 Traktor und Traktormeter. Der Traktormeter zeigt die jeweilige Motordrehzahl, aber nicht die Drehzahl der Riemenscheibe an. Mit dem Tourenzähler wird z. B. festgestellt, dass die Riemenscheibe 1 400 Umdrehungen pro Minute macht, wenn der Traktormeter die Motordrehzahl 2 100 pro Minute anzeigt. Die Riemenscheibe soll aber 1 000 Umdrehungen machen; welche Motordrehzahl muss dann der Traktormeter anzeigen? (Direktes Verhältnis!)

R6 Welche Drehzahl hat eine getriebene Scheibe mit 400 mm Durchmesser, die von einer Scheibe mit 280 mm Durchmesser und 350 Umdrehungen pro Minute angetrieben wird?

Geschwindigkeit

R7 Ein Pkw fährt in 5 Sekunden 100 m. Wie hoch ist seine Geschwindigkeit in km/h?

$$\text{Geschwindigkeit } v \text{ (in m/s)} = \frac{\text{Weg } s \text{ in m}}{\text{Zeit } t \text{ in s}}$$

Leistung

R8 Die Leistung einer Maschine ist die in einer bestimmten Zeit verrichtete Arbeit. Zur Ermittlung verwendet man folgende Begriffe:

$$P = \frac{W}{t} \text{ (W)}$$

$$P = F \cdot v$$

$$W = F \cdot s \text{ (Nm)}$$

P = Leistung in Watt (W)
F = Kraft in Newton (N), 1 N = 1 kg · 1m/s^2
s = Weg in Meter (m)
t = Zeit in Sekunden (s)
v = Geschwindigkeit in Meter pro Sekunde (m/s)
W = Arbeit in Joule (J, Nm)

Welche Zugleistung entwickelt ein Traktor, der mit 6,5 km/h fährt und mit 10 000 N am Zughaken belastet ist? (Reibungsverluste etc. werden vernachlässigt.)

R9 Eine Wasserpumpe soll in der Stunde 50 m^3 Wasser mit einer Gesamtförderhöhe inkl. Rohrreibungsverluste von 70 m bringen. Wie groß muss die Leistung in W sein bei Berücksichtigung eines Wirkungsgrades von 60 %? Es gilt die Formel, abgeleitet aus der vorstehenden:

$$W = F \cdot s$$

$$P = \frac{W}{t}$$

Ein Aufzug soll mit einer Geschwindigkeit von 0,3 m/s 2 000 kg heben. Welche Leistung muss der Motor der Aufzugsmaschine erbringen? **R10**

Leistungskontrolle

Leistungskontrolle (E-Motor). Da beim Stromzähler die Zahl der Ankerumdrehungen je kWh angegeben ist, lässt sich dieser als Leistungsmessgerät verwenden. Eine Zählerangabe lautet: 1 200 Ankerumdrehungen je kWh. Ist ein 0,5-kW-Motor für einen Pumpenantrieb voll ausgelastet, wenn pro Minute 10 Umdrehungen der Zählerscheibe gezählt werden? **R11**

Leistungskontrolle (E-Motor). Eine Zählerangabe lautet: 150 Ankerumdrehungen je kWh. Wie ist ein 6,7-PS-Motor im Betrieb belastet, wenn in 5 Minuten – bei möglichst gleichbleibender Belastung – 50 Ankerumdrehungen gezählt werden? **R12**

Wirkungsgrad

Der Wirkungsgrad ist das Verhältnis von abgegebener Leistung (Energie) zur zugeführten Leistung (Energie).
Z. B.: Bei einem Automotor wird durch die Verbrennung des Treibstoffgemisches Energie zugeführt. Diese Energie wird niemals völlig in Bewegungsenergie umgewandelt, der Wirkungsgrad ist daher kleiner als 1.
Es gilt für alle Maschinen, dass wegen Verlusten stets mehr Energie (Leistung) zugeführt werden muss, als abgegeben werden kann.
Daher ist der Wirkungsgrad η stets eine Zahl zwischen 0 und 1.
η kann aber auch in Prozent angegeben werden.

Zur Berechnung des Wirkungsgrads einer Maschine verwendet man 3 Begriffe:

η = Wirkungsgrad (Nutzeffekt)
P_{ab} = effektive oder abgegebene Leistung
P_{zu} = induzierte oder zugeführte Leistung

Daraus lassen sich folgende Formeln ableiten:

$$\eta = \frac{P_{ab}}{P_{zu}} \qquad P_{ab} = P_{zu} \cdot \eta \qquad P_{zu} = \frac{P_{ab}}{\eta}$$

Wie viel Leistung in kW muss einer Wasserpumpe mit dem Wirkungsgrad von 0,75 zugeführt werden, damit die abgegebene Leistung 30 kW beträgt? **R13**

Wie groß ist die abgegebene Leistung, wenn die zugeführte Leistung 52,2 kW und der Wirkungsgrad 0,78 betragen? **R14**

R15 Wie groß ist der Wirkungsgrad einer Wasserpumpenanlage, wenn folgende Leistungen gegeben sind:
$P_{zu} = 40{,}3$; $P_{ab} = 30{,}3$ kW

R16 Wirkungsgrad und Leistung. Der Antrieb einer Winde soll mit einem Elektromotor erfolgen. Die Winde soll 3 000 kg mit einer Geschwindigkeit von 12 m pro Minute heben. Der Wirkungsgrad der Winde ist 0,75. Wie groß muss die Leistung des Elektromotors sein?

Flächenleistung

Unter der theoretischen Flächenleistung versteht man jene Fläche in ha, die pro Stunde bearbeitet wird.

R17 Berechne die theoretische Flächenleistung eines Mähbalkens bei einer Fahrgeschwindigkeit von 6 km/h und 1,5 m Arbeitsbreite.

Für die theoretische Flächenleistung (ha/h) gilt folgende Formel:

$$\text{Theoretische Fächenleistung (ha/h)} = \frac{\text{Arbeitsbreite (m)} \cdot \text{Fahrgeschwindigkeit (km/h)}}{10}$$

Bei der theoretischen Flächenleistung werden Wendezeiten, Rüstzeiten, Störungen und unvollständige Ausnutzung der Arbeitsbreite nicht berücksichtigt. Für die Berechnung der tatsächlichen Flächenleistung wird ein Minderleistungsfaktor (0,6 bis 0,8) angenommen.

R18 Berechne für das Beispiel R17 die tatsächliche Flächenleistung bei einem Minderleistungsfaktor von 0,7.

Tatsächliche Flächenleistung = 0,6 bis 0,8 · theoretische Flächenleistung

R19 Zum Stoppelsturz wird ein Pflug mit 180 cm Arbeitsbreite verwendet. Wie groß ist der voraussichtliche Arbeitsaufwand (die tatsächliche Flächenleistung), wenn mit 6 km/h gefahren wird und der Minderleistungsfaktor 0,6 beträgt?

Traktor- und Maschinenkosten

Für die Berechnung der Kosten einer Betriebsstunde mit dem Traktor soll folgendes Schema die wichtigsten Komponenten aufzeigen:

1. Anschaffungspreis (Neuwert) für einen 37-kW-Traktor (50 PS) € 27 500,–
2. Nutzungsdauer 10 000 Stunden oder 11 Jahre
3. Abschreibungsschwelle: Gibt an, ob die Abschreibung zeitabhängig (nach Jahren) oder nutzungsabhängig (nach Stunden) zu erfolgen hat.

$$\text{Abschreibungsschwelle} = \frac{\text{voraussichtliche Lebensdauer in Stunden}}{\text{wirtschaftliche Lebensdauer in Jahren}}$$

4. Zinsenanspruch: Es wird ein Mittelwert zwischen dem Satz der Einlagezinsen und der Schuldzinsen gewählt, also derzeit 10 % fortlaufend vom halben Neuwert oder 5 % vom ganzen Neuwert.
5. Für Unterbringung und Versicherung rechnet man pauschal; wenn genaue Werte nicht bekannt sind, 2 % vom Neuwert pro Jahr.
6. Die Treibstoffkosten lassen sich anhand des spezifischen Treibstoffverbrauchs ermitteln oder nach einer Faustformel:

$$\text{Treibstoffverbrauch (l/h)} = \frac{\text{Motorleistung (PS)}}{10}$$

7. Die Schmierstoffkosten machen wertmäßig rund 20 % der Treibstoffkosten aus.
8. Die Reparaturkosten werden in Anlehnung an die „Richtwerte für Maschinenselbstkosten" den ÖKL-Tabellen entnommen (z. B. für Traktoren 1 bis 2 % vom Neuwert je 100 Betriebsstunden).

Traktor, 37 kW (50 PS)

Neuwert *(NW)* = € 26 400,–

Voraussichtliche Lebensdauer N = 11 Jahre oder n = 10 000 Stunden

Jährliche Nutzungsdauer j = 500 Stunden

Abschreibungsschwelle $\frac{n}{N} = \frac{10\,000}{11} = 909$ Stunden

Abschreibung $\left(\text{wenn j kleiner als } \frac{n}{N}\right) = \frac{NW}{N} = \frac{26\,400,–}{11} =$	€ 2 400,–
Verzinsung = 0,05 · NW = 0,05 · 26 400,– =	€ 1 320,–
Versicherung + Unterbringung = 0,02 · NW = 0,02 · 26 400,– =	€ 528,–
Zwischensumme = Fixkosten pro Jahr	€ 4 248,–

R

Abschreibung (wenn j größer als n/N) = $\frac{NW}{N} \cdot j = \frac{\quad}{\quad} \cdot$ ______ = € ______

Reparaturkosten = 0,01 bis 0,08 · $NW \cdot \frac{j}{100}$ =

$0{,}01 \cdot 26\,400{,}– \cdot \frac{500}{100}$ = € 1 320,–

Treibstoffkosten = $\frac{\text{Motornenn-PS} \cdot \text{Preis/l}}{10} \cdot j$ =

$\frac{50 \cdot 0{,}93}{10} \cdot 500$ = € 2 325,–

Schmiermittelkosten = 0,2 · Treibstoffkosten = 0,2 · 2 325,– € 465,–

Gesamtkosten pro Jahr € 8 358,–

Pro Stunde 8 538,– : 500 € 16,72

R20 Traktorkosten pro Betriebsstunde. Berechne die Gesamtkosten pro Betriebsstunde ohne Fahrerlohn für den Traktor des eigenen Betriebs.
Verwende dazu die Berechnungsvorlage des o.a. Beispiels und die ÖKL-Tabelle.

R21 Die Mähdrescherkosten werden nach dem Schema für die Traktorkostenberechnung ermittelt.
Folgende Werte werden angenommen:
Neuwert € 80 000,–, Lebensdauer 2 000 Stunden oder 10 Jahre, Motorleistung 80 kW. Reparaturkosten 1 % vom Neuwert je 100 Betriebsstunden, jährlicher Einsatz von 20 bis 220 Betriebsstunden.

R22 Berechnung: Mähdrescherkosten. Berechne die Gesamtkosten pro Betriebsstunde für euren eigenen Mähdrescher!

Maschine: ______________________

Neuwert (NW) = ____________________ €

Voraussichtliche Lebensdauer N = ______ Jahre oder n = ______ Stunden

Jährliche Nutzungsdauer j = ______ Stunden

Abschreibungsschwelle $\frac{n}{N} = \frac{\quad}{\quad}$ = ______ Stunden

Abschreibung $\left(\text{wenn } j \text{ kleiner als } \frac{n}{N}\right) = \frac{NW}{N} = \text{\_\_\_\_\_\_} =$	€ ________
Verzinsung $= 0{,}05 \cdot NW = 0{,}05 \cdot$ ________ =	€ ________
Versicherung + Unterbringung $= 0{,}02 \cdot NW = 0{,}02 \cdot$ _______ =	€ ________
Zwischensumme = Fixkosten pro Jahr	€ ________
Abschreibung $\left(\text{wenn } j \text{ größer als } \frac{n}{N}\right) = \frac{NW}{N} \cdot j = \text{\_\_\_\_\_\_} \cdot \text{\_\_\_} =$	€ ________
Reparaturkosten $= 0{,}01 \text{ bis } 0{,}08 \cdot NW \cdot \frac{j}{100} = \frac{\text{\_\_\_}}{10} \cdot \text{\_\_\_} =$	€ ________
Treibstoffkosten $= \frac{\text{Motornenn-PS} \cdot \text{Preis/l}}{10} \cdot j = \frac{\text{\_\_\_}}{10} \cdot \text{\_\_\_} =$	€ ________
Schmiermittelkosten $= 0{,}2 \cdot$ Treibstoffkosten $= 0{,}2 \cdot$ _______ =	€ ________
Gesamtkosten pro Jahr	€ ________
pro Stunde	€ ________

Melktechnik, Reinigungsanlagen

R23

Der Betrieb Muster hat einen neuen Laufstall für 70 Milchkühe errichtet. Dieser soll mit einer „kostengünstigen" und „arbeitszeitsparenden" Melktechnik ausgestattet werden. In die engere Wahl kommen folgende Melksysteme: Melkkarussell, Fischgrätenmelkstand, Melkroboter.
Welches Melksystem würdest du dem Betriebsinhaber empfehlen? Begründe deine Empfehlung anhand konkreter Ergebnisse. Z. B.: Anschaffungskosten pro Kuh; Betriebskosten pro Jahr; notwendige Melkzeit pro Tag, Melkzeit pro Kuh und Jahr. Überlege noch weitere Fragen, die du beantworten musst, bevor du eine objektive Empfehlung aussprechen kannst. Überlege auch, welche Daten für die Berechnungen benötigt werden.

R24

Die Anschaffungspreise für Reinigungsanlagen variieren in Abhängigkeit von technischer Ausstattung, Typ und Dimension der Melkanlage, d. h. vom Melksystem. Herr Muster ist sehr umweltbewusst und möchte sich zwischen einer Zirkulationsreinigung („Herkömmliches Reinigungssystem") und einer Kochendwasserreinigung entscheiden. Versuchsergebnisse zeigen, dass für die Kochendwasserreinigung bei gleichem Keimzahlniveau von rund 35 000 Keimen/ml zwar die gleiche Energie- und Wassermenge, jedoch mit nur 6,5 g/m^2 anstelle von 72 g/m^2 deutlich weniger Chemikalien eingesetzt wurden als für die Zirkulationsreinigung.
Wie hoch sind die benötigte Menge an Chemikalien und die Kosten je Reinigungsvorgang für eine Zirkulations- bzw. Kochendwasserreinigung für die im Beispiel R23 empfohlene Melkanlage?

R

Verkehrserziehung

Berechnung des Anhalteweges für ein Kraftfahrzeug

Anhalteweg s_a = Reaktionsweg s_r + Bremsweg s_b

Die Länge des Reaktionswegs und des Bremswegs hängt von zahlreichen Faktoren ab, z. B. Reaktionsvermögen des Lenkers, Geschwindigkeit des Fahrzeuges, Zustand und Lage der Straße usw. (Aufzählung weiterer Faktoren!)

Die Länge des Reaktionswegs *(s_r)* und die Länge des Bremswegs *(s_b)* bei normalen Fahrbahnverhältnissen können nach folgenden Faustformeln berechnet werden:

$s_r = \frac{v}{10} \cdot 3 \text{ m}$ $\qquad s_b = \left(\frac{v}{10}\right)^2 \text{ m}$ $\qquad s_a = \frac{v}{10} \cdot 3 + \left(\frac{v}{10}\right)^2 \text{ m}$

R25 Berechne jeweils die Länge des Anhaltewegs bei normalen Fahrbahnverhältnissen für folgende Angaben:

Fahrgeschwindigkeit in km/h	10	20	40	50	70	100	130
Reaktionsweg in m							
Bremsweg in m							
Anhalteweg in m							

Fahrgeschwindigkeit

R26 Ein Moped fährt mit der zugelassenen Höchstgeschwindigkeit von 40 km/h. Wie lang ist der Weg, den es in 1 s zurücklegt?

Benütze die Formel, wenn mit v die Geschwindigkeit bezeichnet wird:

$$v\,(\text{m/s}) = \frac{v\,(\text{km/h})}{3\,600} \cdot 1\,000 = \frac{v\,(\text{km/h})}{3{,}6}$$

Berechne die fehlenden Geschwindigkeiten: **R27**
(Runde **km/h** auf Ganze und *m/s* auf zwei Dezimalen)

km/h	*m/s*	**km/h**	*m/s*	**km/h**	*m/s*	**km/h**	*m/s*
10			13,89	90		130	
20		60			27,78		38,89
	8,33		19,44	110			41,67
40			22,22	120		160	

Mithilfe der Formel $v\,(\text{m/s}) = v\,(\text{km/h}) : 4$ kann man im Kopf für die Geschwindigkeit in km/h einen brauchbaren Näherungwert für m/s angeben.

Gib die angeführten Geschwindigkeiten in m/s an. **R28**

	Künstlicher Erdsatellit	Düsenflug- zeug	Moped	Fahrrad	Fußgänger
km/h	30 000	1 000	40	20	4
m/s					

R

Kapitel S: Landwirtschaftliches Bauen

Raumbedarfsrechnungen

Rinderställe

S1 Berechne den Raum- und Strohbedarf für 35 Stück Jungvieh, das in einem Zweiraum-Tieflaufstall gehalten werden soll. Entnimm die Normwerte der aktuellen Tierschutzverordnung.

S2 Wähle einen Milchviehstall (Schulstall, Rinderstall des elterlichen Betriebs, sonstiger) und ermittle die Naturmaße. Berechne, je nach Haltungssystem, die entsprechenden Kennzahlen (Liegefläche, Fressplatzbreite etc.) je Milchkuh und vergleiche die Ergebnisse mit den Vorschriften laut Tierschutzverordnung.

Schweineställe

S3 Eine Bucht mit Längstrog hat eine Breite von 3,3 m und eine Tiefe von 3,95 m. Wie viele Mastschweine können in dieser Bucht gehalten werden, wenn für ein Mastschwein 1,3 m^2 Stallfläche erforderlich sind?

S4 Ein Mastschwein hat in einem Stall mit Ganzspaltenboden und automatischer Fütterung eine Stallfläche von 0,80 m^2 zur Verfügung, der dazu notwendige Luftraum liegt bei 3 m^3. Welche Raumhöhe muss der Stall haben?

S5 Wähle einen Zuchtsauenstall (Schulstall, Sauenstall des elterlichen Betriebs, sonstiger) und ermittle die Naturmaße. Berechne, je nach Haltungssystem, die entsprechenden Kennzahlen (Liegefläche, Gesamtfläche, Fressplatzbreite etc.) je Zuchtsau und überprüfe, ob die Ergebnisse den Vorschriften laut Tierschutzverordnung entsprechen.

Düngerstätten, Jauche- und Güllegruben

S6 In einem Tieflaufstall fallen 3,90 m^3 Mist je Stallplatz und 6 Monate an.
Wie viele m^3 Mistlagerplatz werden für einen Maststall mit 60 Stallplätzen benötigt, wenn der Mist mindestens 9 Monate gelagert werden muss?

S7 Der Viehstand eines Betriebes besteht aus 35 Kühen mit durchschnittlich 700 kg Lebendgewicht und 7 000 kg Jahresmilchleistung, 11 Kalbinnen im Alter von 1 bis 2 Jahren und 15 Kalbinnen im Alter von 6 bis 12 Monaten.

a) Welche Lagerkapazität in m^3 muss bei diesem Viehstand eine Düngerstätte haben, wenn der Mist 9 Monate gelagert werden muss?
b) Welche Breite muss diese Düngerstätte haben, wenn die Örtlichkeit nur eine Länge von 11 m und eine Höhe von 2,80 m zulässt?

c) Wie groß muss der Inhalt der Jauchegrube für eine Lagerzeit von 6 Monaten sein (unverdünnt berechnet)?

Recherchiere im Internet und entnimm den Anfall an Mist und Jauche einer geeigneten Tabelle.

Wie groß muss eine Güllegrube gebaut werden, wenn ein Maststall für 250 Mastschweine errichtet werden soll und der monatliche Flüssigmistanfall je Schwein 0,15 m^3 beträgt? Die Gülle soll halbjährlich ausgebracht werden. **S8**

Im Schweinestall muss der Fußboden zur Jauchegrube hin ein Gefälle von 2 bis 3 % haben. Wie viele cm muss der Höhenunterschied des Fußbodens bei einer Länge von 2,25 m betragen? **S9**

Betonmischungen

Es ist üblich, die Betonmischung in der Form Zement : Betonschotter anzugeben. Der Anteil der beiden Stoffe wurde früher in Raumteilen ausgedrückt (heute in Gewichtsteilen).

Bauteil	Betonart	Mischverhältnis Zement : Betonschotter
Kellermauer	Stampfbeton	1 : 8–10
Fundament	Stampfbeton	1 : 12
Jauchengrube	Plastisch	1 : 4–5
Fenstersturz	Armierter Beton	1 : 3–4

Zur Herstellung von 1 m^3 Fertigbeton benötigt man (infolge der Verdichtung der Betongemengeteile) 1,3 m^3 Betonschotter (d.s. um 30 % mehr). 1 m^3 Zement wiegt 1 200 kg.

Zur Herstellung eines Fundaments sind 8 m^3 Stampfbeton im Mischverhältnis 1 : 12 erforderlich. Wie viele kg Zement und wie viele m^3 Betonschotter sind zu mischen? **S10**

Die Mischung der Gemengeteile wird in der Form Zement : Sand angegeben, z. B. 1 : 3, d. h. auf einen Raumteil Zement entfallen 3 Raumteile Sand. Für 1 m^3 Mörtel bzw. Unterlagsbeton benötigt man 1,3 m^3 Sand. 1 m^3 Sand wiegt 1 700 kg.

Es soll ein Unterlagsbeton für einen Kunststoffbelag hergestellt werden. **S11**
Die Fläche des Raumes ist 18 m^2, die Stärke des Unterlagsbetons beträgt 12 cm. Die Mischung soll 1 : 3 sein. Wie viele kg Zement und wie viele m^3 Sand werden gebraucht?

Wirtschaftsgebäude

S12 Für eine Betonarbeit wurden $2\frac{1}{4}$ m^3 Sand und 850 kg Zement verarbeitet. Was kostet das Material, wenn für Sand mit € 18,35 je t und für Zement € 120,00 je t bezahlt wurden? 1 m^3 Sand wiegt 1 800 kg. (Preisangaben exklusive USt.)

S13 Die Innenwände (Mantel- und Bodenfläche) eines Rundsilos sind mit Silolack zu bestreichen. Der Behälter hat einen Durchmesser von 3 m und eine Höhe von 9 m. Wie viele m^2 sind mit Lack zu bestreichen?

S14 Berechne die Baukosten des vorgegebenen Fahrsilos mit einer Länge von 22 m nach den Baukostenrichtsätzen.
Ermittle die Maße der Überdachung und berechne die Dachfläche.

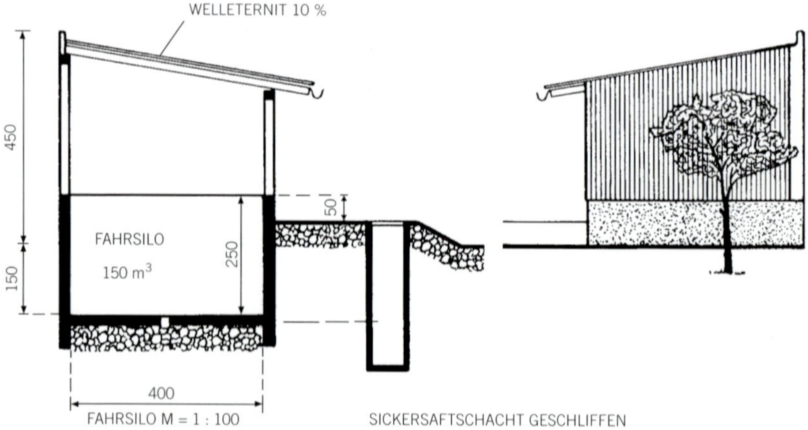

Maße in cm

S15 Falzziegeldeckung. Ein Scheunendach aus zwei rechteckigen Flächen soll mit Falzziegeln eingedeckt werden. Die Maße einer Dachfläche sind 13,5 m und 9 m.

a) Wie viele Stück Falzziegel sind erforderlich, wenn 16 Ziegel auf 1 m^2 kommen?
b) Was kosten die Ziegel für das gesamte Dach inkl. USt., wenn ein Ziegel € 1,94 kostet?

S16 In einem Zuchtsauenstall sollen die Innenwände mit abwaschbaren Platten verkleidet werden. Der Stall ist 14,5 m lang, 5,5 m breit und 2,5 m hoch. Für Fenster und Türen sind 5 % der Fläche abzuziehen. Die Platten haben ein Format von 200 cm × 50 cm.

a) Wie viele Platten werden für den Stall gebraucht?
b) Was kostet die Verkleidung inklusive Umsatzsteuer, wenn für den m^2 € 16,70 ausgelegt werden müssen?

Berechne die Baukosten des vorgegebenen Rindermaststalls nach den Baukostenrichtsätzen, wenn eine Stalllänge von 16 m gegeben ist. **S17**

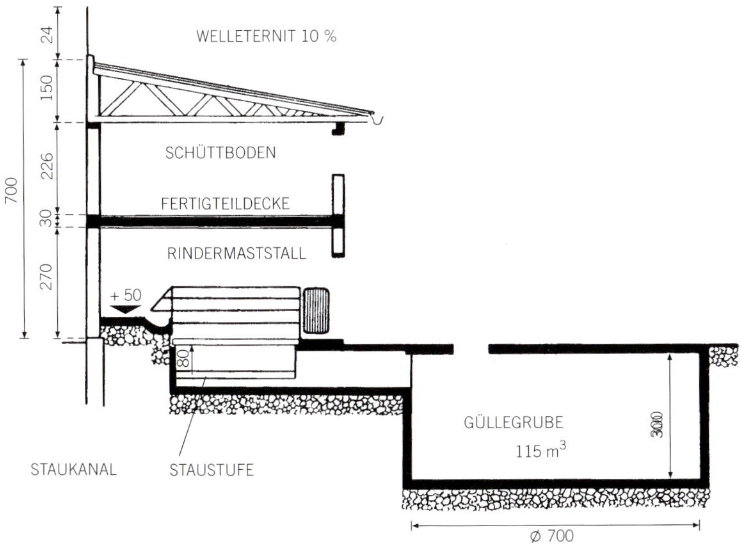

Maße in cm

Ein Brunnenschacht mit einer Tiefe von 4,3 m und einem Durchmesser von 110 cm soll ausgehoben werden. **S18**

a) Wie viele m^3 Erde fallen an?
b) Wie viel kostet der Abtransport der Erde, wenn pro m^3 € 6,40 inkl. USt. verrechnet werden?

Wohngebäude

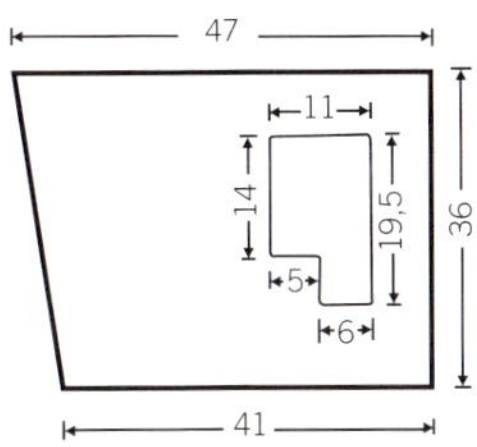

Maße in m

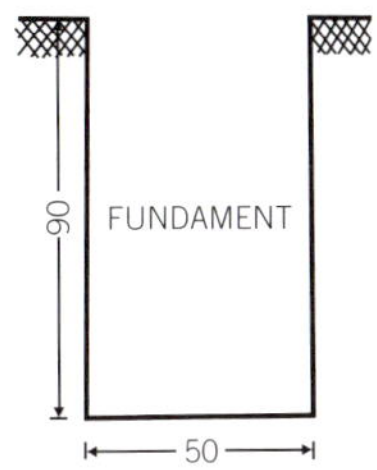

Stelle folgende Berechnungen an: **S19**

a) Wie groß ist die Fläche des in der Darstellung angegebenen Grundstücks?
b) Errechne die verbaute Fläche des Wohnhauses.
a) Das fruchtbare Erdreich von der zu verbauenden Fläche wird auf 25 cm Tiefe abgetragen und verkauft. Für den m^3 Erde bekommt der Bauherr € 4,15 inkl. USt. Wie hoch ist der Erlös?

Für das geplante Wohnhaus (siehe Darstellung, Maße in cm) soll das Fundament 50 cm × 90 cm ausgehoben werden. Ein Arbeiter kann in 8 Stunden 3,5 m^3 Erdreich ausheben, ein Löffelbagger je Stunde 12 m^3. **S20**

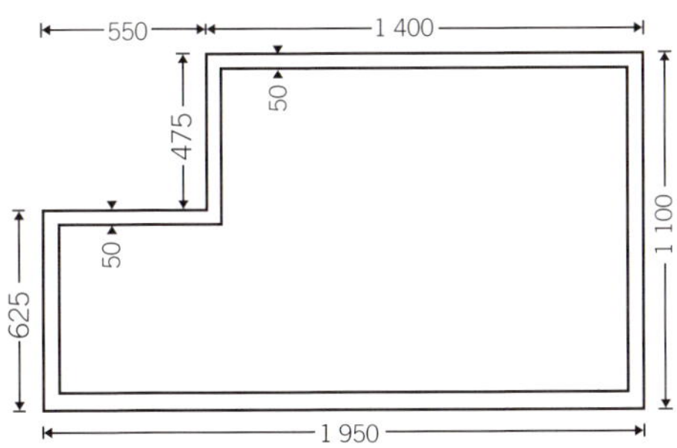

S

a) Wie lange brauchen 3 Arbeiter für das Ausheben des Fundaments?
b) Wie lange braucht dazu für die gleiche Arbeit der Löffelbagger?
c) Stelle einen Kostenvergleich an:
Eine Hilfsarbeiterstunde kostet € 28,60, die Stunde für den Löffelbagger kostet € 61,–.

S21 Für das angeführte Wohnhaus (Bsp. S20) soll das Fundament aus Fertigbeton der Güte C12/15/F45/GK32 gemacht werden.

a) Wie viele kg Zement sind für das Fundament erforderlich, wenn je m^3 Fertigbeton 200 kg Zement benötigt werden?
b) Je m^3 Fertigbeton sind 1,20 m^3 Schotter erforderlich. Wie viele m^3 Schotter werden für das Fundament gebraucht?
c) Wie hoch sind die Kosten des Fundaments, wenn 1 m^3 Fertigbeton € 53,00 exkl. USt. kostet?

S22 Die Außenmauern des Wohnhauses (Bsp. S20) sollen aus Gasbetonelementen (z. B. Ytong) errichtet werden. Die Mauerhöhe bis zur geplanten Decke soll 3 m betragen. Das Format des Gasbetonblocks ist 62,5 cm lang, 25 cm hoch und 30 cm breit.

a) Wie viele Gasbetonblöcke sind für die Außenmauern des Wohnhauses notwendig, wenn für Türen und Fenster 8 % abgezogen werden und die Gasbetonblöcke an der Außenkante des Fundaments aufgesetzt werden?
b) Wie viele kg Kleber sind für die Außenmauern zu bestellen, wenn pro m^2 Gasbetonmauer 4,30 kg Kleber notwendig sind?
c) Wie hoch sind die Kosten der Außenmauern, wenn 1 m^2 Gasbeton € 29,90 (Aktionspreis) und 1 kg Kleber € 1,15 kosten? Alle Preise inklusive Umsatzsteuer.

S23 Badezimmer. Die Wände eines Badezimmers mit 2,95 m Länge und 1,90 m Breite sollen bis zu einer Höhe von 210 cm verfliest werden. 5 % sind Bruch und Verschnitt.

a) Wie viele Stück Fliesen sind erforderlich, wenn eine Fliese 15 cm × 15 cm hat und die Tür zum fensterlosen Bad 80 cm × 200 cm groß ist?
b) Wie viel kostet das Verfliesen des Bades, wenn 1 m^2 Fliesen € 32,75 kostet und für das Verlegen pro m^2 € 38,50 in Rechnung gestellt werden? (Angabe in Bruttopreisen)

S24 Ein Vorraum, 2,10 m × 2,65 m, soll mit 20 cm × 20 cm großen Bodenfliesen belegt werden.

a) Wie viele Fliesen sind bei 3 % Verschnitt erforderlich?
b) Wie teuer sind die Fliesen des Vorraums inklusive Umsatzsteuer, wenn eine Fliese € 2,02 netto kostet?

S25 Terrasse. Eine 5,80 m × 3,40 m große Terrasse soll mit 40 cm × 40 cm großen Waschbetonplatten belegt werden.

a) Wie viele Waschbetonplatten sind für die Terrasse notwendig?
b) Wie viel kosten die Waschbetonplatten für die Terrasse, wenn eine Platte € 1,69 inkl. USt. kostet?

Stützmauer. Eine Stützmauer mit einer Länge von 18,70 m, einer Kronenbreite von 0,50 m, einer Breite von 80 cm im Fundament und mit einer Höhe von 1,80 m soll errichtet werden. **S26**

a) Wie viele m^3 Beton sind für diese Mauer nötig?
b) Wie oft muss der Landwirt mit einem 5-t-Anhänger fahren, um den für die Stützmauer notwendigen Schotter zu transportieren?
   Für 1 m^3 Fertigbeton sind 1,07 m^3 Schotter erforderlich.
   1 m^3 Schotter wiegt 1 800 kg.
c) Wie teuer ist der Betonschotter 0/16 für die Stützmauer, wenn die Tonne € 18,00 inkl. USt. kostet?

Stallklima

Rinderstall. In einem Rinderstall wird eine Temperatur von 14 °C und eine relative Luftfeuchtigkeit von 80 % gemessen. Die Luft kühlt sich an der Stalltür ab. **S27**
Bei welcher Raumtemperatur tritt Schwitzwasser (Taupunkt) auf?
Verwende zur Lösung die unten stehende Tabelle.

	Wohnräume					Stallungen		
Lufttemperatur °C	30	40	50	60	70	80	90	relative Luftfeuchtigkeit %
14	–3,3	0,6	3,6	6,4	8,6	10,6	12,4	
20	1,9	5,9	9,2	12,0	14,3	16,4	18,3	Taupunkt bei °C
26	7,0	11,3	14,7	17,6	20,1	22,3	24,2	

Energiebewusstes Bauen

Einheiten für wärmetechnische Berechnungen:

D = Wärmedurchlasswiderstand

d = Stärke der Mauer bzw. Decke in m

λ = (klein Lambda) Wärmeleitfähigkeit in W/mK

U-Wert = Wärmedurchgangskoeffizient (früher: k-Wert)

$$D = \frac{d}{\lambda} \qquad U\text{-Wert} = \frac{1}{D_{gesamt}}$$

Gesamtwärmedurchlasswiderstand (D_{gesamt}) = Summe der einzelnen D-Werte

S

Der ***U*-Wert** (Wärmedurchgangskoeffizient) ist ein Maß für den Wärmeschutz eines Bauteils und besagt, wie viel Wärmeleistung pro m² Bauteilfläche bei einem Temperaturunterschied von 1 °C (1 Kelvin) durch den Bauteil fließt.

Einheit: **W/m²K**. Je kleiner der *U*-Wert, umso besser der Wärmeschutz.

Die **Wärmeleitfähigkeit *(λ)*** gibt an, wie gut ein Material die Wärme leitet.

Einheit: **W/mK** (sprich: Watt pro Meter und Kelvin)

Dämmstoffe haben eine Wärmeleitfähigkeit von ca. 0,04 W/mK, Weichholz und hochporosierte Ziegel ca. 0,13 W/mK, Vollziegel ca. 0,7 W/mK.

Je höher der *D*-Wert (Wärmedurchlasswiderstand, Wärmedämmwert), umso besser das Wärmedämmvermögen.
Je kleiner der *U*-Wert (früher: *k*-Wert), umso besser sind die Wärmedämmeigenschaften.

S28 *D*- und *U*-Wert. Berechne den *D*- und *U*-Wert einer unverputzten, 38 cm starken Vollziegelmauer. Wärmeleitzahl $\lambda = 0{,}70$; Mauerstärke d = 0,38 m

S29 Berechne den *D*- und *U*-Wert einer unverputzten Gasbetonmauer, $\lambda = 0{,}18$; $d = 30$ cm.

S30 Wärmetechnische Verbesserung. Eine 38 cm starke Vollziegelmauer soll durch Aufbringen eines 3-cm-Wärmedämmputzes außen wärmetechnisch verbessert werden. Auf der Innenseite der Mauer ist ein 2-cm-Kalkmörtelputz aufgebracht. Ziegelmauer $\lambda = 0{,}70$; Thermoputz $\lambda = 0{,}15$, Innenputz $\lambda = 0{,}70$. Berechne den *D*- und *U*-Wert der Mauer nach der Aufbringung des Verputzes.

S31 Die Außenseite einer 38-cm-Vollziegelmauer soll mit einer 5 cm starken Holzwolleplatte und normalem 3-cm-Außenputz abisoliert werden. Auf der Innenseite der Mauer ist ein 2-cm-Kalkmörtelputz aufgebracht. Außenputz $\lambda = 0{,}75$, Holzwolleplatte $\lambda = 0{,}086$; Vollziegelmauer $\lambda = 0{,}75$; Innenputz $\lambda = 0{,}70$. Berechne den *D*- und *U*-Wert der Mauer.

S32 Berechne den *D*- und *U*-Wert unten stehender Deckenkonstruktionen.

a)

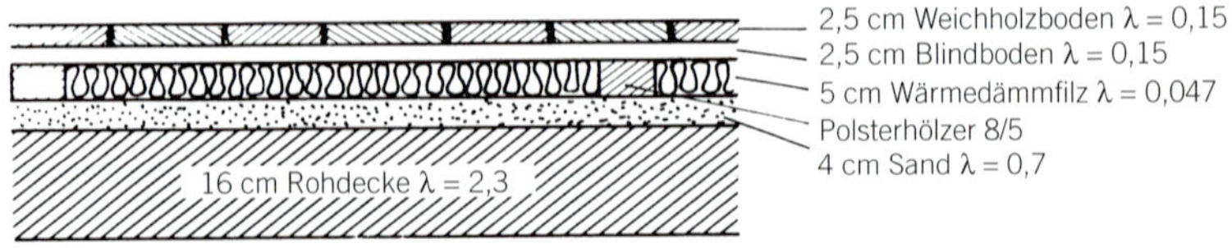

b)

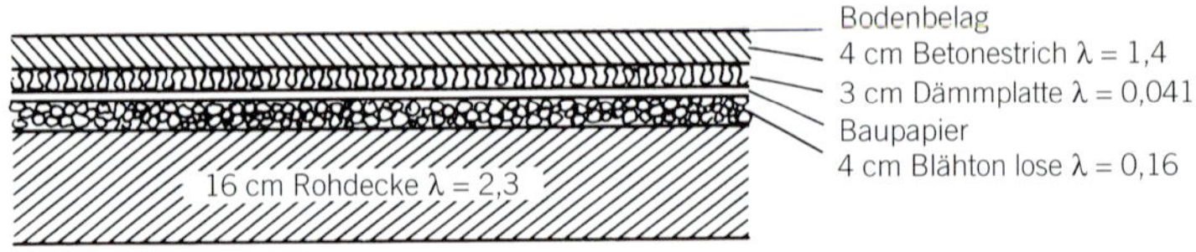

c)

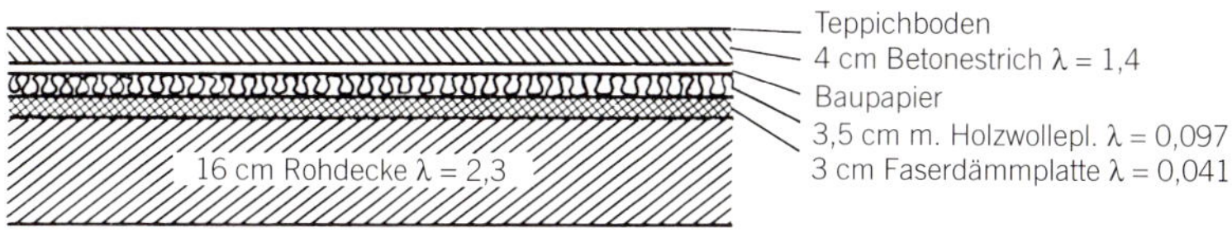

Projekt „Wir planen ein Haus“

S33

Ihr habt eine umfangreiche Aufgabe zu bewältigen. Gemeinsam werdet ihr sie zügig und richtig schaffen!
Bearbeitet die folgenden Punkte, begründet eure Ergebnisse und fasst diese in einer ausführlichen Dokumentation zusammen. Das Kleinprojekt wird zum Abschluss dem Plenum (der Klasse) vorgestellt. Erstellt dafür eine anschauliche Präsentation!

a) Wählt einen Hausplan (elterliches Wohnhaus, sonstiges) und berechnet die Wohnfläche, die umbaute Fläche, die Flächen der einzelnen Räume, Wärmedämmwerte etc. (Wärmedurchlasswiderstand, *U*-Wert der Wände ...)

b) Welche Böden eignen sich für welche Räume? Trefft eine gute Wahl und ermittelt die Material- und Verlegekosten! (Prospekte, Internet, Baumarkt, beachtet dabei: Qualität, Verschnitt, Kosten ... etc.)

c) Wie hoch sind die Preisunterschiede, wenn das Ausmalen, Tapezieren, Verfliesen der Räume durch eine professionelle Firma erledigt werden oder wenn das Material im Baumarkt gekauft und die Arbeit in Eigenregie durchgeführt wird?
(Prospekte einholen, Materialien wählen, vielleicht können die Arbeiten nur zum Teil selbst erledigt werden – stellt dazu entsprechende Überlegungen an, Kosten berechnen ...)

d) Rechnungen von Handwerkern analysieren!
(Umsatzsteuer, Rabatt, Skonto ...)

e) Wasser- und Stromverbrauch für bestimmte Zeiträume (Jahr, Monat, Tag) ermitteln und die Kosten berechnen! Gibt es günstigere Möglichkeiten?
(Wasser-, Stromabrechnungen, Preisvergleiche verschiedener Energieanbieter ...)

f) Wählt ein Zimmer aus und richtet dieses geschmackvoll und kostengünstig ein. Eine maßstabgetreue Zeichnung (1 : 50) dieses Raums und der Einrichtungsgegenstände soll angefertigt werden.
(Möbelprospekte besorgen, diskutieren; verschiedene Einrichtungsmöglichkeiten ausprobieren, Kostenvergleiche anstellen ...)

g) Welches Heizsystem sorgt für wohlige Wärme? Wie hoch ist der Heizwärmebedarf? Wie hoch sind die Heizkosten?
(Heizkosten berechnen – pro Jahr, Monat, Tag; Alternativen diskutieren ...)

h) Grundstücke haben verschiedene Formen. Ermittelt die Größe und den aktuellen Verkehrswert des Grundstücks, auf dem dieses Haus steht.
(Regional übliche Grundstückpreise erfragen ...)

Kapitel T: Betriebswirtschaft

Betriebsflächen

T1 Ein landwirtschaftlicher Betrieb hat folgende Flächen:

Acker	4,80 ha
Hausgarten	0,04 ha
Wiesen, mehrmähdig	18,50 ha
Kulturweiden	7,60 ha
Landwirtschaftliche Nutzfläche	
Wald	22,10 ha
Kulturfläche	
Bauareal	1,45 ha
Selbst bewirtschaftete Gesamtfläche	

a) Wie viele ha umfasst die landwirtschaftliche Nutzfläche, Kulturfläche und die selbst bewirtschaftete Gesamtfläche?
b) Wie viel % von der Gesamtfläche entfallen auf die einzelnen Flächen?
c) Stelle die Flächenverteilung in Form eines Kreisdiagramms dar.

T2 Ein Betrieb hat 35 ha Kulturfläche.
Die landwirtschaftliche Nutzfläche beträgt 22 ha.
Die Waldfläche beträgt 13 ha.
Wie groß ist die Waldfläche in % der Kulturfläche?

T3 Die landwirtschaftliche Fläche eines Betriebs beträgt 26,75 ha.
Die Ackerfläche beträgt 12,25 ha.
Die Grünlandfläche beträgt 14,50 ha.
Wie groß ist die Grünlandfläche in % der LN?

Für statistische Zwecke werden die landwirtschaftlichen Betriebe entsprechend ihrer Bodennutzung in folgende Betriebsformen eingeteilt:

Betriebsformen	Waldfläche in % der Kulturfläche	Futterfläche in % der RLN	Weingartenfläche in % der RLN
Waldwirtschaften	Über 75	–	–
Grünland-Wald-Wirtschaften	50–75	Über 70	–
Acker-Wald-Wirtschaften	50–75	Unter 50	–
Grünlandwirtschaften	Unter 50	Über 70	–
Acker-Grünland-Wirtschaften	Unter 50	50–75	–
Ackerwirtschaften	Unter 50	Unter 50	–
Gemischte Weinbauwirtschaften	–	–	2–25 % (mind. 20 a)
Weinbauwirtschaften	–	–	Über 25 % (mind. 25 a)

Die Futterfläche umfasst dabei neben den reduzierten Dauergrünlandflächen auch die Feldfutterflächen (nicht Futterhackfrüchte).

T4 Ein Betrieb hat 49 ha 21 a 2 m^2 Kulturfläche. Davon entfallen auf Ackerland 17 ha 21 a 25 m^2 auf Weiden 5 ha 81 a 18 m^2 auf Wiesen 5 ha 81 a 59 m^2 und auf Wald 20,39 ha.
Um welche Betriebsform handelt es sich?

T5 Ordne dem folgenden Betrieb die Betriebsform zu.
Kulturfläche 18 ha 51 a, Wiesen 15,2 ha, Waldfläche 3 ha 31 a.

T6 Stelle die Betriebsform des eigenen Betriebs fest.

T7 Stellt die aktuellen Zahlen der Betriebsformen in Österreich fest und arbeitet dies grafisch auf.

T8 Erhebt die Betriebsformen in eurem Kammerbezirk und vergleicht sie mit den Betriebsformen in Österreich.
Interpretiert das Ergebnis und schreibt einen kurzen Bericht darüber.

Umsatzsteuer

Der Staat braucht Einnahmen, um seine Aufgaben erfüllen zu können. Zu diesem Zweck erhebt er Steuern, Gebühren und sonstige Abgaben. Unter den verschiedenen Steuerarten bildet die Umsatzsteuer die größte Einkommensquelle für den österreichischen Staat.

Das Umsatzsteuergesetz (UStG) verwendet die Bezeichnung **„Umsatzsteuer" (USt.)**.
Im alltäglichen Leben wird jedoch oft noch der Begriff **„Mehrwertsteuer"** verwendet.

Steuersätze:

Normalsteuersatz 20 %
Gilt für alles, was nicht unter den ermäßigten Steuersatz fällt, auch Weinverkauf im Rahmen des Buschenschanks und alle übrigen Getränke beim Ausschank – ausgenommen Milch.

Ermäßigter Steuersatz 10 %
Gilt z. B. für: Bücher, Zeitschriften, Zeitungen,
Wohnungsmiete ...
Personenbeförderung (Bahn, Straßenbahn, Seilbahn) ...
Getränke, Lebensmittel, Blumen (landw. Erzeugnisse), Abgabe von Speisen und Getränken, Arzneimittel ...
Leistungen der Rundfunkunternehmen, Kabelfernsehunternehmen ...
Filmvorführungen, Zirkusvorstellungen ...
Antiquitäten (mehr als 100 Jahre alt)

Ermäßigter Steuersatz 12 %
Gilt für Lieferung und Eigenverbrauch von Wein und anderen gegorenen Getränken, die innerhalb eines landw. Betriebs im Inland erzeugt wurden (gilt nicht für Buschenschank).

http://www.ris.bka.gv.at/GeltendeFassung.wxe?Abfrage=Bundesnormen&Gesetzesnummer=10004873 am 04.01.2010

Berechnung:

Nettobetrag (Entgelt) = 100 %	Nettobetrag (Entgelt) = 100 %
+ USt. = 20 %	+ USt. = 10 %
Bruttobetrag = 120 %	Bruttobetrag = 110 %

USt. – Steuer**betrag** = immer eine Zahl z. B.: € 400,–

USt. – Steuer**satz** = immer die Prozente z. B.: 20 %

T9 Ein Landwirt verkauft 5 Stück Mastschweine, die zusammen 517 kg wiegen. Der Fleischhauer Huber will dafür einen Inklusivpreis von € 1,58 je kg zahlen. Der Fleischhauer Müller bietet ihm € 1,44 exklusive Umsatzsteuer. Bei welchem der beiden Fleischhauer kann der Landwirt einen höheren Erlös erzielen?

Auf dem Kälbermarkt ersteigert ein Landwirt ein Stierkalb um € 4,80 Nettopreis je kg Lebendgewicht. **T10**
Wie hoch ist der Bruttopreis je kg Lebendgewicht?

Das Energieversorgungsunternehmen stellt die Stromabrechnung für das vergangene Jahr zu. Die Abrechnung ergibt einen Strombezug inkl. Umsatzsteuer von € 699,40. **T11**
Wie hoch ist der darin enthaltene Umsatzsteuerbetrag?

Ein Maschinenhändler bietet einen Traktor um € 36 540,00 an. **T12**
Welchen Bruttobetrag hat der Landwirt an den Maschinenhändler zu zahlen, wenn der vorhin genannte Betrag ein Nettobetrag ist?

Franz Bauer kauft sich einen neuen Pkw. Er hat sich mit dem Autohändler auf € 14 350,00 geeinigt. **T13**
Wie viel Umsatzsteuer ist in diesem Betrag enthalten?

Eine neue Videoanlage kostet € 1 850,00 netto. **T14**
Wie viel ist an den Händler zu zahlen?

Für die Anschaffung eines Personalcomputers mit Drucker liegen folgende Angebote vor: **T15**

a) € 1 847,50 exklusive 20 % USt.
b) € 2 385,00 inklusive 20 % USt.
c) € 1 713,50 zuzüglich 20 % USt.
d) € 2 500,00 mit 20 % USt.

Vergleiche die 4 Angebote durch eine Zusammenstellung des jeweiligen Netto-, Steuer- und Bruttobetrags.

Ein Autohändler bietet an: **T16**

a) Modell A um € 12 550,00 exklusive USt.
b) Modell B um € 12 740,00 inklusive USt.

Welches Modell ist günstiger?

Der Preis für einen Artikel wurde irrtümlich inklusive 10 % USt. mit € 4 620,00 festgelegt. **T17**
Wie teuer ist dieser Artikel unter Berücksichtigung des Steuersatzes von 20 % USt.?

Abschreibung und Zeitwert

$$\text{Abschreibung (Afa) in Euro} = \frac{\text{Neuwert oder Anschaffungspreis}}{\text{Nutzungsdauer}}$$

$$\text{Abschreibung (Afa) in Prozent} = \frac{100}{\text{Nutzungsdauer}}$$

T18 Ein Kunststoffsilo hat einen Neuwert von € 9 500,00. Seine bisherige Nutzungsdauer beträgt 5 Jahre, die Gesamtnutzungsdauer 20 Jahre.

a) Wie hoch ist die jährliche Abschreibung in Euro und Prozent?
b) Wie hoch ist der Zeitwert?

T19 Ein Traktor hat einen Neuwert von € 45 000,00. Seine Gesamtnutzungsdauer beträgt 12 Jahre. Der Traktor ist jetzt 3 Jahre alt.

a) Wie hoch ist die jährliche Abschreibung in Euro und Prozent?
b) Wie hoch ist der Zeitwert?

T20 Berechne den Zeitwert für ein Gebäude mit einem Neuwert von € 300 000,00 nach 5 Jahren.
Nutzungsdauer des Gebäudes ist 30 Jahre.

T21 Wie hoch ist die jährliche Afa und der Zeitwert am 1. 1. 2010?

Rinderstall: erbaut 1995
Neuwert: € 50 000,00
Nutzungsdauer: 40 Jahre

Arbeitskraft

1,0 AK entspricht 1 Person, von 18–65 Jahren, die voll erwerbsfähig ist und mindestens 270 Tage zu je 8 Stunden dem Betrieb zur Verfügung steht.

Eine Reduktion des Wertes erfolgt in Abhängigkeit vom Alter:

15–18 Jahre = 0,7 AK
65–70 Jahre = 0,7 AK
Über 70 Jahre = 0,3 AK

Eine geminderte Erwerbsfähigkeit wird entsprechend der eingeschränkten Leistungsfähigkeit individuell berücksichtigt.

T22 Ein Betrieb verfügt über folgende Arbeitskräfte:

Bauer	50 Jahre, arbeitet das ganze Jahr im Betrieb
Bäuerin	45 Jahre, arbeitet täglich 2 Stunden im Betrieb
Sohn	20 Jahre, arbeitet etwa 100 Tage im Jahr im Betrieb
Tochter	19 Jahre, arbeitet etwa 30 Tage im Jahr im Betrieb
Taglöhner	60 Jahre, arbeitet etwa 90 Tage im Jahr im Betrieb

Wie viel AK stehen diesem Betrieb zur Verfügung?

In einem landwirtschaftlichen Betrieb arbeiten der Bauer (35 Jahre, steht das ganze Jahr zur Verfügung), die Bäuerin (30 Jahre, täglich 4 Stunden) und der Altbauer (67 Jahre, arbeitet das ganze Jahr im Betrieb).
Wie viele Arbeitskräfte hat dieser Betrieb? **T23**

Stelle die Arbeitskräfte in deinem Betrieb fest. **T24**

Bilanz

Vermögen (Aktiva)	**Kapital (Passiva)**
Anlagevermögen	Fremdkapital
+	+
Umlaufvermögen	Eigenkapital
Bilanzsumme	**Bilanzsumme**

Das Eigenkapital ergibt sich aus der Differenz zwischen Aktiva und Fremdkapital.

Erstelle die Bilanz für folgenden Betrieb: **T25**
Die Inventur beim Betrieb Anton Hübner ergibt am 31. Dezember 2010 folgende Aktiv- und Passivposten:

Anlagevermögen in €	
Betriebsgebäude	203 484,00
Maschinen	102 493,00
Betriebsausstattung	50 177,00
Umlaufvermögen in €	
Vorräte	68 724,00
Halberzeugnisse	5 440,00
Fertigerzeugnisse	25 843,00
Forderungen an Kunden	61 362,00
Bargeld	225,80
Fremdkapital (Schulden) in €	
Volksbank-Kredit	90 447,20
Raiffeisenbank-Darlehen	239 790,00
Verbindlichkeiten an Lieferanten	12 630,50
Finanzamt – Umsatzsteuer	3 284,80
Sonstige Verbindlichkeiten	35 960,00

T26 Ein landwirtschaftlicher Betrieb hat am 1. 1. eines Jahres folgende Bestandswerte:

Gebäude und bauliche Anlagen	€ 40 000,00
Maschinen und Geräte	€ 60 000,00
Vorräte	€ 5 400,00
Bargeld	€ 2 300,00
Verbindlichkeiten bei Lieferanten	€ 20 000,00
Darlehen bei Sparkasse	€ 10 000,00
Darlehen bei Raiffeisenbank	€ 25 000,00

Berechne das Eigenkapital und erstelle eine Bilanz.

T27 Wie hoch ist die Bilanzsumme für den landwirtschaftlichen Betrieb der Familie Gruber?

Gebäude und bauliche Anlagen	€ 320 000,00
Meliorationen	€ 18 200,70
Maschinen und Geräte	€ 570 000,00
Vorräte	€ 21 300,00
Bargeld	€ 1 258,50
Darlehen	€ 67 000,20
Verbindlichkeiten bei Lieferanten	€ 2 350,50

T28 Die Inventur eines Betriebes ergibt für Maschinen € 23 572,50, für die Gebäude € 129 562,00, an Bargeld € 3 895,60, Vorräte in der Höhe von € 25 742,30 und ein Darlehen von € 35 270,00.
Wie hoch ist das Eigenkapital des Betriebes?
Bilde die Bilanzsumme.

Tabellen

Netto-Trockenmasseerträge und Qualitätserträge am österreichischen Grünland

Nutzungsform am Grünland	Netto-TM-Erträge in dt/ha ø Ertrag	Qualitäts- Ø Energiedichte in der Praxis in MJ NEL/kg TM	Erträge in MJ NEL/ha (gerundet) bezogen auf ø TM-Ertrag
Einschnittflächen			
Einschnittfläche mit Nachweide	30	5,1	15 000
Magerwiesen	25	4,0	10 000
Feuchtwiesen	35	3,8	13 000
Streuwiesen	45	3,2	15 000
Zweischnittflächen			
Zweischnittfläche	45	5,2	23 000
Zweischnittfläche mit Nachweide	55	5,4	30 000
Dreischnittflächen			
Landesübliche Wirtschaftsweise	70	5,6	39 000
Integrierte Wirtschaftsweise	80	5,8	46 000
Mehrschnittflächen			
Vierschnittflächen	85	5,8	49 000
Fünfschnittflächen	95	5,9	56 000
Sechsschnittflächen	105	6,0	63 000
Mähweiden			
Ein Schnitt mit zwei Weidegängen	50	6,1	31 000
Zwei Schnitte mit einem Weidegang	60	5,9	35 000
Zwei Schnitte mit zwei Weidegängen	75	5,8	44 000
Kulturweiden			
Drei Weidegänge	50	6,2	31 000
Vier und fünf Weidegänge	75	6,2	47 000
Hutweiden			
Ein Weidegang	25	5,0	13 000
Zwei Weidegänge	35	5,2	18 000
Almweiden	10	5,2	5 000
Bergmähder	20	5,0	10 000
Feldfutter			
Rotkleegräser	110	6,0	66 000
Luzernegräser	100	5,8	58 000
Wechselwiesen	95	6,0	57 000
Gräserreinbestände	115	6,0	69 000

Quelle: „Zeitgemäße Grünlandbewirtschaftung", Buchgraber, Gindl, Stocker Verlag, 2004

			Ernteerträge in dt je ha	
	Drillsaat kg je ha	**Reihenweite in cm**	**Korn, Samen, Knollen und dgl.**	**Stroh, Blätter und dgl.**
a) Getreidearten				
Winterweizen	150–200	10–20	40–60	40–70
Sommerweizen	170–220	10–20	35–55	35–60
Winterroggen	130–160	10–20	35–55	40–70
Wintergerste	140–170	10–20	40–60	45–70
Sommergerste	150–180	10–20	35–55	40–60
Hafer	140–165	10–20	35–55	40–70
Körnermais	1,5–2,2[1]	60–80 × 13–18	50–90	60–100
Rispenhirse	10–15	20–30	40–60	40–60
b) Hülsenfrüchte				
Saaterbse (großkörnig)	220–260	20–30	20–30	30–40
Felderbse	140–180	15–25	20–30	25–40
Pferdebohne	190–250	20–30	20–45	30–60
Sommerwicke	100–130	15–25	15–30	20–40
c) Ölfrüchte				
Winterraps	8–12	30–50	20–35	30–45
Sommerraps	6–11	20–30	10–30	25–40
Winterrüben	7–11	20–35	15–25	30–40
Sommerrüben	10–12	20–25	10–20	30–40
Mohn	3–5	30–40	8–15	25–40
Senf	10–15	25–30	12–20	30–45
Sonnenblume (Korn)	3–6	60 × 20–40	15–30	60–100
d) Knollen- und Wurzelfrüchte				
Kartoffel	2 500	60 × 30–40	200–400	50–100
Futterrübe (Normalsaatgut)	6–8	42–50	600–900	100–300
Zuckerrübe (pilliertes Monogerm-saatgut, je nach Ablageweite)	1,2–4[2]	42–50	400–600	250–400
e) Feldfutter				
Luzerne	25–30	12–20	400–600	90–120
Rotklee	15–20	15–20	300–450	70–100
Alexandrinerklee	30	15–20	300–500	60–100
Perserklee	20	15–20	300–550	–
Grünmais	60–100	40–60 × 5–15	300–500	
Silomais	1,8–2,2[1]	60–80 × 12–20	400–700	
Futtererbse	160–200	15–25	150–300	
Perko PHV	10	10–30	200–300	

[1] Packungseinheiten zu 50 000 Korn. [2] Packungseinheit (U) mit 100 000 Knäueln oder Pillen.

Futterart–Futtermittel	T g	je kg T										
		XF g	XP g	UDP %	nXP g	RNB g	ME MJ	NEL MJ	Ca g	P g	Mg g	Na g
Daten aus Österreich, Wirtschaftsgrünland, landesübliche Nutzung												
Grünfutter												
Wiese, Mischbestand (40 bis 60 % Gräser)												
1. Aufwuchs												
im Ähren-/Rispensch.	180	223	160	15	139	+3	10,47	6,27	6,3	2,9	2,1	0,50
Beginn der Blüte	200	257	133	16	131	0	10,01	5,93	7,1	3,0	2,2	0,50
Mitte der Blüte	210	284	113	17	120	–1	9,33	5,44	8,0	2,8	2,4	0,40
Ende der Blüte	220	310	101	17	115	–2	9,03	5,21	7,4	2,7	2,2	0,30
2. u. Folgeaufwüchse												
im Schossen	230	200	190	14	141	+8	10,31	6,15	13,8	4,2	4,1	0,50
im Ähren-/Rispensch.	220	226	160	15	127	+5	9,37	5,45	12,3	3,8	3,3	0,50
Beginn der Blüte	220	254	138	16	123	+2	9,27	5,37	11,9	3,9	3,6	0,40
Mitte der Blüte	230	283	129	16	120	+1	9,10	5,24	10,6	3,7	2,8	0,60
Ende der Blüte	250	310	118	17	114	+1	8,71	4,96	9,2	3,4	2,1	0,50
Silage												
Wiese, 1. Aufwuchs												
im Schossen	380	228	181	15	140	+7	10,24	6,13	10,8	3,5	2,9	0,40
im Ähren-/Rispensch.	340	258	150	15	136	+2	10,33	6,20	8,6	3,5	2,6	0,40
Beginn der Blüte	360	286	136	15	131	+1	10,08	6,02	8,5	3,3	2,9	0,40
Mitte b. Ende d. Blüte	340	312	130	16	127	0	9,79	5,81	8,6	3,2	3,0	0,40
überständig	340	358	106	16	118	–2	9,27	5,43	8,3	3,1	2,6	0,50
Wiese, 2. und Folgeaufwüchse												
im Schossen	390	221	183	15	140	+7	10,27	6,16	10,3	3,4	3,5	0,70
im Ähren-/Rispensch.	380	256	155	15	132	+4	9,93	5,91	9,1	3,2	3,4	0,30
Beginn der Blüte	350	284	157	15	128	+5	9,52	5,62	8,6	3,2	2,9	0,70
Mitte b. Ende d. Blüte	340	308	142	15	126	+3	9,52	5,61	8,3	3,4	2,9	0,30
überständig	330	355	125	16	121	+1	9,30	5,46	9,6	3,2	3,2	0,40
Heu (Bodentrocknung)												
Wiese, 1. Aufwuchs												
im Ähren-/Rispensch.	860	265	133	20	131	0	9,77	5,79	10,5	3,2	3,6	0,30
Beginn der Blüte	880	287	110	21	121	–2	9,28	5,45	8,4	3,0	2,9	0,20
Mitte b. Ende d. Blüte	850	316	104	22	119	–3	9,19	5,38	6,8	2,6	2,5	0,30
überständig	850	339	93	23	113	–3	8,80	5,11	6,6	2,2	2,0	0,20
Wiese, 2. und Folgeaufwüchse												
im Ähren-/Rispensch.	870	258	138	20	132	+1	9,78	5,79	11,0	3,5	3,4	0,40
Beginn der Blüte	850	286	125	21	127	0	0,57	5,64	8,06	3,2	3,1	0,40
Mitte b. Ende d. Blüte	840	309	115	22	124	–2	9,44	5,55	7,2	2,9	2,7	0,30

Futterart–Futtermittel	T g	je kg T									
		XF g	XP g	UDP %	nXP g	RNB g	ME MJ	NEL MJ	Ca g	P g	Mg g	Na g
Heu (belüftet)												
Wiese, 1. Aufwuchs												
im Ähren-/Rispensch.	890	260	137	20	135	0	10,17	6,07	5,6	3,2	2,1	0,20
Beginn der Blüte	880	288	119	21	127	–1	9,68	5,73	7,8	4,1	3,3	0,30
Mitte b. Ende d. Blüte	860	315	107	22	121	–2	9,27	5,44	7,3	2,9	2,9	0,30
überständig	860	345	96	23	116	–3	8,99	5,24	6,2	2,2	2,4	0,30
Wiese, 2. Aufwuchs und Folgeaufwüchse												
im Schossen	920	230	131	19	139	–1	10,68	6,42				0,30
im Ähren-/Rispensch.	890	250	138	19	133	+1	9,91	5,88	8,1	3,9	3,3	0,30
Beginn der Blüte	870	283	128	21	129	0	9,71	5,74	8,1	3,9	3,3	0,30
Mitte b. Ende d. Blüte	870	310	117	22	128	–2	9,76	5,77	6,9	2,9	2,8	0,30
Alpines Grünland (Almfutter)												
Grünfutter												
Almweide und Bergmähder												
1. Aufwuchs												
im Schossen	190	171	118	17	118	0	9,03	5,22	12,6	2,0	5,2	0,20
im Ähren-/Rispensch.	190	229	145	16	124	+3	9,23	5,36	10,4	2,2	3,0	0,10
Beginn der Blüte	220	256	136	16	116	+3	8,62	4,92	7,7	2,5	2,7	0,20
Mitte b. Ende d. Blüte	240	280	103	17	112	–1	8,69	4,97	6,5	2,4	2,2	0,10
2. u. Folgeaufwüchse												
im Schossen	180	194	166	15	123	+7	8,91	5,10	16,8	2,6	5,0	0,20
im Ähren-/Rispensch.	210	224	159	15	114	+7	8,22	4,58	10,4	2,5	2,9	0,10
Beginn der Blüte	230	252	129	16	10	+4	7,77	4,21	6,5	2,4	2,4	0,20
Mitte b. Ende d. Blüte	220	290	141	16	106	+6	7,69	4,14	7,0	2,3	2,2	0,20
Auszug aus der DLG-Futterwerttabelle												
Grünfutter/Gräser												
Mais –												
mittlerer Kolbenanteil												
Beginn d. Kolbenbild.	170	258	104	25	131	–4	10,11	6,04	6,0	2,9	2,3	0,46
In der Milchreife	210	223	90	25	136	–7	10,70	6,47	3,8	3,1	1,9	0,40
Beginn der Teigreife	270	205	86	25	133	–8	10,61	6,39	3,9	2,6	2,3	0,40
Ende der Teigreife	350	198	81	25	131	–8	10,61	6,38	3,9	2,6	2,3	0,40
Hafer in der Teigreife	300	320	83	20	114	–5	8,92	5,17	4,4	3,1	1,7	1,00
Roggen –												
Beg. d. Ährenschiebens	150	225	182	15	154	+5	11,54	7,08	4,1	4,1	2,0	1,27
Beginn der Blüte	220	331	131	15	130	0	9,87	5,84	4,1	4,1	2,0	1,27
Leguminosen												
Ackerbohne v. d. Blüte	150	173	259	10	150	+17	10,99	6,70	15,5	3,5	3,3	2,00
Alexandrinerklee												
Beginn der Blüte	190	257	187	20	146	+6	9,72	5,77				

Futterart–Futtermittel	T g	je kg T										
		XF g	XP g	UDP %	nXP g	RNB g	ME MJ	NEL MJ	Ca g	P g	Mg g	Na g
Erbse												
vor der Blüte	130	203	183	15	144	+6	10,59	6,39				
in der Blüte	160	282	177	15	137	+6	9,21	5,04				
Landsberger Gemenge												
vor der Blüte	150	197	181	15	142	+6	10,72	6,50	8,6	3,0	1,8	0,45
in der Blüte	160	269	148	15	133	+2	9,86	5,86	8,6	3,0	1,8	0,45
Luzerne 1. Aufwuchs												
in der Knospe	170	238	219	15	141	+12	9,83	5,82	18,9	3,0	3,2	0,47
Beginn der Blüte	200	286	187	20	139	+8	9,37	5,49	20,9	2,8	2,7	1,00
Mitte b. Ende d. Blüte	230	327	175	25	135	+6	8,77	5,07	20,9	2,8	2,7	1,00
Luzerne 2. und folgende Aufwüchse												
in der Knospe	180	247	214	15	141	+12	9,85	5,81	18,9	3,0	3,2	0,47
Beginn der Blüte	210	281	204	20	141	+10	9,31	5,43	20,9	2,8	2,7	1,00
Mitte b. Ende d. Blüte	240	316	192	20	133	+9	8,89	5,14	20,9	2,8	2,7	1,00
Luzerne-Gras-Gemenge 1. Aufwuchs												
in der Knospe	170	238	193	15	141	+8	10,21	6,13				
Beginn der Blüte	200	272	154	15	129	+4	9,79	5,82	8,0	3,5	2,0	0,20
Mitte b. Ende d. Blüte	240	309	149	15	123	+4	9,08	5,29				
Luzerne-Gras-Gemenge 2. und folgende Aufwüchse												
in der Knospe	190	231	196	15	133	+10	9,48	5,56				
Beginn der Blüte	220	267	201	15	135	+11	9,52	5,59	12,6	3,9	3,1	0,20
Mitte b. Ende d. Blüte	260	308	174	15	129	+7	9,31	5,45				
Rotklee 1. Aufwuchs												
in der Knospe	160	213	193	20	152	+7	10,68	6,44	16,3	3,1	3,8	0,43
Beginn der Blüte	220	261	161	20	138	+4	9,42	5,82	15,5	2,7	3,6	0,36
Mitte b. Ende d. Blüte	250	296	150	25	135	+2	9,34	5,47	15,5	2,7	3,6	0,36
Rotklee 2. Aufwuchs												
in der Knospe	180	209	207	20	152	+9	10,48	6,29	13,5	3,5	2,4	0,40
Beginn der Blüte	220	262	177	20	138	+6	9,64	5,67	13,0	6,0	2,5	0,40
Mitte b. Ende d. Blüte	240	304	170	25	132	+6	8,74	5,04	13,0	6,0	2,5	0,40
Rotklee-Gras-Gemenge 1. Aufzucht												
in der Knospe	170	223	178	15	143	+6	10,52	6,34	8,0	3,6	2,0	0,20
Beginn der Blüte	200	259	155	15	134	+3	9,84	5,84				
Mitte b. Ende d. Blüte	240	300	134	20	133	0	9,66	5,70				
Rotklee-Gras-Gemenge 2. und folgende Aufwüchse												
in der Knospe	210	223	191	15	140	+8	10,9	6,02				
Beginn der Blüte	240	258	171	15	129	+7	9,40	5,53	8,5	3,9	2,4	0,20
Mitte b. Ende d. Blüte	270	303	137	20	126	+2	9,30	5,44				

Futterart–Futtermittel	**T g**	**je kg T**										
		XF g	**XP g**	**UDP %**	**nXP g**	**RNB g**	**ME MJ**	**NEL MJ**	**Ca g**	**P g**	**Mg g**	**Na g**
Sonstiges Grünfutter												
Raps vor der Blüte	110	133	194	15	157	+6	11,30	7,00				
in der Blüte	120	184	194	15	146	+8	10,66	6,53	17,3	4,5	2,7	1,36
Senf vor der Blüte	130	147	258	15	161	+16	11,09	6,87				
in der Blüte	150	210	267	15	143	+20	9,99	6,06	15,3	4,0	3,3	
Sonnenblume												
in der Blüte	120	216	144	15	123	+3	9,13	5,40	15,0	2,4	4,1	0,37
Wicke vor der Blüte	130	188	291	10	148	+23	10,45	6,33	15,5	4,6	3,6	0,67
in der Blüte	150	235	221	10	130	+14	9,56	5,69	15,5	4,6	3,6	0,67
Futterrübe (gehaltvolle), Blätter sauber	160	125	157	15	130	+4	9,89	6,03	20,8	2,5	6,1	6,11
Zuckerrübe, Blätter sauber	160	108	159	15	141	+3	10,48	6,47	12,4	2,5	4,8	9,45
Knollen und Wurzeln												
Futterrübe (gehaltvolle), sauber	150	64	77	20	149	−12	11,96	7,57	2,7	2,4	1,8	4,08
Futterrübe (Massenrübe), sauber	120	69	89	20	150	−10	11,96	7,60	2,5	2,5	2,5	3,31
Kartoffel, Knolle roh	220	27	96	20	162	−1	13,08	8,44	0,4	2,5	1,4	0,55
Silagen												
Biertreber	260	193	249	40	185	+10	11,22	6,66	2,5	6,0	2,1	0,50
Gerste in der Teigreife (Körneranteil 33 %)	300	284	95	20	115	−3	8,79	5,10	3,2	3,2	1,0	0,30
Hafer	273	339	108	20	113	+1	8,26	4,77	10,7	4,0	2,0	0,80
Luzerne												
Aufwuchs i. d. Knospe	350	254	207	15	128	+12	9,28	5,43	18,0	3,1	2,8	0,97
Beginn der Blüte	350	294	179	20	–	+8	8,71	5,04	17,7	3,1	2,6	0,86
Aufwuchs i. d. Knospe	350	269	204	–	135	–	–	–	17,1	3,1	2,3	0,40
Beginn der Blüte	350	293	213	20	132	+13	8,95	5,17	16,9	2,9	2,9	0,34
Luzerne-Gras-Gemenge												
1. Aufwuchs	350	284	193	15	132	+10	9,43	5,54	11,7	3,7	2,9	0,66
2. Aufwuchs	350	293	185	15	129	+9	9,53	5,58	13,4	3,4	2,3	0,57
Mais, Kolbenanteil mittel												
in der Milchreife	210	233	93	25	131	−6	10,12	6,03	3,8	3,1	1,9	0,40
Beginn der Teigreife	270	212	88	25	131	−7	10,51	6,31	3,9	2,6	2,3	0,40
Ende der Teigreife	350	201	81	25	165	−8	10,70	6,45	3,9	2,6	2,3	0,40
Mais, Körner	600	28	102	40	152	−10	13,58	8,63	0,4	3,2	1,0	0,26
Maiskolben												
ohne Hüllblätter	600	89	95	35	157	−9	12,49	7,78				
Pressschnitzel	220	208	111	30		−7	11,87	7,40	8,9	1,2	3,2	0,81
Raps vor der Blüte	120	155	169	15	143	+4	10,83	6,65	5,4	2,3	2,7	1,54
Roggen volles Ährenschieben	244	328	131	15	104	+4	9,76	5,81	5,7	3,9	1,8	0,30
Rotklee, 1. Aufwuchs												
in der Knospe	350	234	182	20	142	+6	10,10	6,03	11,7	3,1	2,3	0,51

Futterart–Futtermittel	T g	je kg T										
		XF g	XP g	UDP %	nXP g	RNB g	ME MJ	NEL MJ	Ca g	P g	Mg g	Na g
Beginn der Blüte	350	277	155	20	132	+4	9,49	5,58	11,4	2,9	2,0	0,43
Rotklee-Gras-Gemenge												
1. Aufwuchs in der Knospe	350	246	173	15	145	+5	10,86	6,55	10,3	3,4	2,3	0,51
Beginn der Blüte	350	278	165	15	137	+5	10,25	6,11	8,9	3,1	2,0	0,46
2. Aufwuchs in der Knospe	350	246	190	15	143	+7	9,80	5,80	12,0	3,4	2,6	0,46
Beginn der Blüte	350	261	173	15	125	+8	9,15	5,36	11,4	3,1	2,3	0,40
Weizen in der Teigreife	300	291	95	15	112	–3	8,59	4,97	2,9	2,6	1,2	0,10
Zuckerrübenblatt, sauber	160	159	149	15	130	+3	9,71	5,86	12,4	3,1	7,2	9,79
Heu												
Luzerneheu												
1. Aufwuchs i. d. Knospe	860	276	192	25	148	+10	9,15	5,36	12,0	3	2	0,55
2. Aufwuchs i. d. Knospe	860	244	195	25	140	+9	8,78	5,08	11,4	3	2	0,31
Stroh												
Gerste	860	442	39	45	82	–7	6,80	3,76				
Gerste aufgeschlossen												
mit Natronlauge	860	423	40	40	96	–9	8,15	4,70				
mit Ammoniak	860	457	87	25	111	–4	8,11	4,60				
Hafer	860	444	35	40	80	–7	6,74	3,73				
Weizen	860	443	37	45	76	–6	6,37	3,50				
Handelsfuttermittel												
Körner und Samen												
Ackerbohne	880	89	289	15	195	+17	13,62	8,61	1,6	4,8	1,8	0,18
Erbse	880	67	251	15	187	+10	13,48	8,53	1,0	4,9	1,4	0,20
Gerste – Sommergerste	880	52	119	25	165	–7	12,93	8,16	0,8	3,9	1,3	0,32
Wintergerste	880	57	124	25	164	–6	12,84	8,08	0,8	3,9	1,3	0,32
Hafer	880	116	121	15	140	–3	11,48	6,97	1,2	3,5	1,4	0,38
Mais	880	26	106	50	164	–9	13,29	8,39	0,4	3,2	1,0	0,26
Roggen	870	29	102	15	161	–10	13,01	8,25	0,9	3,3	1,4	0,26
Triticale	880	28	145	15	170	–4	13,13	8,32	0,7	4,4	1,4	0,15
Weizen – Winterweizen	880	29	138	20	175	–3	13,44	8,54	0,7	3,8	1,3	0,17
Industrielle Nebenerzeugnisse												
Biertreber, getrocknet	900	170	259	45	198	+10	10,57	6,19	4,6	7,2	2,2	0,61
Luzernegrünmehl, älter	900	318	156	50	147	+1	8,00	4,54	20,2	3,2	3,2	1,92
Malzkeime	920	145	297	25	180	+19	10,36	6,17	2,6	8,1	1,5	0,61
Roggenfuttermehl	880	37	173	15	164	+1	12,37	7,68	1,3	9,2	3,8	0,19
Roggenkleie	880	83	163	15	143	+3	10,67	6,42				
Trockenschnitzel	900	205	99	45	156	–9	11,93	7,43	9,7	1,1	2,5	2,41
Weizenfuttermehl	880	52	192	20	173	+3	13,07	8,18	1,2	8,1	2,9	0,35
Weizenkleie	880	134	160	25	140	+3	9,92	5,86	1,8	13,0	5,3	0,54

Futterart–Futtermittel	T g	je kg T										
		XF g	XP g	UDP %	nXP g	RNB g	ME MJ	NEL MJ	Ca g	P g	Mg g	Na g
Rückstände der Ölgewinnung												
Kokoskuchen, 8–12 % Fett	900	144	227	55	211	+2	12,97	8,00	1,8	6,0	3,3	1,00
Kokosextraktionsschrot	900	161	238	50	222	+2	12,21	7,56	1,7	6,4	3,8	1,02
Leinkuchen 8–12 % Fett	910	100	357	35	224	+21	12,98	7,92	4,2	8,2	5,3	1,05
Leinextraktionsschrot	890	103	385	30	232	+24	12,04	7,34	4,5	9,5	5,7	1,09
Rapskuchen, „00 Typ“, 8–12 % Fett	900	128	370	30	217	+25	13,06	7,99	6,3	10,0	5,1	0,80
Rapsextrationsschrot (RES)	890	131	399	25	219	+29	11,99	7,31	6,9	11,9	5,5	1,13
Sojabohne, dampferhitzt	880	62	398	20	189	+33	15,88	9,90	2,9	7,1	2,7	0,23
Sojaextraktionsschrot Standard												
dampferhitzt	880	67	510	35	308	+32	13,75	8,63	3,1	7,0	3,0	0,23
dampferhitzt, mit Formaldehyd behand.	890	53	507	65	436	+11	13,68	8,57				
Sojaextraktionsschrot HP, dampferhitzt	890	39	548	35	324	+36	13,73	8,59	3,1	7,6	2,7	0,34
Sonnenblume Samen, schalenarme Sorten	880	169	191	20	96	+15	17,85	10,85				
Sonnenblumenkuchen aus geschälter Saat, 8–12 % Fett	910	108	191	30	247	+39	12,73	7,68	2,5	12,5	7,4	0,08
Sonnenblumen-extraktionsschrot aus geschälter Saat	910	135	439	25	229	+33	11,88	7,22	4,4	9,9	5,4	0,12
Futtermittel tierischer Herkunft												
Blutmehl	920	12	940	65	721	+35	14,30	8,75	1,8	1,6	0,3	8,18
Fischmehl, Typ 60, 65–70 % Protein, 3–8 % Fett	910	9	685	60	506	+29	12,50	7,70	47,5	28,2	2,5	9,74
Magermilch, frisch	85	0	386	5	179	+30	13,94	8,96	13,6	10,9	1,6	3,63
Magermilchpulver	960	0	365	5	179	+30	13,75	8,82	13,6	10,9	1,6	3,63
Molkenpulver – Süßmolkenpulver	960	0	132		–	–	–	–				
Sauermolke, frisch	60	0	84		–	–	–	–				
Vollmilch	140	0	264	5	128	+22	19,31	12,47	8,6	7,2	0,9	3,21

Quelle: Grundlagen der Nutztierhaltung, Raith u. a., Stocker Verlag, Graz, 2. Auflage, 2007

Abkürzungen:
T = Trockenmasse
XF = Rohfaser
XP = Rohprotein
UDP % = unabgebautes Protein in % des Rohproteins
nXP = verfügbares Protein im Darm
RNB = Ruminale Stickstoffbilanz (Stickstoffbilanz im Pansen)
ME = Umsetzbare Energie
MJ = Megajoule
NEL = Nettoenergielaktation (Nettoenergie für die Milchproduktion)

Futterwerttabelle für Schweine

Schweinefuttermittel	**T g**	**1 kg Futtermittel enthält**									
		XF g	**XP g**	**ME MJ**	**Ca g**	**P g**	**Na g**	**Lysin g**	**M+C g**	**Th. g**	**Tr. g**
Grünfutter, Knollen etc.											
Biertreber, frisch	240	44	60	2,20	0,9	1,6	0,1	2,5	1,5	2,2	0,4
Futterrübe, gehaltvoll	150	10	13	1,87	0,4	0,3	0,6	0,4	0,1	0,3	0,1
Futterrübe (Massenrübe)	120	9	11	1,38	0,3	0,3	0,4	0,4	0,1	0,3	0,1
Kartoffel, gedämpft	220	6	22	3,29	0,2	0,6	0,0	1,1	0,5	0,7	0,2
Obsttrester, frisch	220	46	15	1,83	2,0	0,7	0,4	0,0	0,0	0,0	0,0
Rotkleegrasmischung, frisch	212	54	31	1,68	2,3	0,6	0,0	2,0	1,1	1,8	0,6
Wiesengras	166	35	40	1,46	1,1	0,5	0,0	1,8	1,3	1,5	0,5
Zuckerrübe	230	12	16	2,99	0,5	0,4	0,2	0,6	0,5	0,3	0,1
Silagen											
Biertreber, siliert	260	51	64	2,42	6,9	1,5	0,1	2,7	1,6	2,4	0,4
CCM-35	650	18	70	9,89	0,2	2,1	0,1	1,8	2,3	2,0	0,4
CCM-40	600	16	65	9,13	0,2	1,9	0,1	1,7	2,2	2,0	0,4
CCM-45	550	15	60	8,36	0,2	1,8	0,1	1,7	2,3	2,0	0,4
Grassilage im Ähren-/Rispenschießen	350	94	55	2,40	1,7	1,3	0,2	2,3	1,2	2,3	0,0
Kartoffel, gedämpft	220	8	24	3,29	0,2	0,6	0,0	1,1	0,5	0,7	0,2
Maissilage, teigreif	270	61	24	2,40	0,8	0,6	0,1	1,1	0,6	1,0	0,2
Zuckerrübenblattsilage	157	24	21	1,08	2,0	0,4	1,0	0,0	0,0	0,0	0,0
Handels- und andere Futtermittel											
Ackerbohne	880	79	263	12,66	1,4	4,0	0,0	17,7	5,0	11,3	2,5
Bierhefe, getrocknet	900	22	469	12,44	2,3	15,2	2,2	31,8	11,6	21,5	5,8
Bierhefe, frisch	150	3	79	2,08	0,5	3,3	0,5	8,1	3,0	5,5	1,5
Brotabfälle	800	11	98	11,60	0,0	0,0	0,0	0,0	0,0	0,0	0,0
Erbse	880	60	228	13,63	0,8	4,2	0,2	16,6	5,2	9,5	3,2
Fischmehl, 65–70 % Rpr.	915	0	667	14,78	39,1	24,9	7,8	55,4	26,0	28,7	6,0
Futterhefe (Torula)	906	25	448	12,60	4,0	13,0	1,1	31,3	8,7	22,0	5,1
Futteröl (Raps, Soja etc.)	–	–	–	36,40	–	–	–	–	–	–	–
Gerste – Sommer	880	47	106	12,68	0,8	3,4	0,5	3,7	3,6	3,6	1,4
Gerste – Winter	880	50	110	12,62	0,8	3,4	0,5	3,7	3,6	3,6	1,4
Grasgrünmehl (15–19 %)	900	206	166	5,97	6,3	4,3	0,6	7,7	4,6	7,5	2,7
Hafer	880	99	108	11,22	1,1	3,0	0,6	4,3	4,1	3,7	1,4
Hafer-Futterflocken	910	20	126	15,51	–	–	–	–	–	–	–
Haferschälkleie	910	230	68	5,65	1,9	3,4	0,4	3,1	1,3	2,4	1,2
Kartoffeleiweiß (Agenaprot.)	910	7	764	16,78	0,1	0,5	0,0	63,0	32,0	44,7	10,8
Lupine – gelb – süß	880	147	386	12,88	2,4	4,6	0,0	19,6	11,7	12,8	2,8
Luzernegrünmehl (17–19 %)	900	235	180	6,12	18,3	2,9	1,7	8,7	4,5	7,8	2,8
Mais	880	23	93	14,09	0,4	2,9	0,4	2,7	3,7	3,4	0,6
Malzkeime	920	132	279	7,99	2,1	7,8	0,2	12,2	7,8	9,6	2,4
Buttermilch, frisch	94	0	32	1,58	1,0	0,8	0,3	3,6	1,2	1,9	0,5
Magermilch	86	0	32	1,37	1,3	1,0	0,3	2,4	1,1	1,6	0,5
Magermilchpulver	960	0	350	15,15	37,0	14,7	18,0	12,6	7,3	12,8	3,6

Schweinefuttermittel	T g	1 kg Futtermittel enthält									
		XF g	XP g	ME MJ	Ca g	P g	Na g	Lysin g	M+C g	Th. g	Tr. g
Molke – sauer – frisch	64	0	10	0,88	0,9	0,6	0,5	0,5	0,3	0,5	0,0
Molke – süß – frisch	58	0	8	0,82	0,4	0,4	0,45	0,5	0,3	0,3	0,1
Vollmilch – frisch	140	0	37	3,12	1,2	1,0	0,4	2,6	1,4	1,8	0,5
Obsttrester, getrocknet (Apfel)	920	205	52	6,59	0,0	0,0	0,0	0,0	0,0	0,0	0,0
Rapsextraktionsschrot	890	125	335	10,50	6,5	12,0	0,2	19,0	14,5	15,4	4,5
Rapskuchenschrot „Danubia“	918	130	320	11,53	6,7	12,5	0,1	18,0	12,5	14,4	4,4
Rapskuchen, 12–15 % Fett											
Roggen	880	25	99	13,46	0,8	2,9	0,2	3,7	3,2	3,3	1,2
Roggenkleie	880	73	143	8,88	1,5	8,4	0,8	6,7	3,4	6,4	1,1
Sojabohne	880	53	356	15,46	2,7	6,6	0,0	21,3	9,7	12,9	4,5
Sojaschrot 44	880	57	451	13,04	2,7	6,2	0,2	28,7	13,4	17,9	5,8
Sojaschrot 50	880	34	491	14,43	2,8	6,6	0,3	31,0	15,0	18,4	6,7
Sonnenblumenextraktionsschrot „Brucker“	890	220	350	9,40	4,0	9,0	0,1	13,3	13,3	14,2	6,2
Tierkörpermehl, 50–55 % Protein	950	26	507	10,53	59,2	31,0	8,0	26,7	13,9	18,6	6,4
Triticale	880	26	128	13,60	0,5	4,8	0,3	4,8	5,3	4,2	0,2
Trockenschnitte	900	185	90	8,13	9,1	0,9	2,3	5,0	2,6	4,5	1,0
Weizen	880	26	121	13,79	0,8	3,2	0,4	3,2	4,3	3,3	1,4
Weizenkleie	880	117	141	8,33	1,5	11,4	0,5	6,2	5,0	5,5	2,5
Weizenfuttermehl	880	46	167	14,21	1,1	8,9	0,2	7,3	5,6	6,5	2,0
Mineralstoffträger											
Kohlensaurer Kalk	–	–	–	–	400	–	–	–	–	–	–
Phosphorsaurer Kalk	–	–	–	–	230	180	Sackaufdruck beachten				
Monocalciumphosphat	–	–	–	–	160	230					
Viehsalz	–	–	–	–	–	–	390	–	–	–	–

Quelle: Raith u. a.: Grundlagen der Nutztierhaltung, 2. Auflage, 2007, Stocker Verlag, Graz
Nähr- und Mineralstoffgehalte ausgewählter Schweinefuttermittel (DLG 1991 und Werte aus Eigenanalysen sowie Interpolierungen, Gehaltswerte je kg Futtermittel)

Abkürzungen:

T = Trockenmasse
XF = Rohfaser
XP = Rohprotein
ME = Umsetzbare Energie
MJ = Megajoule
Ca = Kalzium
P = Phosphor
Na = Natrium
M+C = Methionin + Cystin
Th = Threonin
Tr = Tryptophan

Nährstofftabellen

Erhaltungsbedarf für Milchkühe		
Lebendmasse in kg	**NEL in MJ**	**nXP in g**
500	31,0	380
550	33,3	400
600	35,5	420
650	37,7	440
700	39,9	460
750	42,0	480
800	44,1	500
850	46,1	520

Je 50 kg LM-Unterschied ~ +/– 2,2 +/– 20

Weidegang erhöht den Bedarf bis zu 10 % abhängig vom Weideweg und der Dauer der Beweidung je Tag.

Leistungsbedarf für Milchbildung Der Bedarf für die Bildung von 1 kg Milch			
Milchinhaltsstoffe		**NEL in MJ**	**nXP in g**
3,5 % Fett	3,2 % Protein	2,92	82
4,0 % Fett	3,2 % Protein	3,10	82
4,0 % Fett	3,4 % Protein	3,14	86
4,5 % Fett	3,4 % Protein	3,33	86
4,5 % Fett	3,6 % Protein	3,37	90
5,0 % Fett	3,8 % Protein	3,57	94
5,0 % Fett	4,0 % Protein	3,57	98

Bedarfswerte für die Intensivmast von Jungstieren

Empfehlungen zur Versorgung von Jungstieren der Rasse Fleckvieh mit Umsetzbarer Energie (ME in g/Tag) und Rohprotein (XP in g/Tag)

Lebendmasse (kg)	bei täglichen Zunahmen von									
	800 g		1 000 g		1 200 g		1 400 g		1 600 g	
	MJ ME	g XP	MJ ME	g XP	MJ ME	g XP	MJ ME	g XP	MJ ME	g XP
175	45,7	660	50,2	730	55,5	800				
225			55,9	780	61,3	850	64,5	900		
275			61,3	820	66,8	900	70,3	940	75,3	1 010
325			66,4	860	72,1	930	75,9	980	80,9	1 050
375			71,4	890	77,2	960	81,2	1 010	86,2	1 080
425			76,2	910	82,1	980	86,3	1 030	91,3	1 110
475			81,7	930	87,5	1 000	91,4	1 050		
525	82,1	900	88,2	960	94,2	1 030	96,3	1 080		
575	87,5	940	93,9	990	100,1	1 070				
625	93,0	990	99,6	1 020	106,1	1 110				

Dichte (kg/m³)			
Roggen	660 – 780	Sommerhalmstroh	40 – 60
Weizen	710 – 820	Stroh, gepresst	200 – 270
Gerste	580 – 640	Spreu	80 – 125
Hafer	400 – 500	Gärfutter	700 – 800
Erbsen	780 – 820	Stallmist, frisch	750 – 1 000
Mais	700 – 800	Stallmist, verrottet	800 – 1 000
Wicken	760 – 800	Natronsalpeter	110 – 1 200
Mehl	500 – 700	Kalksalpeter	1000 – 1200
Kleie	150 – 330	Harnstoff	630 – 670
Kartoffeln	625 – 725	Kalkstickstoff	900 – 1 000
Sauerkartoffeln	900 – 1 000	Schwefels. Ammoniak	800 – 1 000
Futterrüben	625 – 675	Superphosphat	800 – 1 000
Rübenblätter, einges.	700 – 900	Thomasphosphat	2 150 – 2 200
Zuckerrüben	650 – 700	Kainit	1 000 – 1 100
Zuckerrübenblätter		Kali	1 100 – 1 280
und -köpfe	350 – 370	Kohlensaurer Kalk	2 600
Zuckerrübenschnitte	329 – 350	Branntkalk	1 700
Trockenschnitte	320 – 330	Kompost	900 – 1 100
Wiesengras	325 – 345	Erde	1 600 – 1 800
Klee, grün	320 – 345	Sand	1 700 – 1 800
Wiesenheu	70 – 80	Kies	1 500 – 1 700
Wiesenheu, gelagert	80 – 100	Zement	1 200 – 1 800
Klee- und Luzerneheu	70 – 90	Braunkohle	700 – 850
Kleegrasheu	50 – 60	Steinkohle	900 – 1 000
Winterhalbstroh	40 – 70	Koks	380 – 400

Arbeitsleistungen je Stunde	
Schälen, vierscharig, 15 cm Tiefe	50 a
Pflügen, vierscharig, 25 cm Tiefe	40 a
Grubbern, je m Arbeitsbreite	75 a
Mähen, 5 Fuß Breite	100 a
Mähdrusch, 3,5 m Arbeitsbreite	100 a
Rübenernte, einreihig, einphasig	10 a
Kartoffelernte, einreihig	8 a

Umrechnungstabellen für Weingartenmaterialien

Verzinkter Eisendraht

Durchmesser	Verwendung als	Gewicht 1 000 m	Länge von 1 kg Draht
Nr. 22 (2,2 mm)	Heftdraht	29,9 kg	33,4 m
Nr. 25 (2,5 mm)	Kordondraht	38,6 kg	25,9 m
Nr. 31 (3,1 mm)	Ankerdraht	59,2 kg	16,9 m

Zink-Aluminium-beschichteter Draht

Durchmesser	Lauflänge pro Ring m zu je 25 kg	Gewicht ca. kg/1 000 m	Länge von 1 kg Draht
2,0 mm	1 000 m	25 kg	40 m
2,2 mm	830 m	30 kg	33 m
2,5 mm	650 m	39 kg	26 m
2,5 mm gewellt	580 m	47 kg	23 m

Edelstahldraht

Durchmesser	Gewicht 1 000 m	Länge von 1 kg Draht	Meter je Rolle
1,2 mm	8,9 kg	112 m	1 500 m
1,4 mm	13,0 kg	76,9 m	1 000 m
1,6 mm	15,8 kg	63 m	800 m
1,8 mm	20,0 kg	50 m	650 m
2,0 mm	25,6 kg	39 m	600 m

Kunststoff

Durchmesser	Gewicht kg/1 000 m	Länge von 1 kg Draht
3 mm	8,5 kg	120 m
4 mm	15,4 kg	70 m

	Stärke / Länge	Stück je kg
U-Haken verzinkt	34/34	240 Stk.
	37/38	170 Stk.
	46/46	105 Stk.
Mauerhaken verzinkt	Länge 40 bis 50 mm	Handel nach Stück
Weinberghaken (Edelstahl)	Länge 40 mm	240 Stk.
	Länge 55 mm	180 Stk.
Weinbergnägel (Edelstahl)	Länge 60 mm	150 Stk.

Quelle: BAUER, Karl u. a., „Weinbau“, 8. Aufl age, AV-Verlag, Wien, 2008

Nährstoffe – Umrechnungsfaktoren von chemischen Verbindungen in Elemente

gegeben	gesucht	Multiplikationsfaktor
N (Stickstoff)	NO_3	4,428
NO_3 (Nitrat)	N	0,226
P (Phosphor)	P_2O_5	2,291
P_2O_5 (Phosphat)	P	0,436
K (Kalium)	K_2O	1,205
K_2O (Kali)	K	0,830
Ca (Kalzium)	CaO	1,339
Ca (Kalzium)	$CaCO_3$	2,497
CaO	Ca	0,717
$CaCO_3$	Ca	0,400
Mg (Magnesium)	MgO	1,658
MgO (Magnesia)	Mg	0,603
$MgCO_3$ (Magnesiumkarbonat)	Mg	0,288
$MgSO_4 \cdot 7\,H_2O$ (Magnesiumsulfat)	Mg	0,098

Umrechnungstabelle von °KMW auf °Oe

Gew.-% Saccharose in wässriger Lösung	°KMW (neu definiert) 17/20 × Gew.-% Saccharose	°Oe (20 °C/20 °C)	Gew.-% Saccharose in wässriger Lösung	°KMW (neu definiert) 17/20 × Gew.-% Saccharose	°Oe (20 °C/20 °C)
13,54	11,5	55	23,73	20,2	100
13,78	11,7	56	23,95	20,4	101
14,01	11,9	57	24,16	20,5	102
14,25	12,1	58	24,38	20,7	103
14,48	12,3	59	24,60	20,9	104
14,71	12,5	60	24,81	21,1	105
14,95	12,7	61	25,03	21,3	106
15,18	12,9	62	25,25	21,5	107
15,41	13,1	63	25,46	21,6	108
15,64	13,3	64	25,68	21,8	109
15,88	13,5	65	25,89	22,0	110
16,11	13,7	66	26,11	22,2	111
16,34	13,9	67	26,32	22,4	112
16,57	14,1	68	26,54	22,6	113
16,80	14,3	69	26,75	22,7	114
17,03	14,5	70	26,97	22,9	115
17,26	14,7	71	27,18	23,1	116
17,48	14,9	72	27,39	23,3	117
17,70	15,0	73	27,60	23,5	118
17,93	15,2	74	27,82	23,6	119
18,16	15,4	75	28,03	23,8	120
18,39	15,6	76	28,24	24,0	121
18,61	15,8	77	28,45	24,2	122

Gew.-% Saccharose in wässriger Lösung	°KMW (neu definiert) 17/20 × Gew.-% Saccharose	°Oe (20 °C/20 °C)	Gew.-% Saccharose in wässriger Lösung	°KMW (neu definiert) 17/20 × Gew.-% Saccharose	°Oe (20 °C/20 °C)
18,84	16,0	78	28,67	24,4	123
19,07	16,2	79	28,88	24,5	124
19,30	16,4	80	29,08	24,7	125
19,52	16,6	81	29,29	24,9	126
19,74	16,8	82	29,50	25,1	127
19,97	17,0	83	29,71	25,3	128
20,19	17,2	84	29,91	25,4	129
20,41	17,3	85	30,12	25,6	130
20,63	17,5	86	30,33	25,8	131
20,86	17,7	87	30,54	26,0	132
21,09	17,9	88	30,75	26,1	133
21,31	18,1	89	30,96	26,3	134
21,53	18,3	90	31,16	26,5	135
21,75	18,5	91	31,37	26,7	136
21,97	18,7	92	31,58	26,8	137
22,19	18,9	93	31,79	27,0	138
22,41	19,0	94	31,99	27,2	139
22,63	19,2	95	32,20	27,4	140
22,85	19,4	96	32,41	27,5	141
23,07	19,6	97	32,61	27,7	142
23,29	19,8	98	32,82	27,9	143
23,51	20,0	99	33,02	28,1	144

Quellen

AIGNER, EGGER, GINDL, BUCHGRABER.:
„Almen bewirtschaften“, Leopold Stocker Verlag, Graz, 2003

Almwirtschaft Österreich: „Almwirtschaft Statistik“, 2010, www.almwirtschaft.com

BAUER, Karl u. a., „Weinbau“, 8. Auflage, AV-Verlag, Wien, 2008

BERGER, BODEN, DEUTSCH u. a.: „Pflanzenproduktion“, Band 2,
Leopold Stocker-Verlag, Graz

BERGER, u. a.: „Pflanzenbau 2“, 3. Auflage, Leopold Stocker Verlag, Graz, 2004

BIFIE, Salzburg: „Bildungsstandards Mathematik, Sekundarstufe I“, 5.2.2010,
www.bifie.at

BMLFUW: „Grüner Bericht 2009“, www.gruenerbericht.at

BUCHGRABER, GINDL: „Zeitgemäße Grünlandbewirtschaftung“,
Leopold Stocker Verlag, Graz, 2004

DEISL, Edgar; MITSCHE, Eduard: „Ernährungslehre und Warenkunde“,
Trauner Verlag, Linz, 16. Auflage, 2005

Fachbeirat für Bodenfruchtbarkeit und Bodenschutz beim BMLFUW, Wien:
Richtlinien für die sachgerechte Düngung“, „Richtlinien für die sachgerechte
Düngung im Weinbau“, „Richtlinien für die sachgerechte Düngung im Obstbau“
in der jeweils aktuellsten Auflage

FEICHTINGER: „Energieverbrauch beim Menschen“, Proseminararbeit:
KREUZER, Daniela; RADAKOVITS, Ines; FÜRWEGER, Silke; Proseminar
Angewandte Mathematik bei Prof. Dr. Feichtinger, www.univie.ac.at

GILGE, Harald u. a.: „Waldwirtschaft heute“, 7. Auflage, Österreichischer
Agrarverlag, Wien, 2006

HEROLD, Klaus: „Fachrechnen, Der Gärtner“, 4. Auflage, Verlag Eugen Ulmer,
2003

Land NÖ, Abteilung Umweltwirtschaft und Raumordnungsförderung, St. Pölten
(Hrsg.): Energieberatung NÖ.

Landwirtschaftskammer Niederösterreich: „Zahlen aus Österreichs Landwirtschaft“

Lenz u. a.: „Landtechnik III, Baukunde“, Leopold Stocker Verlag, Graz, 2008

MOOSBURGER, Kurt: „Der Energieumsatz – Energieverbrauch – Energiebedarf“,
Beitrag für das Sportmagazin 1/95, www.dr-moosburger.at/pub/pub014.pdf

RAITH u. a.: „Grundlagen der Nutztierhaltung“, Band 1, 2. Auflage,
Leopold Stocker Verlag, Graz, 2007

RAITH u. a.: „Spezielle Nutztierhaltung", Band 2, 3. Auflage, Leopold Stocker Verlag, Graz, 2009

REITER u. a.: „Landtechnik I", Leopold Stocker Verlag, Graz, 2006

REITER u. a.: „Landtechnik II", 3. Auflage, Leopold Stocker Verlag, Graz, 2007

Statistik Austria: „Feldfruchtproduktion 1975 bis 2008", „Rinderbestand 2008", „Bodennutzung"

STEIDL, Robert: „Kellerwirtschaft", 7. Auflage, Österreichischer Agrarverlag, 2010

Vattenfall, „Stromverbrauch prüfen", Vattenfall Europe Berlin AG & Co. KG, Berlin, www.gruppe81.at

Waldverband Österreich: „Biomasse aus dem Wald", Wien, www.waldverband.at

Bildquellennachweis:

Umschlag (v. l. n. r.): xyno (www.istockphoto.com), Texas Instruments, Hantsch & Jesch PrePress Services OG

www. fotolia.de: 10 (roxcon), 56 (Aamon), 74 (AKhodi), 133 (jeff Metzger), 145 (Wojciech Gajda), 149 (Lucky Dragon), 151 (Liv Friis-larsen), 152 (jeecis), 155 o. (FrankU), 276 (Franz Pfluegl)

www. istockphoto.de: 99 (furabolo)

wikimedia.commons.org: 13 (Simon A. Eugster), 38 o. (Luc Viatour), 61 (Tilmann),126 o. Fässer (Stefan Kühn), 131 (Michael Sander), 131 (Ikar.us), 160 (Freieck), 202 u. (Erhard Kührer), 203 (Stefan Kühn), 207 (Martin Mehofer), 216 (Noodle snacks), 217 o. (Norbert Kaiser), 233 (Steindy), 234 (Friedrich Böhringer), 236 (Steven), 248 (Wagner Christian)

Audi AG (www.audi.de): 92, 97

AGCO GmbH, Fendt-Marketing (www.fendt.com): 173, 258, 263, 264

Viking GmbH (www.viking-garden.com): 237

Bauer: 20, 25, 180 o., 195, 201, 208, 217 u., 218, 226, 227, 228, 231, 232, 238, 239, 241

Fürst: 38 u., 107, 111, 112, 113, 114, 115, 118, 119, 120, 122, 124, 125, 126 u., 127, 130, 131 u.

Wagner: 64, 97, 139, 165, 168, 170, 171, 175, 176, 178, 179, 242, 243, 247

Haselberger: 180 u., 182, 185 o., 185 u., 187, 191, 193, 262, 268

Rößler: 148, 151, 153, 155 M., 155 u., 156, 157 o., 157 u., 158 o., 158 u., 163

Register